普通高等教育"十一五"国家级规划教材

机械制图

（第三版）

主　编　陈廉清

副主编　胡　斌　吴百中　周章添

ZHEJIANG UNIVERSITY PRESS
浙江大学出版社

内容提要

本书内容包括绪论、制图的基本知识和基本技能、点线面的投影、立体及其表面交线、组合体的视图及尺寸注法、轴测投影图、机件常用的表达方法、标准件和常用件、零件图、装配图、机器零部件的测绘、计算机绘图介绍以及附录。采用了最新颁布的技术制图和机械制图国家标准。本书有配套使用的《机械制图习题集》和开目 CAD 光盘。

本书可作为高等职业技术学院、高等工程专科学校以及各类成人院校机械类及近机械类专业教学用书,也可供有关工程技术人员参考。

图书在版编目(CIP)数据

机械制图 / 陈廉清主编. —3 版. —杭州:浙江
大学出版社,2019.8(2021.6 重印)
ISBN 978-7-308-19469-3

Ⅰ.①机… Ⅱ.①陈… Ⅲ.①机械制图—高等职业教
育—教材 Ⅳ.①TH126

中国版本图书馆 CIP 数据核字(2019)第 174079 号

机械制图(第三版)

陈廉清 主编

责任编辑	王 波
责任校对	汪荣丽
封面设计	刘依群
出版发行	浙江大学出版社
	(杭州市天目山路 148 号 邮政编码 310007)
	(网址:http://www.zjupress.com)
排 版	杭州中大图文设计有限公司
印 刷	浙江省邮电印刷股份有限公司
开 本	787mm×1092mm 1/16
印 张	20.75
字 数	531 千
版 印 次	2019 年 8 月第 3 版 2021 年 6 月第 2 次印刷
书 号	ISBN 978-7-308-19469-3
定 价	54.00 元(含光盘)

前　言

本书是根据教育部制定的《高职高专工程制图课程教学基本要求(机械类专业)》,结合高职高专教学改革的实践经验,适应高等职业技术教育要以制造业为重点、加速培养高技能型紧缺人才的要求编写的。

针对高职高专教育的特点,本书以应用为目的,以必需、够用为度,以讲清概念、强化应用为重点。内容简明易懂,突出技能的培养。

本书力求采用最新颁布的技术制图和机械制图国家标准,简化了画法几何内容,加强了零件图、装配图的画图和读图能力。

本书有配套使用的《机械制图习题集》及开目 CAD 光盘。

本书可作为高等职业技术学院、高等工程专科学校以及各类成人院校机械类及近机械类专业教学用书,也可供有关工程技术人员参考。

本书由陈廉清任主编,胡斌、吴百中、周章添任副主编。参加编写的有:宁波工程学院陈廉清(绪论、第 1 章、第 11 章,第 8 章的 8.4.2 节)、胡斌(第 2 章、附录)、汪秀敏(第 9 章)、陈永清(第 8 章的 8.3 节),温州职业技术学院吴百中(第 8 章),嘉兴职业技术学院鲁中海(第 5、6 章),台州职业技术学院郑雪梅(第 7 章),浙江水利水电学院项春(第 11 章),浙江工贸职业技术学院陈连生、周章添、郑道友(第 3 章、第 10 章),浙江纺织服装职业技术学院毛金明(第 4 章),王乔冠绘制了书中的立体润饰图,全书由陈廉清统稿,浙江省工程图学学会副理事长兼秘书长施岳定教授主审,他对全书提出了许多宝贵的意见和建议。

本书得到了武汉开目信息技术有限责任公司及王继国老师的大力支持,在此向他们表示真挚的感谢。杭钢炽橙智能科技有限公司为本书部分典型图例提供了 AR 功能,读者可以使用"AR 智书"APP 扫描相关图片(带有"AR"标志)进行学习。

敬请使用本书的同仁和广大读者批评指正,并恳切希望及时和出版社或作者联系。

陈廉清

2019 年 1 月

目　　录

绪　论 …………………………………………………………………………………… 1

第1章　制图的基本知识和基本技能 ………………………………………………… 4

1.1　国家标准《技术制图》和《机械制图》的有关规定 ……………………… 4
1.2　绘图工具及其使用 ………………………………………………………… 19
1.3　几何作图 …………………………………………………………………… 24
1.4　平面图形的分析与作图步骤 ……………………………………………… 31
1.5　绘图的方法和步骤 ………………………………………………………… 33

第2章　点、直线和平面的投影 …………………………………………………… 36

2.1　投影的基本知识 …………………………………………………………… 36
2.2　点的投影 …………………………………………………………………… 37
2.3　直线的投影 ………………………………………………………………… 41
2.4　直线与点及两直线的相对位置 …………………………………………… 43
2.5　平面的投影 ………………………………………………………………… 47
2.6　平面上的直线和点 ………………………………………………………… 51
2.7　直线与平面及两平面的相交 ……………………………………………… 52

第3章　立体及其表面交线 ………………………………………………………… 55

3.1　立体及其表面上的点与线 ………………………………………………… 55
3.2　平面与平面立体表面相交 ………………………………………………… 65
3.3　平面与回转体表面相交 …………………………………………………… 68
3.4　两回转体表面相交 ………………………………………………………… 76

第4章　组合体的视图及尺寸注法 ………………………………………………… 85

4.1　三视图的形成及其特性 …………………………………………………… 85
4.2　组合体的组成方式和画法 ………………………………………………… 86
4.3　组合体三视图的尺寸标注 ………………………………………………… 91
4.4　读组合体的视图 …………………………………………………………… 97

第5章　轴测投影图 ………………………………………………………………… 104

5.1　轴测投影图基本知识 ……………………………………………………… 104

5.2 正等轴测图 ……………………………………………………… 106

5.3 斜二轴测图 ……………………………………………………… 112

第 6 章 机件常用的表达方法 …………………………………………… 113

6.1 视 图 …………………………………………………………… 113

6.2 剖视图 …………………………………………………………… 117

6.3 断面图 …………………………………………………………… 130

6.4 局部放大图、简化画法和其他规定画法 …………………………… 133

6.5 表达方法综合运用举例 ………………………………………… 139

6.6 第三角画法介绍 ………………………………………………… 142

第 7 章 标准件和常用件 ………………………………………………… 145

7.1 螺纹的规定画法和标注 ………………………………………… 145

7.2 常用螺纹紧固件的规定画法和标注 …………………………… 155

7.3 齿轮的几何要素和规定画法 …………………………………… 163

7.4 键和销 …………………………………………………………… 173

7.5 滚动轴承 ………………………………………………………… 180

7.6 弹 簧 …………………………………………………………… 184

第 8 章 零件图 …………………………………………………………… 188

8.1 零件图的内容 …………………………………………………… 188

8.2 零件图的视图选择和尺寸标注 ………………………………… 189

8.3 表面结构的图样表示法 ………………………………………… 202

8.4 极限与配合和几何公差标注 …………………………………… 208

8.5 零件结构的工艺性 ……………………………………………… 215

8.6 读零件图 ………………………………………………………… 220

第 9 章 装配图 …………………………………………………………… 225

9.1 装配图的内容 …………………………………………………… 225

9.2 装配图的视图表达方法 ………………………………………… 226

9.3 装配图的尺寸标注和技术要求 ………………………………… 231

9.4 装配图中的零、部件序号和明细栏的基本要求 ………………… 232

9.5 装配结构的合理性简介 ………………………………………… 235

9.6 由零件图画装配图 ……………………………………………… 241

9.7 读装配图及由装配图拆画零件图 ……………………………… 244

第 10 章 机器零部件的测绘 …………………………………………… 250

10.1 概 述 …………………………………………………………… 250

10.2 常用测量方法 ………………………………………………… 251

10.3 零件草图的绘制 ……………………………………………… 255

10.4　测绘的步骤 ·· 257

第 11 章　计算机绘图介绍 ·· 265

11.1　开目 CAD 系统简介 ·· 265

11.2　开目 CAD 的绘图基础 ··· 266

11.3　开目 CAD 常用绘图命令 ·· 271

11.4　图形编辑 ··· 279

11.5　尺寸标注 ··· 284

11.6　剖面填充 ··· 290

11.7　开目 CAD 绘图的一般流程 ·· 292

11.8　装配图画法 ·· 294

附　　录 ·· 298

参考文献 ·· 324

绪　论

一、本课程的研究对象

机械制图是一门研究绘制和阅读机械图样、图解空间几何问题以及介绍计算机绘图基本知识的技术基础课。

工程技术上，为了准确表达工程对象的形状、大小、相对位置及技术要求，通常需要将其按一定的投影方法和有关技术规定表达在图纸上，就得到工程图样，简称图样。机械图样是工程图样中应用最多的一种。现代工业生产中，各种机器、工具、车辆、船舶、电子仪器的设计、制造以及各种工程建筑的设计、施工都要以图样为依据。生产和科学实验活动中，设计者需要通过图样来表达设计对象；制造者需要通过图样来了解设计要求，依照图样制造设计对象；使用者需要通过图样来了解设计、制造对象的结构及性能。因此，图样是表达设计意图、交流技术思想与指导生产的重要工具，是工业生产中的重要技术文件，是工程界共同的技术语言。

机械工程上常用的机械图样有零件图和装配图。任何机器都是由若干零件和部件组成，部件又由若干个零件组成。表达机器的总装配图（总图），表达部件的部件装配图和表达零件的零件图，统称为机械图样。

二、本课程的性质和任务

本课程的主要目的是培养学生正确运用正投影法来分析、表达机械工程问题，绘制和阅读机械图样的能力和空间想象能力。同时，它又是学生学习后继课程和完成课程设计与毕业设计不可缺少的基础。

本课程的主要任务：

1. 初步掌握用投影法（主要是正投影法）在平面上表示空间几何形体的图示法和图解空间几何问题的图解法。

2. 培养较强的绘图技能，以及分析问题、解决问题和空间想象的能力。

3. 学习、贯彻制图国家标准和其他有关规定。

4. 培养绘制和阅读机械图样（主要是零件图和装配图）的基本能力。

5. 培养用计算机绘制图形的基本能力。

6. 培养学生认真负责的工作态度和严谨细致的工作作风。

三、本课程的内容和要求

本课程的主要内容：

1.使用仪器绘图、徒手绘图和计算机绘图的基本方法和技能。

2.制图的基本知识和基本技能、投影制图以及运用投影法绘制和阅读一般机械零件图和部件装配图的理论、方法和国家标准的有关规定。

3.计算机绘图基础知识，学习用一种典型的绘图软件来绘制二维图形，从而可满足后续课程关于计算机辅助设计的图形要求。

4.用投影法在二维平面上表达三维空间几何元素和形体以及在二维平面上图解空间几何问题的基本理论和方法。

5.初步的一般机械零件和部件的结构知识、技术要求。

以上五方面内容在本课程和本教材中采用既集中独立又分散结合的方法由浅入深地使学习者逐步掌握。

本课程的学习要求：

1.在学习本课程的理论部分时，要牢固掌握投影原理和图示方法，理解基本概念，以便能灵活运用有关概念和方法进行解题。

2.注意空间几何关系的分析，以及空间问题与其在平面上表示方法之间的对应关系，不断地由物画图，由图想物，多想、多画、多看，逐步培养空间想象能力和构思能力。

3.完成一定数量的作业和习题。做作业和习题时，要善于分析已知条件，明确做题要求并进行作图。

4.绘图和读图能力主要通过一系列的实践来培养。同时，要养成正确使用绘图工具和仪器的习惯，熟悉并遵守《技术制图》、《机械制图》国家标准的有关规定，掌握正确查阅和使用有关手册的方法，并能正确地绘制和阅读中等复杂程度的零件图和装配图。

5.由于图样是进行生产的依据，绘图和读图的差错都会给生产带来损失，所以在学习和做作业时，必须持认真负责的态度。

6.熟悉计算机绘图的意义和特点，培养计算机绘图的基本能力，能用计算机完成图样绘制。

四、本课程的学习方法

本课程是一门既有系统理论、又有较强实践性的技术基础课。因此，在学习本课程时，必须在认真听讲的基础上完成一系列的制图作业。要达到画图和读图的目的，必须做到：

1.正确使用制图工具和仪器（包括计算机），按照正确的工作方法和步骤来画图，使所绘制的图样内容正确、图面整洁。必须养成认真、负责的工作态度和严谨、细致的工作作风，以保证画出符合要求的高质量图样。

2.弄懂基本原理和基本方法，并经常进行空间几何关系的分析和空间问题与平面图形间的联系。

3.注意画图和读图相结合,善于联系和运用投影基础的知识,尤其要注重实践,多看实物(模型、机器零部件和各种机械产品的实物和生产图样)、多做练习,做到图物对照、读(图)画(图)结合,注意培养空间想象能力和空间构思能力。

4.熟悉和严格遵守有关技术制图和机械制图等方面的国家标准规定,学会查阅并使用标准和有关资料的方法。

5.工程图样从手工(徒手或仪器)绘制到计算机绘制是生产和科研领域的一个重大变革和飞跃,也是本课程教学内容和教学方法的重大改革和突破。基本掌握用一种典型的绘图软件来绘制零件图和装配图的基本要求,为今后进行计算机辅助设计打下良好的基础。

第1章 制图的基本知识和基本技能

机械图样是表达设计思想、技术交流和指导生产的重要技术文件,是工程界的共同语言。为此,对于图样画法、尺寸标注等都需要作统一的规定,这些规定即制图标准。国家标准《技术制图》与《机械制图》是我国颁布的两项重要技术标准,它统一规定了生产和设计部门必须共同遵守的制图规定,是绘制、阅读技术图样的准则和依据。

本章着重介绍国家标准《技术制图》与《机械制图》中的一些最基本规定,以及绘图工具及仪器使用、几何作图、平面图形分析及绘图方法和步骤。

1.1 国家标准《技术制图》和《机械制图》的有关规定

1.1.1 图纸幅面及格式(GB/T 14689—2008)[①]

1. 图纸幅面尺寸

图纸幅面是指图纸宽度和长度组成的图面。绘制技术图样时,应优先采用表 1-1 中所规定的图纸基本幅面。

表 1-1 图纸幅面　　　　　　　　　　　　单位:mm

幅面代号	A0	A1	A2	A3	A4
$B \times L$	841×1189	594×841	420×594	297×420	210×297
e	20			10	
c		10		5	
a			25		

注:符号尺寸含义见图 1-1 和图 1-2。

必要时允许选用加长幅面的图纸,加长幅面的尺寸是由基本幅面的短边成整数倍增加后得出,具体可参考 GB/T 14689—2008 中的规定。

技术制图国家标准中的图纸幅面选取 A 系列中的 0～4 号幅面,所以图纸幅面代号由"A"和相应的幅面号组成,即 A0～A4。幅面代号的几何含义,实际上就是对 0 号幅面的对开次数。如 A1 中的"1",表示将全张纸(A0 幅面)对折长边裁切所得的幅面。

---

① GB 表示强制性国家标准,GB/T 表示推荐性国家标准,GB/Z 表示指导性国家标准。14689 为该标准的编号,2008 表示该标准是 2008 年由国家质量监督检验检疫总局批准。

A 型纸的图纸幅面有两个特点：一是 A0 幅面的图纸面积是 $L \times B = 1 (m^2)$；另一个是 $L : B = \sqrt{2} : 1$。这两个特点使图纸的缩微复制和方便管理成为可能。

2. 图框格式

图纸上限定绘图区域的线框称为图框。在图纸上必须用粗实线画出图框，图样绘制在图框内部，其格式分为不留装订边和留有装订边两种，但同一产品的图样只能采用一种格式。

不留装订边的图纸(X 型)，其图框格式如图 1-1 所示；留有装订边的图纸(Y 型)，其图框格式如图 1-2 所示，尺寸都按表 1-1 的规定。

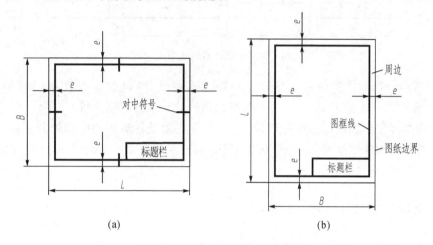

(a)   (b)

图 1-1 不留装订边的图框格式

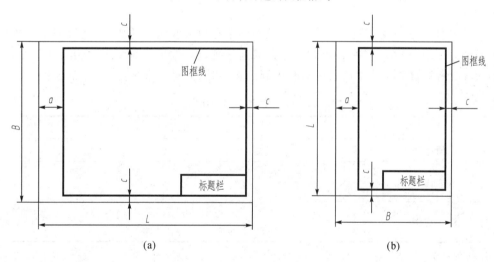

(a)   (b)

图 1-2 留有装订边的图框格式

3. 标题栏(GB/T 10609.1—2008)

绘图时，必须在每张图样的右下角画出标题栏。标题栏的格式，国家标准 GB/T 10609.1—2008 已做了统一规定，如图 1-3 所示。标题栏的右边与底边均与图框线重合。标题栏内的空格必须按照规定内容填写，并养成正确填写的习惯。标题栏的字体，除签字外应符合 GB/T 14691 中的要求，线型应按 GB/T 17450 中规定的粗实线和细实线的要求进行绘制。

当标题栏的长边置于水平方向并与图纸的长边平行时，则构成 X 型图纸，如图1-1(a)与

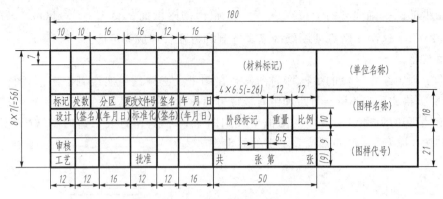

图 1-3　标题栏的格式及尺寸

图 1-2(a)所示。当标题栏的长边与图纸的长边垂直时,则构成 Y 型图纸,如图 1-1(b)与图 1-2(b)所示。在此情况下,看图的方向与标题栏的文字方向应一致。

为了在图样复制和缩微摄影时定位方便,均应在图纸各边长的中点处分别画出对中符号。对中符号用粗实线绘制,线宽不小于 0.5mm,长度从纸边界开始至伸入图框内约 5mm,如图 1-1(a)所示。

1.1.2　比例(GB/T 14690—1993)

图中图形与其实物相应要素的线性尺寸之比称为比例。比值为 1 的比例,即 1 : 1 称为原值比例。

在绘制技术图样及有关技术文件时,适当地采用放大或缩小的比例,能保证图样各部位清晰可读,并使图样在相应的图幅尺寸中的表述达到最佳效果。需要按比例绘制图样时,应在由表 1-2 所规定的系列中选取适当的比例。必要时,也允许选取表 1-3 中的比例。

表 1-2　优先选用的比例

种类	比例		
原值比例	1 : 1		
放大比例	5 : 1	2 : 1	
	5×10^n : 1	2×10^n : 1	1×10^n : 1
缩小比例	1 : 2	1 : 5	1 : 10
	$1 : 2 \times 10^n$	$1 : 5 \times 10^n$	$1 : 1 \times 10^n$

注:n 为正整数。

表 1-3　允许选用的比例

种类	比例				
放大比例	4 : 1	2.5 : 1			
	4×10^n : 1	2.5×10^n : 1			
缩小比例	1 : 1.5	1 : 2.5	1 : 3	1 : 4	1 : 6
	$1 : 1.5 \times 10^n$	$1 : 2.5 \times 10^n$	$1 : 3 \times 10^n$	$1 : 4 \times 10^n$	$1 : 6 \times 10^n$

注:n 为正整数。

为了能从图样上得到实物大小的真实概念,应尽量采用原值比例绘图。绘制大而简单的机件可采用缩小比例;绘制小而复杂的机件可采用放大比例。

不论采用缩小或放大的比例绘图,图样中所标注的尺寸,均为机件的实际尺寸。图 1-4 表示同一机件采用不同比例所画出的图形。

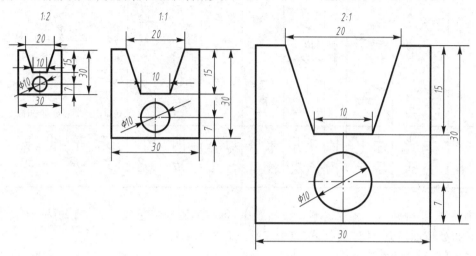

图 1-4　以不同比例画出的图形

绘制同一机件的各个图形原则上应采用相同的比例,并在标题栏的"比例"一栏中进行填写。比例符号以":"表示,如 $1:1,1:500$ 或 $20:1$ 等。必要时,可在视图名称的下方标注比例,如 $\dfrac{I}{2:1},\dfrac{A}{1:100},\dfrac{B-B}{2.5:1}$。

1.1.3　字体(GB/T 14691—1993)

图样中除图形外,还需用汉字、字母、数字等来标注尺寸和说明机件在设计、制造及装配时的各项要求。

在图样中书写汉字、字母和数字时必须做到字体工整、笔画清楚、间隔均匀以及排列整齐。

字体高度(用 h 表示)的公称尺寸系列为:1.8mm、2.5mm、3.5mm、5mm、7mm、10mm、14mm、20mm。如果需要书写更大的字,其字体高度应按 $\sqrt{2}$ 的比率递增。字体高度代表字体的号数。

1.汉字

图样上的汉字应写成长仿宋体字,只使用直体,并应采用国家正式公布推行的简化字。汉字的高度 h 不应小于 3.5mm,其字宽一般为 $h/\sqrt{2}$。

长仿宋体字是由仿宋体字演化而来的,字的框架由正方形变为长方形。其特点是:笔画粗细一致,字体细长,字形挺拔,起、落笔处均有笔锋,显得棱角分明,易于书写和便于阅读。

书写长仿宋体字的要领是:横平竖直,排列匀称,注意起落,填满方格。

要写好长仿宋体字,应从基本笔画和结构布局两方面下功夫。

(1)汉字的基本笔画。汉字的基本笔画有点、横、竖、撇、捺、挑、折、勾等。其笔法如

表 1-4 所示。

表 1-4 汉字的基本笔法

名称	点	横	竖	撇	捺	挑	折	勾
基本笔画及运笔法	尖点 垂点 撇点 上挑点	平横 斜横	竖 直撇	平撇 斜撇	斜捺 平捺	平挑 斜挑	左折 右折 斜折 双折	竖勾 左曲勾 右曲勾 平勾 竖弯勾 包勾 横折弯勾 竖折折勾
举例	方光 心活	左七 下代	十 上	千月 八床	术分 建超	均公 技线	凹周 安及	牙子代买 孔力气码

书写基本笔画时,要注意运笔方法和顺序,每一笔画要一笔写成,不宜勾描;在起笔、落笔和转折处稍加用力,并停顿一下,以形成呈三角形的笔锋。

(2)汉字的结构布局。汉字通常由几部分组成,书写时,要分配好每个字各组成部分的恰当比例。有时,即使部首相同,但在不同的字中其所占的比例也不尽相同。

常用的长仿宋体汉字如图 1-5 所示。

> 10 号字
>
> ## 字体工整　笔画清楚　间隔均匀　排列整齐
>
> 7 号字
>
> ### 横平竖直　注意起落　结构均匀　填满方格
>
> 5 号字
>
> 技术制图机械电子汽车航空船舶土木建筑矿山井坑港口纺织服装
>
> 3.5 号字
>
> 螺纹齿轮轴承零件图装配图端子接线飞行技术要求驾驶

图 1-5 长仿宋体汉字示例

2.字母和数字

字母和数字分 A 型和 B 型两种。A 型字体的笔画宽度(d)为字高(h)的 1/14;B 型字体的笔画宽度(d)为字高(h)的 1/10。在同一图样上,只允许选用一种型式的字体。

字母和数字可写成斜体或直体。斜体字的字头向右倾斜,与水平基准线成 75°。图样上一般采用斜体字。但是量的单位、化学元素符号一定是正体。

A 型和 B 型字母的例子如图 1-6 所示。

3.字体综合应用的规定和建议

(1)用作指数、分数、极限偏差、注脚等的数字及字母一般应采用小一号的字体。

(2)图样中的数学符号、物理量符号、计量单位符号以及其他符号、代号,要符合国家的

(a) 拉丁字母 (B 型) 示例

大写斜体

OPQRSTUVWXYZ

小写斜体

opqrstuvwxyz

(b) 希腊字母 (A 型) 示例

小写字体

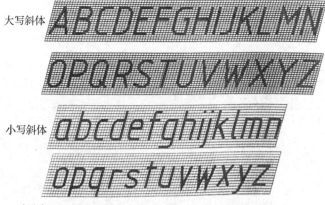

(c) 阿拉伯数字示例

　A 型斜体　　　　　　　　　　　B 型斜体

0123456789　　　0123456789

　A 型直体　　　　　　　　　　　B 型直体

0123456789　　　0123456789

(d) 罗马数字 (A 型) 示例

斜体　　ⅠⅡⅢⅣⅤⅥⅦⅧⅨⅩ

图 1-6　字母示例

有关法令和标准的规定。

(3)字母和数字的 A 型字体较纤细挺秀,与汉字并列时比较协调,建议采用 A 型字体。

下面是综合应用示例:

$$10JS5(\pm0.003) \quad M24\text{-}6h$$

$$\phi25\frac{H6}{m5} \quad \frac{II}{2:1} \quad \frac{A}{5:1}$$

$$\sqrt{Ra6.3}$$

$$R8 \quad 5\% \quad \phi20^{+0.010}_{-0.023}$$

1.1.4 图线(GB/T 17450—1998,GB/T 4457.4—2002)

1. 线型及其应用

绘制机械图样可使用九种基本图线(见表1-5),线型分为粗、细两类。

表1-5 线型及应用

代码 No.	名称	型式	一般应用
01.1	细实线	——	过渡线、尺寸线、尺寸界线、指引线和基准线、剖面线、重合断面的轮廓线、短中心线、螺纹牙底线、表示平面的对角线、范围线及分界线、重复要素表示线、锥形结构的基面位置线、辅助线、不连续同一表面连线、成规律分布的相同要素连线。
	波浪线	～～	断裂处边界线、视图与剖视图的分界线。
	双折线	⌇	断裂处边界线、视图与剖视图的分界线。
01.2	粗实线	——	可见棱边线、可见轮廓线、相贯线、螺纹牙顶线、螺纹长度终止线、齿顶圆(线)、剖切符号用线。
02.1	细虚线	- - -	不可见棱边线、不可见轮廓线。
02.2	粗虚线	- - -	允许表面处理的表示线。
04.1	细点画线	—·—·	轴线、对称中心线、分度圆(线)、孔系分布的中心线、剖切线。
04.2	粗点画线	—·—·	限定范围表示线。
05.1	细双点画线	—··—	相邻辅助零件的轮廓线、可动零件的极限位置的轮廓线、重心线、成型前轮廓线、剖切面前的结构轮廓线、轨迹线。

2. 图线宽度和图线组别

在机械图样中采用粗、细两种线宽,它们之间的比例为 2:1,如表1-6 所示。

表1-6 图线宽度

线型组别	与线代码对应的线型宽度 d/mm						
01.2;02.2;04.2	0.25	0.35	0.5*	0.7*	1	1.4	2
01.1;02.1;04.1;05.1	0.13	0.18	0.25	0.35	0.5	0.7	1

注:1. 带"*"号的为优先采用的图线组别。

　　2. 图线宽度和图线组别的选择应根据图样的类型、尺寸、比例和缩微复制的要求确定。

3. 图线的画法

(1)在同一图样中,同类图线的宽度应基本保持一致。虚线、点画线及双点画线的线段长度间隔应各自大致相等,长度可根据图形的大小决定。

(2)要特别注意图线在接头(相接、相交、相切)处的正确画法,线与线相交时应交于画线处(见表1-7)。

表 1-7　图线在接头处的画法

图线间关系	图　例		图 线 画 法
	正	误	
虚线与粗线相接			虚线为粗实线的延长线时，粗实线就画到分界点，留空隙后再画虚线。
图线相交			虚线或点画线与其他图线相交时，应在画线时相交，而不应在空隙处相交。
			虚线间、点画线间相交时，均应交于画线处。
虚线相切			圆弧虚线与直线相切时，圆弧虚线应画至切点处，留空隙后再画直虚引。

　　(3)绘制圆的对称中心线时，圆心应为画线的交点；首末两端应是画线而不是点，且应超出图形外 2～5mm。

　　(4)在较小的图形上绘制点画线或双点画线有困难时，可用细实线代替(如图1-7所示)。

　　(5)两条平行线之间的最小距离一般不得小于 0.7mm。

　　(6)线型的应用如图 1-8 所示，具体可参考《机械制图　图样画法　图线》(GB/T 4457.4—2002)。

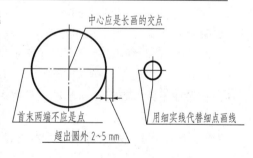

图 1-7　圆中心线的画法

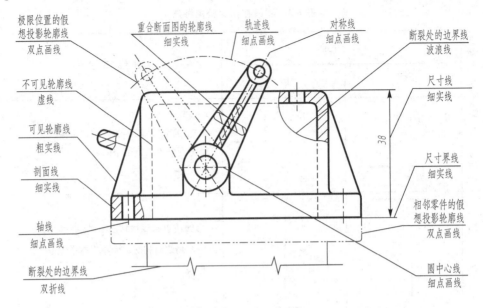

图 1-8　图线的应用

1.1.5　尺寸注法(GB 4458.4—2003,GB/T 16675.2—2012)

图样中的图形只能表达机件的结构形状,机件的大小和相对位置关系由标注的尺寸来确定,所以尺寸也是图样中的重要内容之一,是制造、检验机件的直接依据。标注尺寸是一项极为重要的工作,其标注方法应符合国家标准的规定,标注时必须认真细致,一丝不苟。如果尺寸有遗漏或错误,会给生产带来困难和损失。

1.基本规则

(1)机件的真实大小应以图样上所注的尺寸数值为依据,与图形的大小、比例及绘图的准确度无关。

(2)图样中(包括技术要求和其他说明)的尺寸,以毫米为单位时,不需标注单位符号或名称;如采用其他单位,则应注明相应的计量单位符号。

(3)图样中所标注的尺寸为该图样所示机件的最后完工尺寸,否则应另加说明。

(4)机件的每一尺寸,一般只标注一次,并应标注在反映该结构最清晰的图形上。

(5)在保证不致引起误解和不产生理解多意性的前提下,力求简化标注。

2.标注尺寸的基本要素

一个完整的尺寸一般应包括尺寸界线、尺寸线和尺寸数字三个基本要素,如图1-9所示。

(1)尺寸界线。尺寸界线表明所注尺寸的范围,用细实线绘制,并应由图形的轮廓线、轴线或对称中心线处引出;也可直接利用轮廓线、轴线或对称中心线作为尺寸界线。

尺寸界线一般应与尺寸线垂直,且超过尺寸线箭头约 2～5mm。当尺寸界线过于贴近轮廓线时也允许倾斜画出。在光滑过渡处标注尺寸时,必须用细实线将轮廓线延长,从它们的交点处引出尺寸界线,标注角度的尺寸界线应沿径向引出,如图 1-10 所示。

(2)尺寸线。尺寸线表明度量尺寸的方向,必须用细实线单独绘制,而不能用图中的任何图线来代替,也不得与其他图线重合或画在其他图线的延长线上。

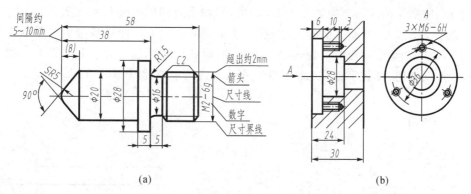

图 1-9　尺寸的组成

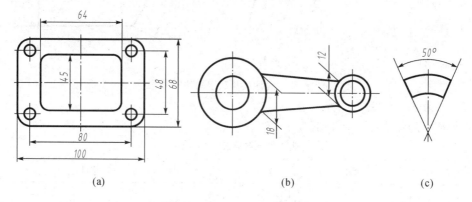

图 1-10　尺寸界线的画法

线性尺寸的尺寸线应与所标注的线段平行,其间隔或平行的尺寸线之间的间隔尽量保持一致,一般约为 5～10mm。尺寸线与尺寸线之间或尺寸线与尺寸界线之间应尽量避免相交,为此,在标注并联尺寸时,应将小尺寸放在里面,大尺寸放在外面,如图 1-10所示。

尺寸线终端有箭头或斜线两种形式,如图 1-11 所示。箭头适用于各种类型的图样,当尺寸线的终端采用斜线形式时,尺寸线与尺寸界线应相互垂直。

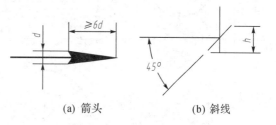

(a) 箭头　　　　(b) 斜线

d—粗实线的宽度;　h—字体高度

图 1-11　尺寸线的终端形式

当尺寸线与尺寸界线相互垂直时,同一张图样上只能采用同一种尺寸线终端形式。机械图上的尺寸线终端一般为箭头。箭头表明尺寸的起、止,其尖端应与尺寸界线接触,尽量画在所注尺寸的区域之内。在同一张图样中,箭头大小应一致。当采用箭头表示尺寸线终端时,在图面没有足够的位置画箭头时,允许用圆点或斜线代替箭头。

(3)尺寸数字。尺寸数字用来表示机件的实际大小,一律用标准字体书写,且应保持同一张图样上尺寸数字字高一致。

线性尺寸的数字通常注写在尺寸线的上方或中断处,尺寸数字不可被任何图线所通过,否则,必须将该图线断开。当图中没有足够的地方标注尺寸时,可引出标注,如图 1-10(b)所示。

线性尺寸数字的注写方向如图 1-12(a)所示,水平方向的尺寸数字字头向上,垂直方向的尺寸数字字头向左,倾斜方向的尺寸数字,字头偏向斜上方。应尽量避免在图示 30°的范围内标注尺寸,当无法避免时,可按图 1-12(b)所示的形式标注。对于非水平方向的尺寸,在不致引起误解时,其数字也可水平地注写在尺寸线的中断处,如图 1-12(c)所示。

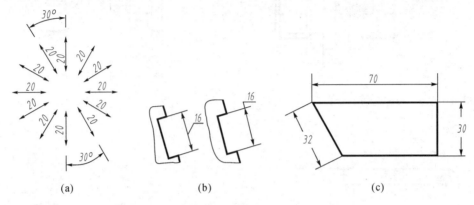

图 1-12　线性尺寸数字的注写方法

3.尺寸的基本注法

常见尺寸的注法参照表 1-8。

表 1-8　常见尺寸的注法

项目	图　　例	尺寸注法
圆		标注整圆或大于半圆的圆弧直径尺寸时,应以圆周为尺寸界线,尺寸线通过圆心,并在尺寸数字前加注直径符号"ϕ"。圆弧直径尺寸线应画至略超过圆心,只在尺寸线一端画箭头指向并止于圆弧。
圆弧		标注小于或等于半圆的圆弧半径尺寸时,尺寸线应从圆心出发引向圆弧,只画一个箭头,并在尺寸数字前加注半径符号"R"。 当需要指明半径尺寸是由其他尺寸所确定时,应用尺寸线和符号"R"标出,但不要注写尺寸数字。 当圆弧的半径过大或在图纸范围内无法标出圆心位置时,可按图(a)的折线形式标注。当不需标出圆心位置时,则尺寸线只画靠近箭头的一段,如图(b)所示。

续表

项目	图 例	尺寸注法
小尺寸	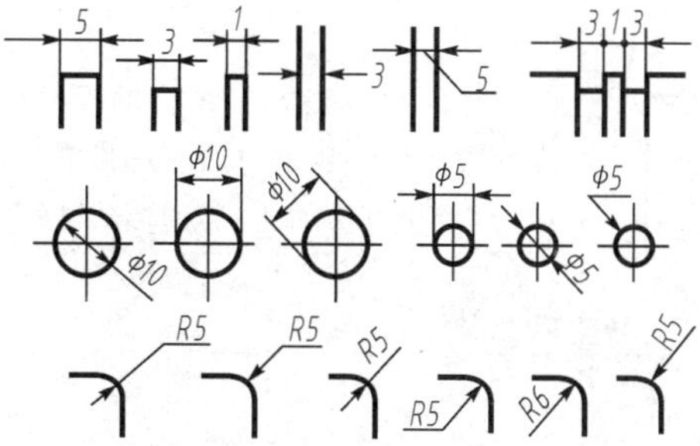	在尺寸界线之间没有足够位置画箭头或注写尺寸数字的小尺寸,可用近似方式进行标注。标注连续尺寸时,可用小圆点代替箭头。
球面	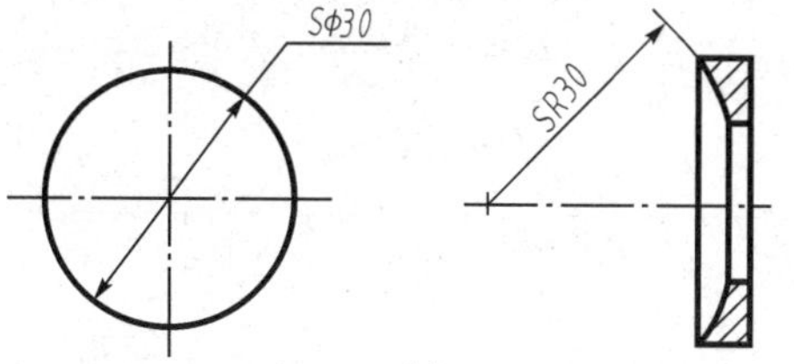 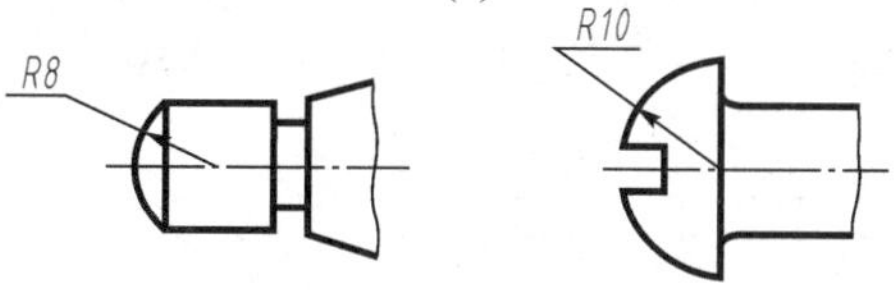	(1)标注直径时,应在尺寸数字前加注符号"ϕ";标注半径时,应在尺寸数字前加注符号"R";标注球面的直径或半径时,应在符号"ϕ"或"R"前再加注符号"S",见图(a)。 (2)对于螺钉、铆钉的头部,轴(包括螺杆)的端部以及手柄的端部等,在不至于引起误解的情况下可省略符号"S",见图(b)。
弦长和弧长的尺寸界线	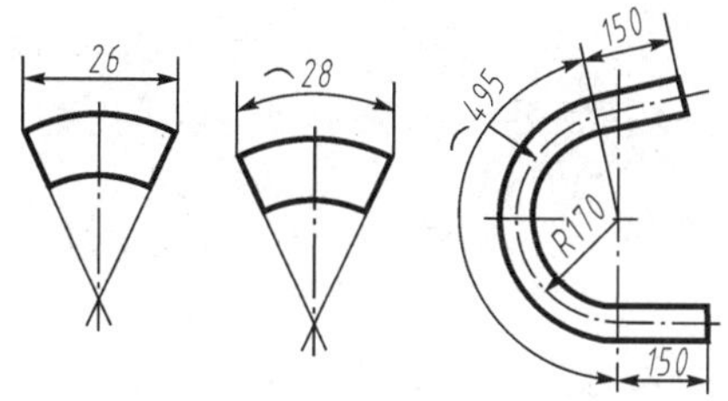	标注弦长或弧长的尺寸界线应平行于该弦(或弧)的垂直平分线;标注弧长尺寸时,尺寸线用圆弧,并应在尺寸数字前方加注符号"⌒",见图(a)和图(b)。 当弧度较大时,可沿径向引出,见图(c)。
角度	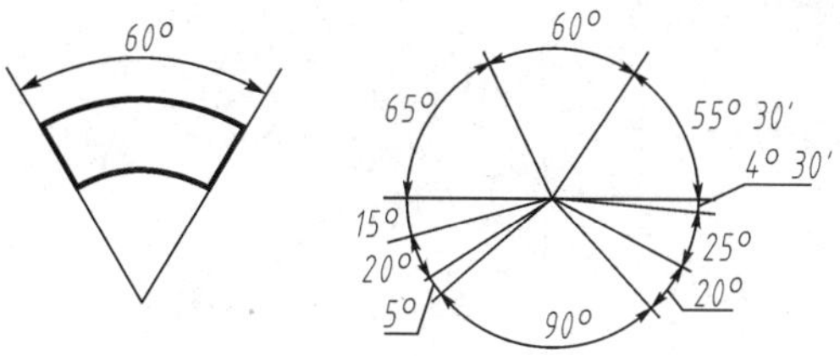	标注角度的尺寸界线应沿径向引出,尺寸线画成圆弧,其圆心为该角的顶点,半径取适当大小,如图(a)所示;角度数字一律写成水平方向,一般注写在尺寸线的中断处上方或外边,也可引出标注,如图(b)所示。

续表

项 目	图 例	尺寸注法
正方形	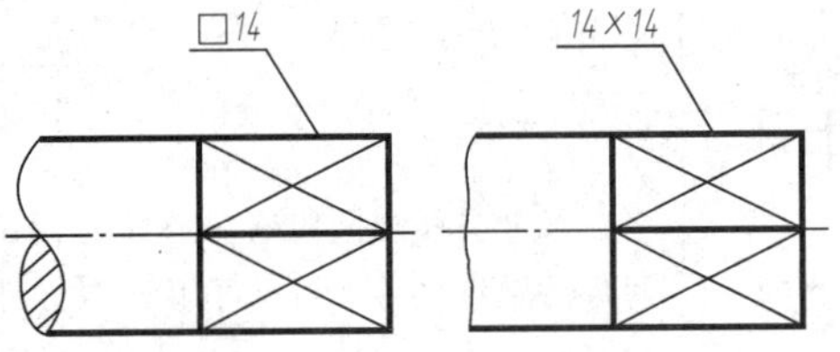 □14　　　14×14 (a)　　　(b)	标注剖面为正方形结构的尺寸时,可在正方形边长尺寸数字前加注符号"□"或用"$B\times B$"(B 为正方形的边长)的形式注写。
板厚	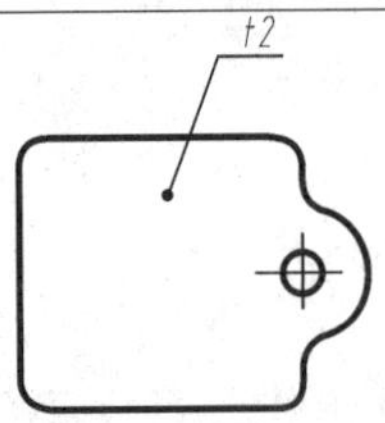 t2	标注板状零件的厚度时,可在尺寸数字前加注符号"t"。
相同的成组要素	x个　b 6×φ15 5×φ55 10　15　4×15(60)　80 3×φ8$^{+0.022}_{0}$　2×φ8$^{+0.058}_{0}$　3×φ8 A B C B B A C A 3×φ8$^{+0.022}_{0}$　2×φ8$^{+0.058}_{0}$　3×φ8	在同一图形中,对于尺寸相同的孔、槽等成组要素,可仅在一个要素上注出其尺寸和数量。 当成组要素(如均布孔)的定位和分布情况在图中已明确时,可不标注其角度,并可省略"EQS"。 间隔相等的链式尺寸,可只注出一个间距,其余用"间距数量×间距＝距离"的形式注写。 在同一图形中具有几种尺寸数值相近而又重复的要素(如孔等)时,可采用标记(如涂色等)的方法(如图所示),也可采用标注字母或列表的方法来区分。

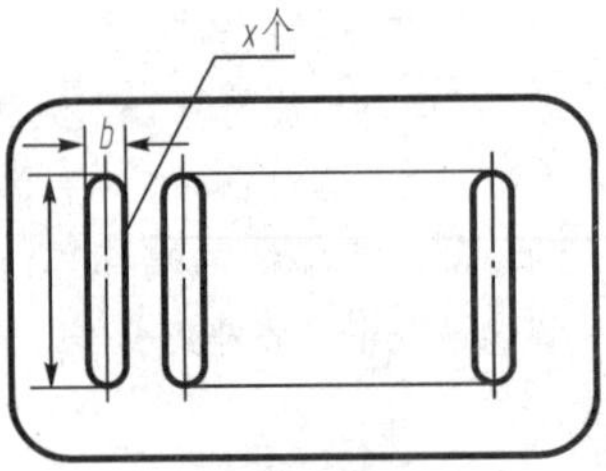

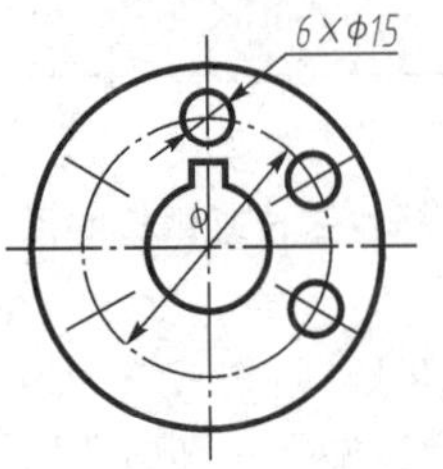

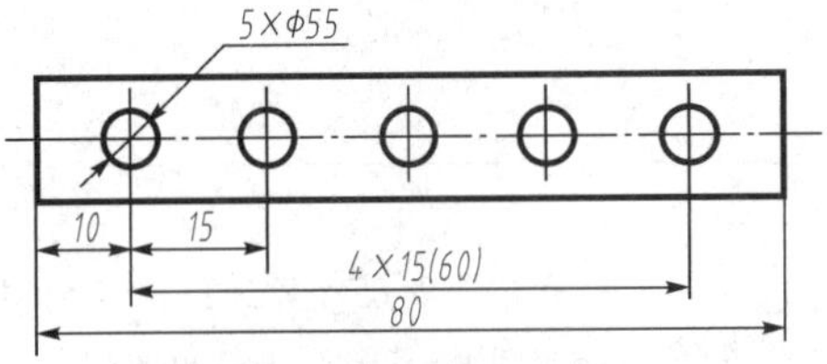

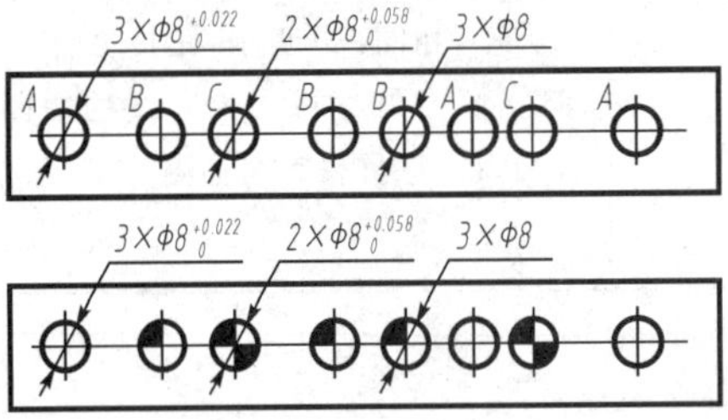

标注尺寸时,其格式的简化见表1-9。

表 1-9 尺寸的简化注法

项目	简化后	简化前	说明
带箭头的指引线			标注尺寸时,可采用带箭头的指引线。
不带箭头的指引线			标注尺寸时,也可采用不带箭头的指引线。 均匀分布的相同直径的小孔其尺寸标注可采用"6×φ2.5"的形式。
同心圆及台阶孔			一组同心圆或尺寸较多的台阶孔的尺寸,也可用共用的尺寸线和箭头依次表示。
成组要素			在同一图形中,对于尺寸相同的孔、槽等成组要素,可仅在一个要素上注出其尺寸和数量。

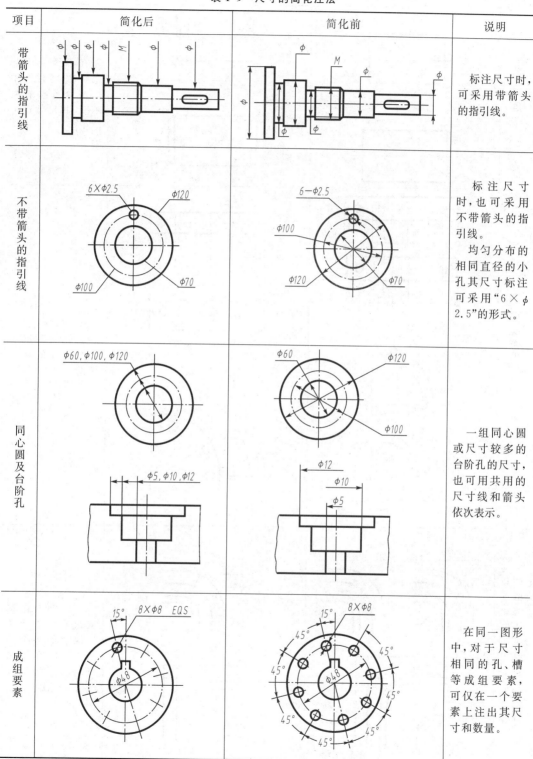

续表

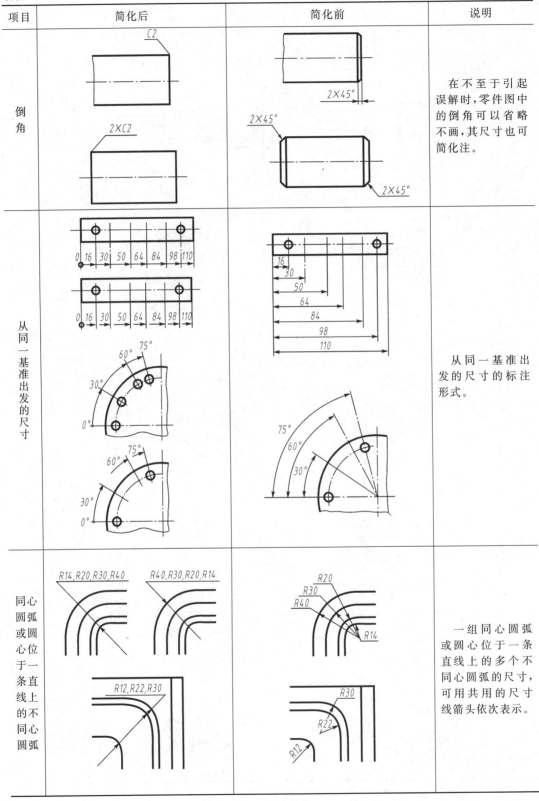

项目	简化后	简化前	说明
倒角			在不至于引起误解时,零件图中的倒角可以省略不画,其尺寸也可简化注。
从同一基准出发的尺寸			从同一基准出发的尺寸的标注形式。
同心圆弧或圆心位于一条直线上的不同心圆弧			一组同心圆弧或圆心位于一条直线上的多个不同心圆弧的尺寸,可用共用的尺寸线箭头依次表示。

项目	简化后	简化前	说明
孔的旁注			各类孔可采用旁注和符号相结合的方法标注。
			对于锪平孔，也可采用符号简化标注。

1.2　绘图工具及其使用

要准确而又迅速地绘制图样，必须正确合理地使用绘图工具，经常练习，总结经验。常用的绘图工具有图板、丁字尺、三角板和绘图仪器等(见图 1-13)。

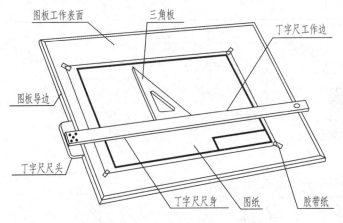

图 1-13 图板、丁字尺和三角板

1.2.1 图板、丁字尺、三角板

1.图板

画图时,需将图纸平铺在图板上,所以图板的表面必须平坦光洁。图板的左侧边称为导边,必须平直,以保证与丁字尺尺头的内侧边准确接触。常用的图板规格有 0 号、1 号和 2 号。

2.丁字尺

丁字尺主要用于配合图板画水平线。它由尺头和尺身组成,尺头和尺身的连接处必须牢固,尺头的内侧边与尺身的上边(称为工作边)必须垂直。画线时左手扶住尺头,将尺头的内侧边紧贴图板的导边,上、下移动丁字尺,使尺身工作边处于所需的准确位置,按自左向右的顺序,可画出一系列不同位置的水平线,如图 1-14 所示。

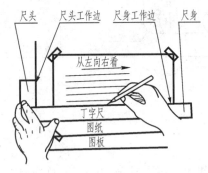

图 1-14 画水平线

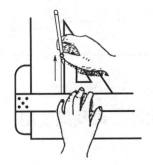

图 1-15 画垂直线

3.三角板

一副三角板有两块,一块是两锐角均为 45°的等腰直角三角形,另一块是两锐角分别为 30°和 60°的直角三角形。将一块三角板与丁字尺、图板配合使用,按自下向上的顺序,可画出一系列不同位置水平线的垂直线,如图 1-15 所示;还可画出与水平线成特殊角度,如 30°、45°、60°的倾斜线,将两块三角板与丁字尺配合使用,可画出与水平线成 15°、75°的倾斜线,如图 1-16 所示。

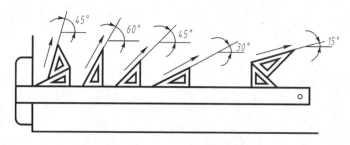

图 1-16　画倾斜线

1.2.2　分规、圆规

1.分规

分规是用来量取尺寸、截取线段、等分线段的工具。分规的两腿端部有钢针,当两腿合拢时,两针尖应重合于一点,如图 1-17(a)所示。

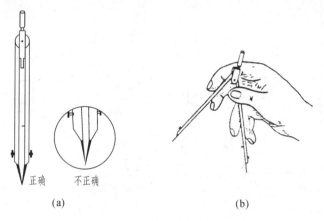

正确　　不正确

(a)　　　　　　　　　　　　(b)

图 1-17　调整分规的方法

用分规在比例尺上量取尺寸的方法如图 1-18(a)所示。用分规连续截取等长线段时,分规的两针尖应沿线段交替地摆转前进,如图 1-18(b)所示。用分规等分线段常采用试分法,如欲将图 1-18 所示的 AB 线段四等分,可先凭目测估计,将分规的两针尖张开到约为 $AB/4$ 进行试分,如有剩余(或不足)时,设其剩余(或不足)为 e,此时,再将针尖间的距离张大(或缩小)$e/4$,再进行试分,直到满意为止。用试分法也可等分圆或圆弧。

2.圆规

圆规主要用于画圆和圆弧。它的一条腿上装有铅笔插腿和铅芯,另一条腿上装有钢针,钢针两端的形状不同,一端呈圆锥形,另一端呈台阶状,见图 1-19(a)。画圆前,应将钢针呈台阶状的一端朝下,并调节钢针和铅芯的长度,使钢针的台阶面与铅芯的尖端平齐。画圆时,应将钢针尖对准圆心,并扎入图板至台阶面处,以免画圆时圆心孔眼扩大,影响作图的正确性,然后按顺时针方向转动圆规,并稍向前倾斜,此时,要保证针尖和笔尖均垂直于纸面,如图 1-19(e)所示。同时根据圆半径的大小,调节圆规两腿的开度,当圆规的两腿开度不能适应画大圆的需要时,可接上延长杆画圆,见图1-19(f)。

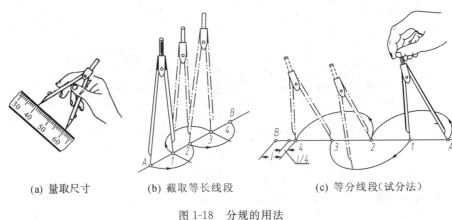

(a) 量取尺寸　　(b) 截取等长线段　　(c) 等分线段(试分法)

图 1-18　分规的用法

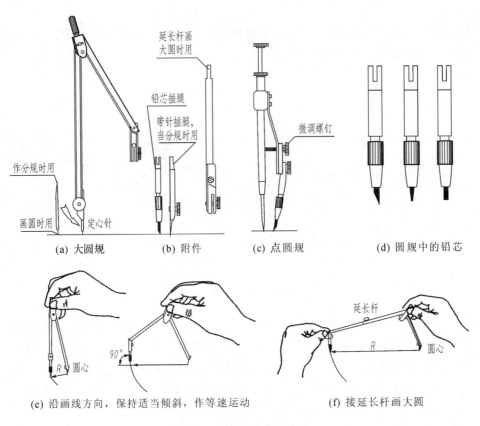

(a) 大圆规　　(b) 附件　　(c) 点圆规　　(d) 圆规中的铅芯

(e) 沿画线方向,保持适当倾斜,作等速运动　　(f) 接延长杆画大圆

图 1-19　圆规及其使用方法

当用钢针插腿替换铅笔插腿,同时圆规钢针改用圆锥形的一端时,则圆规可作为分规来使用。画小圆或特别小的圆时,可分别使用弹簧圆规和点圆规,见图 1-19(c)。

1.2.3　比例尺

比例尺用来量取各种比例的尺寸。目前最常用的一种比例尺的形状为三棱柱,故又名三棱尺,见图 1-20。它有三个侧棱面,每个侧棱面上有两种比例刻度,共有六种比例刻度,通常为 1：100,1：200,1：250,1：300,1：400 和 1：500。

　　现以 1：100 和 1：200 的比例尺面为例来说明其原理和用法。例如,长度为 2000,按 1：100 绘制,如图 1-20(b)所示,从比例尺上量取后,可知其绘制长度为 20mm；长度为 2000, 按 1：200 绘制,如图 1-20(c)所示,从比例尺上量取后,可知其绘制长度为 10mm。每种尺面 除用于标明的比例外,只要改变尺面刻度读数的单位,还可作为多种其他的缩小或放大的比 例之用。

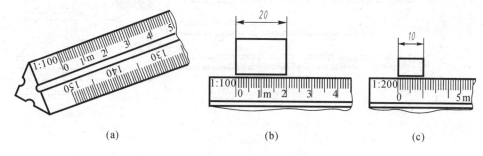

(a)　　　　　　　　　　　(b)　　　　　　　　　　　(c)

图 1-20　比例尺及其使用

1.2.4　曲线板

　　曲线板是绘制非圆曲线的常用工具。画线时,先作出非圆曲线上的若干点,徒手将各点 轻轻地连接成光滑曲线,如图 1-21(a)所示；然后在曲线板上选取内、外轮廓上的曲率相当的 部分,分几段逐次将各点连成曲线,但每段都不要全部描完,至少留出后两点间的一小段,使 之与下段吻合,以保证曲线的光滑连接。吻合线段至少应包括三个已知点,如图 1-21(b)所示。

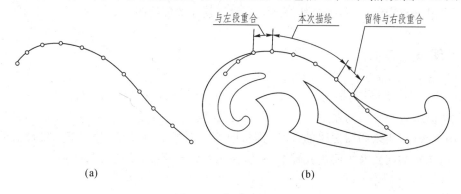

(a)　　　　　　　　　　　　　　　(b)

图 1-21　曲线板的用法

1.2.5　铅　笔

　　绘图铅笔一般根据铅芯的软硬不同,分为 H～6H,HB 和 B～6B 共 13 种规格,绘图铅 笔分为软与硬两种型号,字母“B”表示软铅芯,字母“H”表示硬铅芯。“B”之前数值越大,表 示铅芯越软,“H”之前数值越大,表示铅芯越硬。字母“HB”表示软硬适中的铅芯。

　　如图 1-22 所示,绘制机械图样时,常用 H 或 2H 铅笔画底稿线和加深细线；用 HB 或 H 的铅笔写字；用 B 或 HB 铅笔画粗线；将 B 或 2B 铅笔的铅芯装入圆规的铅芯插脚内,来加深粗线的圆或圆弧。

铅芯的伸出长度以 4～6mm 为宜,其常用的削制形状有两种:①圆锥形——主要用于画宽度为 $d/2$ 的细实线等各种线型,写字时则可削制成钝圆锥形;②矩形——用于画宽度为 d 的粗实线。

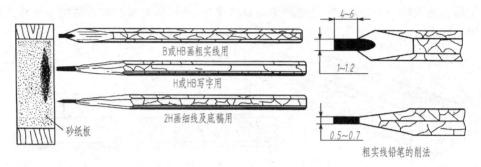

图 1-22　铅芯的形状及其使用

1.2.6　其他绘图工具

除以上各种最基本的绘图工具外,为提高绘图效率,还可使用各种绘图机。绘图机也是手工绘图设备,常见的有钢带式绘图机和导轨式绘图机。它们都具有固定在机头上的一对相互垂直的纵横直尺,其在移动时可始终保持平行,以绘制图上所有的垂直线与水平线;机头还可以作 360°转动以绘制任意角度的斜线。但目前使用不多。

由计算机控制的自动绘图机是新一代的先进绘图机。近年来计算机绘图的发展极为迅速,应用也愈来愈广泛,在各生产部门已逐步代替其他各种绘图机。

1.2.7　图纸及其固定

图纸应清白、坚韧、耐擦,又不易起毛,并应符合国家标准规定的幅面尺寸。固定图纸时,应先将图纸置于图板的左下方(下方留出的尺寸应不小于丁字尺尺身的宽度),并使图纸上面的图框线(对于未印图框线的图纸,则将图纸上面的纸边界线)对准丁字尺尺身的工作边,然后将图纸的四角及中间用胶带纸(不宜使用图钉或糨糊)粘贴在图板上。

1.3　几何作图

机件的轮廓有多种多样,但它们的图样基本上都是由直线、圆、圆弧或其他曲线所组合而成的。因此,熟练地掌握几何图形的基本作图方法,是绘制好机械图形的基础。

1.3.1　作平行线和垂直线

用两块三角板可以过定点作已知直线的平行线或垂直线,具体作法见图 1-23 和图 1-24。

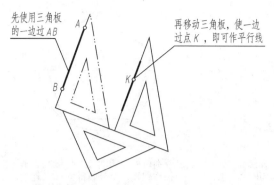
图 1-23　过定点 K 作 AB 的平行线

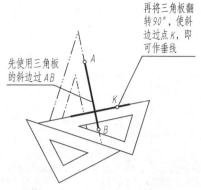
图 1-24　过定点 K 作 AB 的垂直线

1.3.2　等分直线段

将已知线段 AB 分成五等份(见图 1-25)的画图步骤如下：

(1)过端点 A 任作一直线 AC,用分规以任意相等的距离在 AC 上量得 1,2,3,4,5 五个等分点,如图 1-25(a)所示；

(2)连接点 5 和点 B,过 1,2,3,4 等分点作线段 5B 的平行线,与 AB 相交即得等分点 1′,2′,3′,4′,如图 1-25(b)所示。

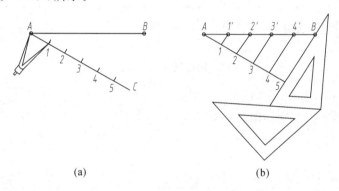
(a)　　　　　　　　　　　　　　(b)

图 1-25　等分已知线段

1.3.3　等分圆周和作正多边形

1.圆内接正五边形

圆内接正五边形的作图法如图 1-26 所示。

2.圆内接正六边形

如果已知正六边形外接圆的半径,可以有两种作图方法。

方法一:以圆的半径为弦长,直接在圆周上顺次截取六点,依次连接六点即为该圆的内接正六边形。

方法二:利用正六边形相邻两边夹角为 120°进行作图。此方法具体作法如图 1-27 所示。

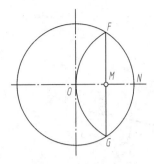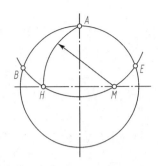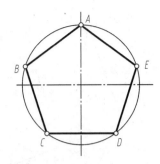

(a) 以N为圆心，NO为半径作
圆弧，交圆于F，G；连接
F，G与ON相交得点M

(b) 以M为圆心，过点A作圆弧，交水
平直径于H；再以A为圆心，过H
作圆弧，交外接圆于B，E

(c) 分别以B，E为圆心，弦长BA为半
径作圆弧，交外圆得C，D；连接
A，B，C，D，E即为正五边形

图 1-26　圆内接正五边形的作法

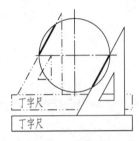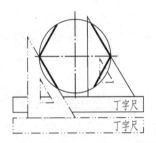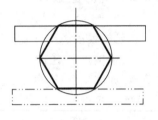

(a) 作为中心线和外接圆，用丁
字尺、三角板作一对平行边

(b) 用丁字尺、三角板作一对平行边

(c) 用丁字尺作两水平边

图 1-27　圆内接正六边形的作法

3. 圆内接正 *n* 边形

圆内接正 *n* 边形的作法如图 1-28 所示。

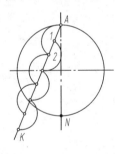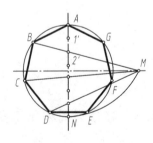

(a) 作为中心线和外接圆，过A
作任意直线AK，以任意长度
为单位，从A开始，量取n个单
位，得1，2，…，n等点

(b) 连接n和N，过1，2，…作
nN的平行线，交AN于1'，
2'，…等点

(c) 以A为圆心，AN为半径作
圆弧，交水平中心线于M；
边M和2'与圆弧交得B

图 1-28　圆内接正 *n* 边形的作法

1.3.4　斜度和锥度

1. 斜度

斜度是指一直线(或平面)相对另一直线(或平面)的倾斜程度。其大小以它们夹角的正切来表示,在图形上通常化为 $1:n$ 的标注形式,即斜度＝$\tan\alpha = H:L = 1:n$,如图 1-29(a)所示。斜度作图方法如图 1-29(c)、(d)所示。标注斜度时,符号的倾斜方向应与斜度的方向一致(见图 1-30),斜度符号按图 1-30(a)绘制,h 为数字的高度,符号的线宽为 $h/10$。

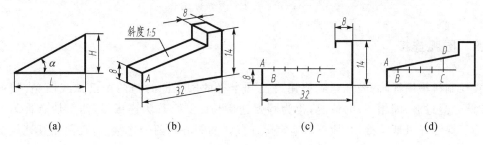

图 1-29　斜度及其作图法

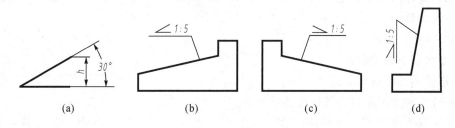

图 1-30　斜度符号及标注

2. 锥度

锥度是指正圆锥体的底圆直径与正圆锥体的高度之比(对于圆锥台,则为底圆与顶圆的径差与圆锥台的高度之比),并把此值化为 $1:n$ 的形式,如图 1-31(a)所示。标注时,锥度用锥度符号和锥度值表示,锥度符号画法见图 1-31(c)、(d),注意 DE 为一个单位长,AC 为三个单位长。锥度符号(GB/T 15754—1995)如图 1-32(a)所示,标注时锥度符号的方向应与锥度方向一致,如图 1-32(b)、(c)、(d)所示。

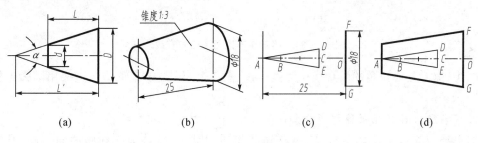

图 1-31　锥度及其作图法

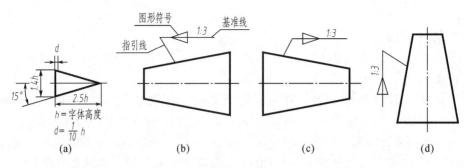

图 1-32　锥度符号及标注

1.3.5　圆弧连接

在绘制机械图样时,经常遇到要用一已知半径的圆弧同时与两个已知线段(直线或圆弧)彼此光滑过渡(即相切)的情况,称为圆弧连接。此圆弧称为连接弧,两个切点称为连接点。为了保证光滑地连接,必须正确地定出连接弧的圆心和两个连接点,且两相互连接的线段都要正确地画到连接点为止。

圆弧连接作图的要点是根据已知条件准确地定出连接圆弧 R 的圆心及切点。圆弧连接的作图方法步骤为:

(1)求出连接弧的圆心;

(2)定出切点的位置;

(3)准确地画出连接圆弧。

下面分几种情况来讨论圆弧连接的画法。

1. 用半径为 R 的圆弧连接两条已知直线

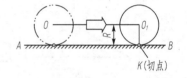

图 1-33　圆与直线相切

与已知直线相切的圆,其圆心的轨迹是一条与该直线平行的直线,两线的距离等于半径 R(见图 1-33),其作图方法如图 1-34 所示。

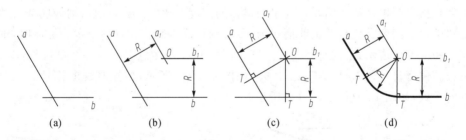

图 1-34　用圆弧连接两条已知直线

图 1-35(a)是成锐角的两直线用圆弧连接;图 1-35(b)是成直角的两直线用圆弧连接的情形。

2. 用半径为 R 的圆弧连接两已知圆弧

当半径为 R 的圆与半径为 R_1 的已知圆相切,其圆心轨迹为已知圆的同心圆,其半径为 R_x。

当两圆外切时,$R_x = R_1 + R$,见图 1-36(a);

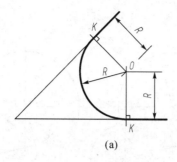
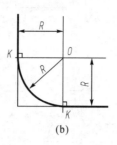

图 1-35　用圆弧连接两条已知直线

当两圆内切时，$R_x = R_1 - R$，见图 1-36(b)。

而切点 K 为两圆的连心线与圆弧的交点。

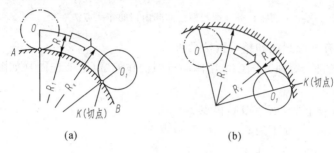

图 1-36　圆相切的几何关系

（1）作半径为 R 的圆弧与已知半径为 R_1 的圆弧和半径为 R_2 的圆弧外切（如图1-37所示）；

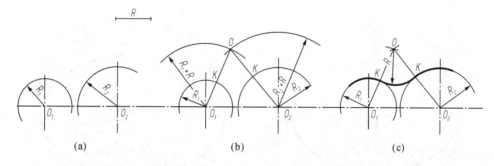

图 1-37　圆与两已知圆外切的作图方法

（2）作半径为 R 的圆弧与已知半径为 R_1 的圆弧和半径为 R_2 的圆弧内切（如图1-38所示）。

1.3.6　平面曲线

椭圆、渐开线、阿基米德螺线等是工程上常用的非圆平面曲线，下面分别介绍其画法。

1. 椭圆的画法

轮辐式手轮、齿轮、带轮等的轮辐的剖面形状一般为椭圆，画椭圆时，通常其长、短轴的

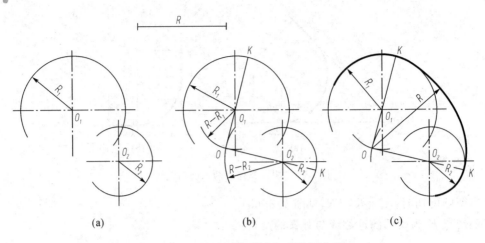

图 1-38　圆与两已知圆内切的作图方法

长度是已知的,并有近似画法和精确画法两种。

(1)已知椭圆的长、短轴 AB、CD,用四心近似法作椭圆(近似作图)(如图 1-39(a)所示),其作图步骤如下:

①在短轴 CD 线上取 $OK=OA$,得点 K;

②连接 A、C,在 AC 线上取 $CK'=CK$,得点 K';

③作 AK' 的中垂线,交 OA 于 O_1,交 OD 于 O_2;

④作 O_3、O_4,分别与 O_1、O_2 对称于长、短轴线;

⑤以 O_1、O_2、O_3、O_4 为圆心,分别以 O_1A、O_2C、O_3B、O_4D 为半径作四段圆弧,即为近似椭圆——扁圆。

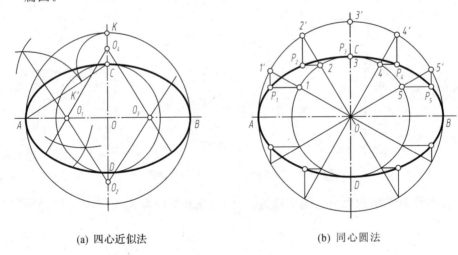

(a) 四心近似法　　　　　　　　　　(b) 同心圆法

图 1-39　椭圆的作法

(2)已知椭圆的长、短轴 AB、CD,用同心圆法作椭圆(如图 1-39(b)所示),其作图步骤如下:

①以 O 为圆心,以 OA 与 OC 为半径作两个同心圆;

②由 O 作圆周 12 等分的放射线,使其与两圆相交,各得 12 个交点 1,2,3,…和 1',2',

3′,…；

③由大圆上的各交点作短轴的平行线,再由小圆上的各交点作长轴的平行线,每两对应平行线的交点即为椭圆上的一系列点；

④依次光滑连接各点,即得椭圆。

2.渐开线的画法

直线在圆周(称为基圆)上作连续无滑动的滚动,直线上任一点的轨迹即为这个圆的渐开线。齿轮的齿廓曲线多为渐开线齿廓,如图 1-40 所示,其作图步骤如下：

①画出形成渐开线的基圆,将基圆圆周分成若干等份(图上取 12 等份)；

②将基圆圆周展开,其长度为 πD,并分成相同的等份；

③过圆周上各等分点按同侧方向作基圆的切线；

④在各切线上依次截取 $\pi D/12, 2\pi D/12, 3\pi D/12, 4\pi D/12, \cdots, \pi D$,得点 Ⅰ,Ⅱ,Ⅲ,…,Ⅻ；

⑤依次光滑连接各点,即得圆的渐开线。

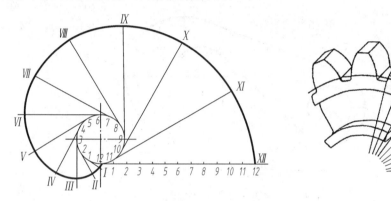

图 1-40　圆的渐开线

1.4　平面图形的分析与作图步骤

平面图形是由一些基本几何图形(线段或线框)构成的。有些线段可以根据所给定的尺寸直接画出；而有些线段则需利用线段连接关系,找出潜在的补充条件才能画出。要处理好这方面的问题,就必须首先对平面图形中各尺寸的作用和平面图形的构成,各线段的性质以及它们之间的相互关系进行分析,在此基础上才能确定正确的画图步骤和正确、完整地标注尺寸。

所谓平面图形的分析就是：

(1)分析平面图形中所注尺寸的作用,确定组成平面图形的各个几何图形的形状、大小和相互位置；

(2)分析平面图形中各线段所注尺寸的数量,确定组成平面图形的各线段的性质和相应画法。

通过分析,搞清尺寸与图形之间的对应关系,从而可以解决以下两个方面的问题：

（1）在画图时，能通过对平面图形的尺寸分析，确定各线段的性质和画图顺序。即由尺寸分析，确定平面图形的画法。

（2）在标注平面图形尺寸时，能运用尺寸分析，确定应该标注哪些尺寸，不该标注哪些尺寸。即由尺寸分析，确定平面图形的尺寸注法。

1.4.1 平面图形分析

1.分析平面图形中尺寸的作用

平面图形中的尺寸可根据其作用不同，分为定形尺寸和定位尺寸两类。用来表示平面图形中各个几何图形的形状和大小的尺寸，称为定形尺寸，如直线段的长度、圆及圆弧的直径或半径、角度的大小等；而用来表示各个几何图形间的相对位置的尺寸，称为定位尺寸。如图 1-41 中，尺寸 20mm，100mm 都是定位尺寸，而其他尺寸均为定形尺寸。

应该说明的是，有时某些尺寸既是定形尺寸，又是定位尺寸。

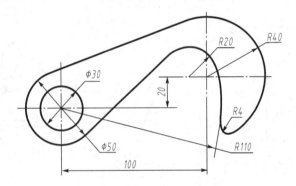

图 1-41　平面图形的尺寸和线段分析

2.分析平面图形中各线段所注尺寸的数量，确定平面图形中线段的性质和画法

要确定平面图形中任一几何图形，一般需要三个条件——两个定位条件，一个定形条件。

例如，要确定一个圆，应有圆心的两个坐标(x, y)及直径尺寸。凡已具备三个条件的线段可直接画出，否则要利用线段连接关系找出潜在的补充条件才能画出。因此，平面图形中的几何图形一般按其所注定形、定位尺寸的数量可分为已知线段、中间线段和连接线段三类。

现以图 1-41 为例加以讨论。

（1）已知线段（圆弧）。凡是定形尺寸和定位尺寸均直接给全的线段称为已知线段（圆弧）。画图时应首先画出已知线段。如图 1-41 中的 $\phi 30, \phi 50$ 的圆，$R40, R110$ 的圆弧均为已知线段。

（2）中间线段（圆弧）。有定形尺寸，但定位尺寸没直接给全（只给出一个定位尺寸）的圆弧称为中间弧。对于直线来说，过一已知点（或已知直线方向）且与定圆弧相切的直线为中间线段。中间线段（圆弧）必须根据与相邻已知线段的相切关系才能完全确定，如图 1-41 中的 $R20$ 圆弧，其圆心的一个定位尺寸 20 为已知，但另一个定位尺寸则需根据其与 $R100$ 圆弧相内切的关系来确定，故 $R20$ 圆弧为中间弧。

(3)连接线段(圆弧)。只有定形尺寸,而无定位尺寸的圆弧称为连接弧。对于直线来说,两端都与圆相切而不注出任何尺寸的直线为连接线段。连接线段(圆弧)必须根据与相邻中间线段或已知线段的连接关系,用几何作图方法画出,如图1-41中的$R4$圆弧及连接$\phi50$和$R40$,$R20$圆弧的两条直线均为连接线段。连接线段需最后画出。

必须指出,在两条已知线段之间,可有任意条中间线段,但在两条已知线段之间必须有、也只能有一条连接线段。否则,尺寸将出现缺少或多余。

1.4.2 平面图形的作图步骤

画平面图形时,在对其尺寸和线段进行分析之后,须先画出所有已知线段,然后顺次画出各中间线段,最后画出连接线段。

现以图1-41所示的钩子为例,将平面图形的作图步骤归纳如下(如图1-42所示):

(1)画基准线,并根据各个基本图形的定位尺寸画定位线,以确定平面图形在图纸上的位置和构成平面图形的各基本图形的相对位置(如图1-42(a)所示)。

(2)画已知线段,如图1-42(b)中画出了圆$\phi30$,$\phi50$,圆弧$R40$,$R110$线。

(3)画中间线段,如图1-42(c)中画出了$R20$圆弧。

(4)画连接线段,如图1-42(d)中画出了$R4$圆弧和两条连接圆和圆弧的两直线(连接$\phi50$和$R40$的直线,也可在$R40$圆弧画出后即画出)。

(5)整理全图,仔细检查无误后加深图线,标注尺寸(如图1-42(e)所示)。

1.4.3 平面图形的尺寸标注

平面图形画完后,需按照正确、完整、清晰的要求来标注尺寸。即标注的尺寸要符合国标规定,尺寸不出现重复或遗漏,尺寸要安排有序,注写清楚。

标注平面图形尺寸的一般步骤为:

(1)分析平面图形各部分的构成,确定尺寸基准。

(2)标注全部定形尺寸。

(3)标注必要的定位尺寸。已知线段的两个定位尺寸都要注出;中间弧只需注出圆心的一个定位尺寸;连接弧圆心的两个定位尺寸都不必注出,否则便会出现多余尺寸。

(4)检查、调整、补遗、删多。尺寸排列要整齐、匀称,小尺寸在里,大尺寸在外,以避免尺寸线与尺寸界线相交,箭头不应指在切点处,而指向表示该线段几何特征最明显的部位。

1.5 绘图的方法和步骤

为保证绘图质量,提高绘图速度,除了必须熟悉制图标准、正确使用绘图工具和掌握几何作图方法外,还要有比较合理的绘图顺序。

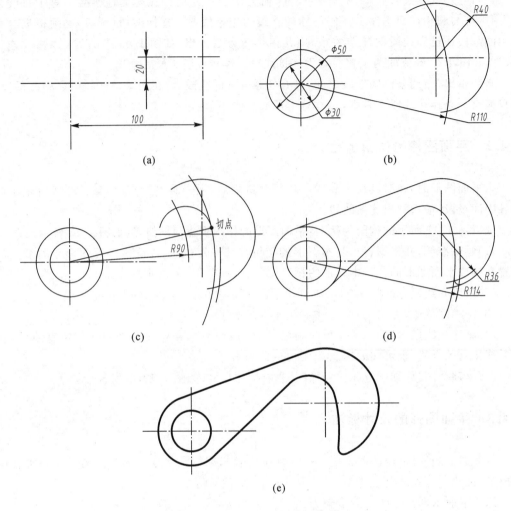

图 1-42　平面图形的作图步骤

1.5.1　画图前的准备工作

　　画图前要准备好绘图工具和仪器;按各种线型的要求削好铅笔和圆规中的铅芯,并备好图纸。然后将需要的工具放在便于画图的固定之处;画图工作位置最好使光线从图板的左前方射入;绘图桌、凳的高低、间距应合适。

1.5.2　画底稿

　　1. 选比例,定图幅
　　根据所画图形的大小情况,选取合适的画图比例和图纸幅面。可用橡皮擦拭图纸,以检查图纸的正反面(正面较光,反面易起毛)。

2.固定图纸

将选好的图纸放在图板的左下方,图纸的左、下边各距图板的左、下边应留出稍大于一个丁字尺的宽度,用丁字尺校准摆正图纸后,再用胶带纸将图纸的四个角固定在图板上。

3.画图框和标题栏

按国标规定的幅面、周边尺寸和标题栏位置,先用细实线画出图框及标题栏的底图。标题栏要采用国家标准所规定的格式。

4.布置图形的位置

图形在图纸上布置的位置要力求匀称,不宜偏置或过于集中在某一角。应根据每个图形的长宽尺寸,同时考虑标注尺寸和有关文字说明等所占的位置来确定各图形的位置,画出各图形的基准线。

5.画底稿图

先由定位尺寸画出图形的所有基准线、定位线,再按定形尺寸画出主要轮廓线,然后再画细节部分。画底稿时,宜用较硬的铅笔(2H 或 H),磨尖,底稿线应画得轻、细、准,只要描深时自己能看清即可,以便于擦拭和修改。量取尺寸要精确,图中的相同尺寸,可一次量取后集中画出,以减少测量时间和确保画图准确度。

1.5.3　铅笔描深

描深前要仔细校对底稿,修正错误,擦去多余的图线或污迹。描深不同类型的图线,应选择不同型号的铅笔。磨削过的铅笔在使用前要先在另纸上试描一下,以便判别线宽是否合适。

应尽可能将同一类型、同粗细的图线一起描深;相同大小的圆或圆弧一起描深。描深图线一般可按下列顺序进行。

(1)描不同线型:先粗后细、先实后虚;

(2)描多个同心圆或大、小圆弧连接:先小后大;

(3)描圆弧(圆)、直线:先圆后直;

(4)描多条水平线:先上后下;

(5)描多条垂直线:先左后右;

(6)最后描斜线。

当图形、图框和标题栏的图线全部描深后,还须仔细检查有无错漏。

1.5.4　标注尺寸

图形描深后,应将尺寸界线、尺寸线和箭头都一次性地画出,注写尺寸数字和符号。

1.5.5　填写标题栏及文字说明

标题栏内各栏要认真填写,包括姓名、日期、单位和图号等,要了解各栏的含义。

第2章 点、直线和平面的投影

机械制图中表达物体形状的图形是按正投影绘制的,正投影法是绘制和阅读机械图样的理论基础。所以掌握正投影法理论,是提高看图和绘图能力的关键。而点、直线和平面是构成物体的基本几何元素,掌握这些几何元素的正投影规律是学好本课程的基础。本章介绍正投影的有关知识及点、直线和平面的投影、作图原理和方法。

2.1 投影的基本知识

2.1.1 投影法(GB/T 14692－2008)

物体在光线的照射下,就会在墙面或地面出现影子,这就是投影现象。投影法是将这一现象加以科学地抽象而产生的。投射线通过物体,向选定的面投射,并在该面上得到图形的方法,称为投影法。其中所得的图形为物体的投影,投影所在的平面称为投影面。

工程上常用的投影法有中心投影法和平行投影法两种。

1. 中心投影法

投射线从投影中心出发的投影方法称为中心投影法。如图 2-1 所示,S 为投射中心,通过△ABC 上各点 A,B,C 的投射线 SA,SB,SC 与投影面的交点 a,b,c,称为点在平面上的投影,而△abc 就是△ABC 在投影面上的投影。用中心投影法得到的物体的投影与物体相对投影面所处的远近有关,投影不能反映物体的真实形状和大小,但所绘物体富有立体感,故适用于绘制建筑物的透视图。

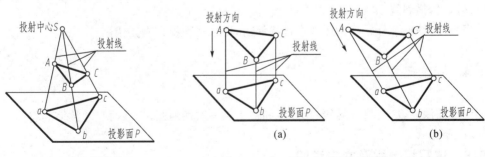

图 2-1　中心投影法　　　　　图 2-2　平行投影法

2. 平行投影法

用相互平行的投射线对物体进行投影的方法称为平行投影法。平行投影法又可分为正投影法和斜投影法。

(1)正投影法,指投射线垂直于投影面的投影法,如图 2-2(a)所示。

(2)斜投影法,指投射线倾斜于投影面的投影法,如图 2-2(b)所示。

2.1.2　投影体系

当投影面和投影方向确定时,空间点在投影面上只有唯一的投影,但只凭点的一个投影,不能确定点的空间位置,如图 2-3(a)所示。此外,从图 2-3(b)也可以看出,物体的一个投影一般也不能确定物体的形状和大小。因此,通常采用三个互相垂直的投影面,如图 2-4 中的正立投影面 V(简称 V 面)、水平投影面 H(简称 H 面)和侧立投影面 W(简称 W 面),构成三投影面体系。三个投影面之间的交线 OX,OY,OZ 称为投影轴。三个投影轴的交点 O 称为该投影体系的原点。物体在 V 面上的投影称为正面投影;在 H 面上的投影称为水平投影;在 W 面上的投影称为侧面投影。

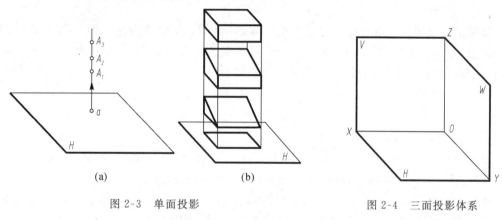

图 2-3　单面投影　　　　　　　　图 2-4　三面投影体系

由于应用多面正投影能在投影面上较正确地表达空间物体的形状和大小,而且作图也比较方便,因此在工程制图中得到了广泛应用。本书主要叙述正投影。

2.2　点的投影

2.2.1　点的三面投影图

如图 2-5(a)所示,设有一空间点 A,分别向 H,V,W 面进行投影,得到水平投影 a、正面投影 a' 和侧面投影 a''。为了便于看图和画图,需要把空间三个投影面展开在一个平面上。通常使 V 面保持不动,将 H 面绕 X 轴向下旋转,将 W 面绕 Z 轴向右旋转,使它们均与 V 面重合,即得到了点的三面投影图,如图 2-5(b)所示。在投影面旋转后,Y 轴一分为二,在 H 面上的表示为 Y_H,在 W 面上的表示为 Y_W。因为投影面可根据需要扩大,因此在投影图上只需画出其投影轴,可不必画出投影面的边界,如图 2-5(c)所示。

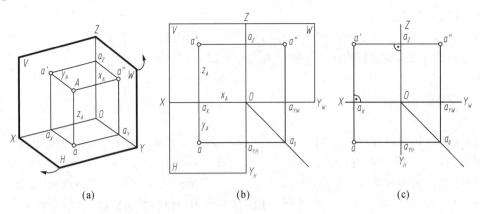

图 2-5　点在三投影面体系中的投影

2.2.2　点的直角坐标与三面投影的关系及三投影体系中点的投影规律

如果把三投影面体系看作空间直角坐标体系，则 H,V,W 面为坐标面，OX,OY,OZ 轴为坐标轴，点 O 为坐标原点。由图 2-5 可知，点 A 的直角坐标 x_A,y_A,z_A 即为点 A 到三个坐标面的距离，它们与点 A 的投影 a,a',a'' 的关系如下：

$$Aa''=aa_Y=a'a_Z=Oa_X=x_A$$
$$Aa'=aa_X=a''a_Z=Oa_Y=y_A$$
$$Aa=a'a_X=a''a_Y=Oa_Z=z_A$$

由此可知：a 由 Oa_X 和 Oa_Y，即点 A 的 x_A,y_A 两坐标决定；a' 由 Oa_X 和 Oa_Z，即点 A 的 x_A,z_A 两坐标决定；a'' 由 Oa_Y 和 Oa_Z，即点 A 的 y_A,z_A 两坐标决定。

所以空间点 $A(x_A,y_A,z_A)$ 在三投影面体系中有唯一确定的一组投影 a,a',a''。反之，若已知点 A 的一组投影 a,a',a''，即可确定该点的坐标值及空间位置。

根据以上分析，可以得出点在三投影面体系中的投影规律：

（1）点的 V 面投影和 H 面投影的连线垂直于 OX 轴；

（2）点的 V 面投影和 W 面投影的连线垂直于 OZ 轴；

（3）点的 H 面投影到 OX 轴的距离等于点的 W 面投影到 OZ 轴的距离，可以用 45°线（或者用圆弧）反映该关系，如图 2-5（c）所示。

2.2.3　特殊位置点的投影

特殊情况下，点也可以处于投影面上和投影轴上。如果点的一个坐标为零，则点在相应的投影面上；如果点的两个坐标为零，则点在投影轴上；如果点的三个坐标为零，则点与原点重合。

如图 2-6 所示，点 N 在 V 面上，其投影 n' 与点 N 重合，投影 n,n'' 分别在 X,Z 轴上；点 M 在 H 面上，其投影 m 与点 M 重合，m',m'' 分别在 X,Y_W 轴上。点 K 在 X 轴上，其投影 k，k' 与点 K 重合，k'' 与原点 O 重合。其他情况可依此类推。

由此可知，当点在投影面上，则点在该投影面上的投影与该点自身重合，另两个投影在

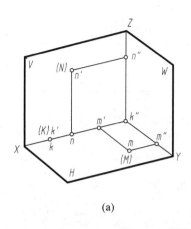
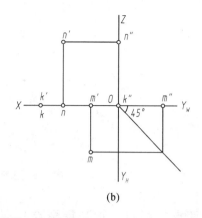

(a)　　　　　　　　　　　　　　(b)

图 2-6　投影面和投影轴上点的投影

相应的投影轴上。当点在投影轴上,则该点的两个投影与该点自身重合,即都在该投影轴上,另一个投影与原点重合。

例 2-1　已知 A 点的坐标(15,10,20),作出 A 点的三面投影。

分析　点 A 与三个投影面均有距离,故点 A 既不在投影面,也不在投影轴,而是一个一般位置的点。

作图　作出投影轴,在 OX 轴上向左量取 Oa_X 为 15,得 a_X,如图 2-7(a)所示;过 a_X 作 OX 轴的垂线,并在此垂线上取 $a_X a' = 20$,得 a',取 $a_X a = 10$,得 a,如图 2-7(b);过原点 O 作 OY_H 轴与 OY_W 轴的 45°分角线,过 a 作 OY_H 轴的垂线使其与 45°分角线相交,自交点作 OY_W 轴的垂线与过 a' 所作 OZ 轴的垂线交于 a'',即得点 A 的三面投影,如图 2-7(c)所示。

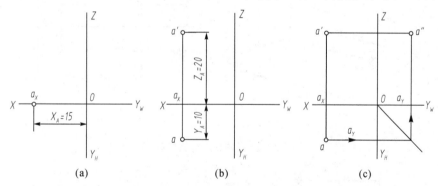

(a)　　　　　　　　(b)　　　　　　　　(c)

图 2-7　已知点的坐标求作投影图

例 2-2　如图 2-8 所示,已知点 A 的 V 面投影 a' 和 H 面投影 a,求其 W 面投影 a''。

分析　由于已知点 A 的正面投影 a' 和水平投影 a,则点 A 的空间位置可以确定,由此可作出其侧面投影 a''。

作图　过原点 O 作 OY_H 轴与 OY_W 轴的 45°分角线;过 a' 作 OZ 轴的垂线;过 a 作 OY_H 轴的垂线交于分角线,再过交点作 OY_W 轴的垂线,与过 a' 的 OZ 轴的垂线交于 a'',即为所求。

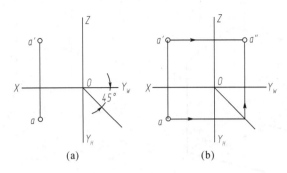

图 2-8 由两投影求第三投影

2.2.4 两点的相对位置和重影点

空间点的位置可以用坐标来确定,故空间点的相对位置也可由点与点之间的相对坐标即坐标差来确定。如图 2-9 所示,已知空间点 $A(x_A, y_A, z_A)$ 和 $B(x_B, y_B, z_B)$,要判断 A 与 B 的相对位置,则只要比较 A, B 两点的 X, Y, Z 三个方向的相对坐标即可。如果 A, B 两点在 X 方向的相对坐为 $(x_A - x_B)$,由于相对坐标为正,所以可以判断点 A 在点 B 的左方。同样地,可以判断点 A 在点 B 的下方和后方。

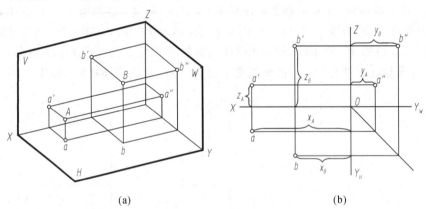

图 2-9 两点的相对位置的确定

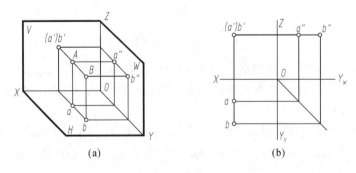

图 2-10 重影点及可见性

如果空间的两个点有两个坐标相等而一个坐标不相等,则该两点在某个投影面上的投影就重合为一点,故该两点称为对该投影面的重影点。如图 2-10 所示,点 B 在点 A 的正前方,则 A,B 两点是对于 V 面的重影点。

　　对重影点要判断可见性。方法是:比较两个点不相同的那个坐标,其中坐标大的那个点可见。如图 2-10 所示,A,B 两点的 x 和 z 坐标相同,y 坐标不同,而 y_B 大于 y_A,故 b' 可见,a' 不可见(加括号表示)。

2.3　直线的投影

2.3.1　直线的投影

　　直线的投影一般仍是直线,由于两点可确定一条直线,因此可以作出直线上两点(通常取线段两个端点)的三面投影,并将各组同面投影相连,即得到直线的投影。如图2-11所示的直线 AB,求作它的三面投影时,可分别作出 A,B 两端点的投影 a,a',a'' 及 b,b',b'',然后将其同面投影连接起来即得直线 AB 的三面投影 $ab,a'b',a''b''$。

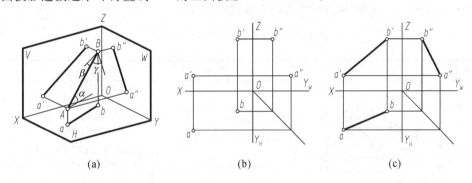

(a)　　　　　　　　(b)　　　　　　　　(c)

图 2-11　直线的投影

2.3.2　各类直线及其投影特性

　　根据直线对投影面的相对位置,可以把直线分为一般位置直线、投影面平行线和投影面垂直线三种。其中后两类又称为特殊位置直线。

　　直线与三个投影面的夹角分别称为该直线对投影面 H,V,W 的倾角,分别用 α,β,γ 表示。

　　1. 一般位置直线

　　与三个投影面都倾斜的直线称为一般位置直线,如图 2-12 所示直线 AB 即为一般位置直线。

　　2. 投影面平行线

　　平行于一个投影面而与另外两个投影面都倾斜的直线称为投影面平行线。其中只平行于 V 面的称为正平线;只平行于 H 面的称为水平线;只平行于 W 面的称为侧平线。

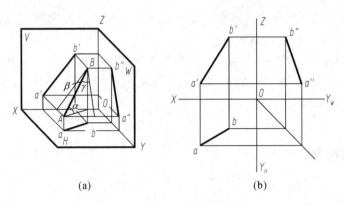

(a)   (b)

图 2-12　一般位置直线

表 2-1 列出了投影面平行线的投影特性。下面以正平线 AB 为例,说明其投影特性。

(1)正平线的正面投影 $a'b'$ 反映直线 AB 的实长,它与 OX 轴的夹角反映直线对 H 面的倾角 α,与 OZ 轴的夹角反映直线对 W 面的倾角 γ。

(2)正平线的水平投影 ab 平行于 OX 轴,侧面投影 $a''b''$ 平行于 OZ 轴,它们的投影长度都小于直线 AB 的实长。

同样,可以得出水平线和侧平线的投影特性。

表 2-1　投影面平行线的投影特性

名 称	轴 测 图	投 影 图	投 影 特 性
正平线			(1) $a'b'=AB$ 反映 α,γ 角 (2) ab // OX 轴 $a''b''$ // OZ 轴
水平线			(1) $cd=CD$ 反映 β,γ 角 (2) $c'd'$ // OX 轴 $c''d''$ // OY_W 轴
侧平线			(1) $e''f''=EF$ 反映 α,β 角 (2) $e'f'$ // OZ 轴 ef // OY_H 轴

3. 投影面垂直线

垂直于一个投影面也即平行于另外两个投影面的直线称为投影面的垂直线。其中垂直

于 V 面的称为正垂线;垂直于 H 面的称为铅垂线;垂直于 W 面的称为侧垂线。

表 2-2 列出了投影面垂直线的投影特性。下面以铅垂线 CD 为例,说明其投影特性:

(1)铅垂线的水平投影 cd 积聚为一点。

(2)铅垂线的正面投影 $c'd'$ 垂直于 OX 轴,侧面投影 $c''d''$ 垂直于 OY_W 轴。并且 $c'd'$ 和 $c''d''$ 均反映直线 CD 的实长。

同样也可以得出正垂线和侧垂线的投影特性。

表 2-2　投影面垂直线的投影特性

名称	轴测图	投影图	投影特性
正垂线	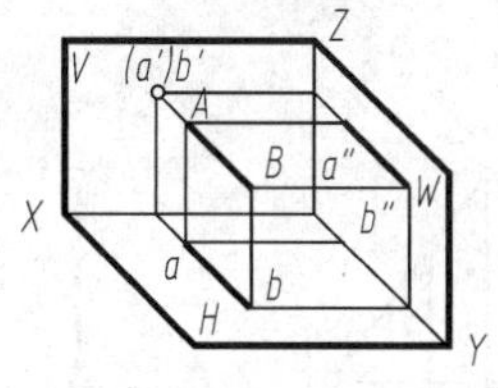	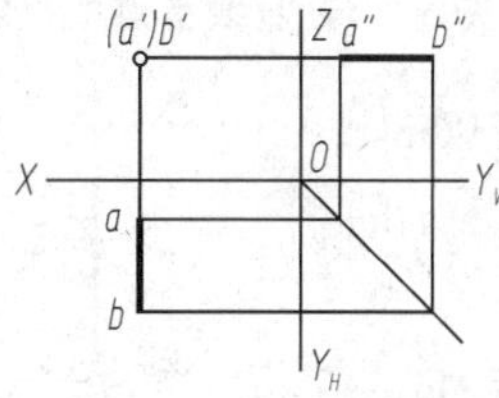	(1) $a'b'$ 积聚成一点 (2) $ab \perp OX$ 轴 　 $a''b'' \perp OZ$ 轴 　 $ab=a''b''=AB$
铅垂线	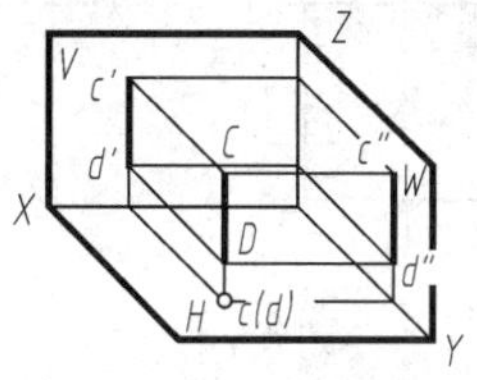	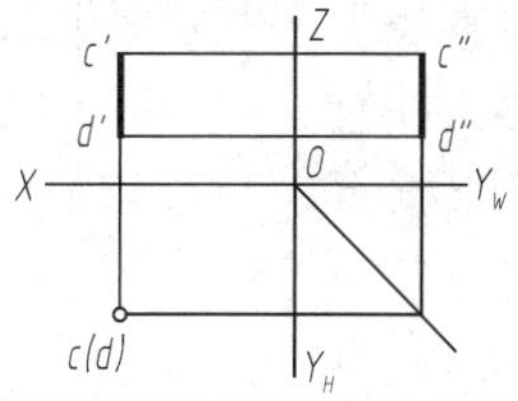	(1) cd 积聚成一点 (2) $c'd' \perp OX$ 轴 　 $c''d'' \perp OY_W$ 轴 　 $c'd'=c''d''=CD$
侧垂线	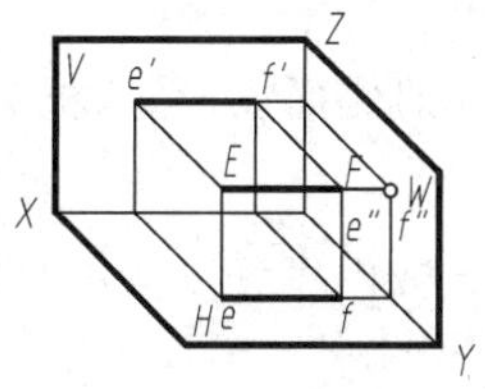	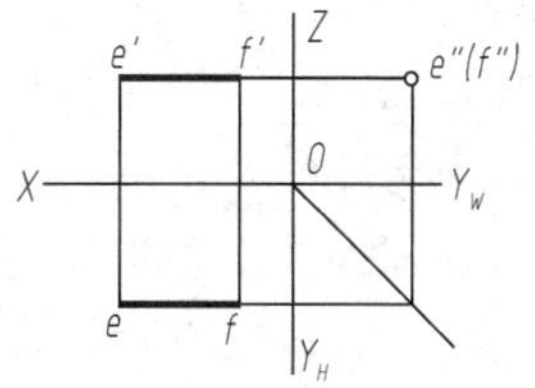	(1) $e''f''$ 积聚成一点 (2) $e'f' \perp OZ$ 轴 　 $ef \perp OY_H$ 轴 　 $e'f'=ef=EF$

2.4　直线与点及两直线的相对位置

2.4.1　直线上的点

点与直线的相对位置有两种情况:点在直线上或点不在直线上。直线上的点有以下两个特性:

(1)点在直线上,则点的各个投影必定在该直线的同面投影上;反之,点的各个投影在直线的同面投影上,则该点必定在直线上。如图 2-13 所示,直线 AB 上有一点 C,则 C 点的三面投影 c,c',c'' 必定分别在直线 AB 的同面投影 $ab,a'b',a''b''$ 上。

(2)线段上的点分割线段之比等于点的投影分割线段的同面投影之比。如图 2-13 所示直线上有一点 C,它把线段 AB 分成 AC 和 CB 两段。根据投影的基本特性,线段及其投影的关系为: $AC:CB=ac:cb=a'c':c'b'=a''c'':c''b''$。

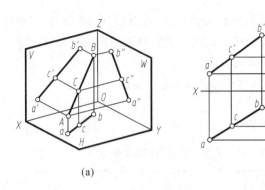

图 2-13　直线上点的投影

例 2-3　如图 2-14 所示,已知侧平线 AB 的两面投影和直线上一点 S 的正面投影 s',求点 S 的水平投影 s。

分析　由于直线 AB 是侧平线,因此不能直接由 s' 求出 s,但根据点在直线上的投影特性,点 S 的侧面投影 s'' 必定在直线 AB 的侧面投影 $a''b''$ 上。另外根据点分割线段成定比的性质也可知,必定符合 $as : sb = a's' : s'b'$ 的比例关系。因此可以有两种方法来求得点 S 的水平投影 s。

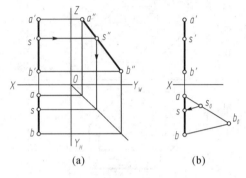

图 2-14　已知 s' 求水平投影

方法一　求出直线 AB 的侧面投影 $a''b''$,同时求出点 S 的侧面投影 s'';根据点的投影规律,由 s' 和 s'' 求出 s。如图 2-14(a)所示。

方法二　过 a 作任意辅助线,在辅助线上量取 $as_0 = a's'$,$s_0 b_0 = s'b'$;连接 $b_0 b$,并作 $s_0 s$ 平行于 $b_0 b$,交 ab 于点 s,即为所求(如图 2-14(b)所示)。

2.4.2　两直线的相对位置

两直线的相对位置有三种情况:平行、相交和交叉。其中平行和相交的两直线又称为共面直线,而交叉的两直线称为异面直线。下面分别讨论各种相对位置直线的投影特性。

1. 两直线平行

由图 2-15(a)并根据投影的基本特性可以知道空间两平行直线的投影必定互相平行。因此平行两直线在投影图上的各组同面投影必定互相平行。反之,如果两直线在投影图上的各组同面投影都互相平行,则两直线在空间也必定互相平行,如图 2-15(b)所示。

在投影图上判断两直线是否平行的方法是:如果两直线均为一般位置直线,其两组同面投影平行,则可判定该两直线平行;如果两直线是同一投影面的平行线,只有当它们在平行的投影面上的投影平行时,才可以判定其互相平行。

2. 两直线相交

空间两相交直线的投影必定相交,且两直线交点的投影必定为两直线的投影的交点,如图 2-16(a)所示。因此,相交两直线在投影图上的各组同面投影必定相交,且两直线各组同

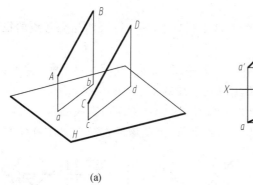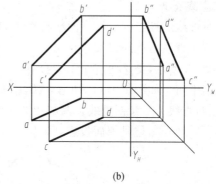

(a)　　　　　　　　　(b)

图 2-15　平面两直线的投影

面投影的交点即为两相交直线交点的各个投影。反之,两直线在投影图上的各组同面投影都相交,且各组同面投影的交点符合空间一个点的投影规律,则两直线在空间必定相交,如图 2-16(b)所示。

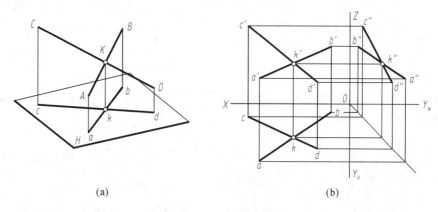

(a)　　　　　　　　　(b)

图 2-16　相交两直线的投影

　　一般情况下,只需根据空间两直线的两个投影即可判定空间两直线是否相交。但其中有一直线为投影面的平行线时,则一定要检查直线在三个投影面上的交点是否符合空间一个点的投影规律,或者用定比法判断,如图 2-17 所示。

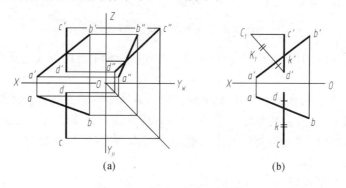

(a)　　　　　　　　　(b)

图 2-17　判别两直线是否相交

3. 两直线交叉

如果两直线的投影既不符合两平行直线的投影特性,又不符合两相交直线的投影特性,则可判定该两直线为空间交叉两直线。

如图 2-18 所示,交叉两直线可能会有一组或两组的同面投影互相平行,但不会三组同面投影互相平行。如图 2-18(b)所示,AB,CD 两直线的水平投影 $ab \parallel cd$,但 $a'b'$ 与 $c'd'$ 不平行,因此该两直线为交叉两直线。又如图 2-18(c)所示,AB,CD 两直线的水平投影 $ab \parallel cd$,正面投影 $a'b' \parallel c'd'$,但是侧面投影 $a''b''$ 与 $c''d''$ 不平行,因此该两直线为交叉两直线。

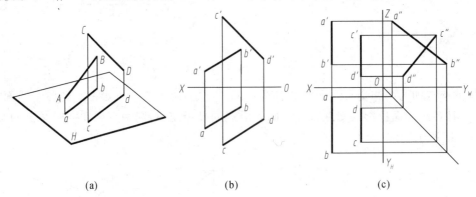

图 2-18　交叉两直线的投影(一)

另外,交叉两直线的投影也可以是相交的,但是它们的投影交点必定不符合空间一个点的投影规律,如图 2-19 所示。

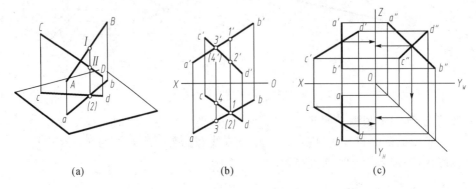

图 2-19　交叉两直线的投影(二)

例 2-4　如图 2-20(a)所示,判断侧平线 AB 和 CD 是平行两直线还是交叉两直线(不用补第三面投影)。

分析　首先判断两直线的方向,如果两直线的方向不同即为交叉。从图 2-20(a)的符号顺序可知两直线方向相同,则可能平行,故要检查两直线是否符合定比性。另外平行两直线为共面两直线,故可以通过检查该两直线是否平行来判定(已排除相交)。因此本题可以用比例法和共面法来求解。

方法一　先连接投影 ac 和 $a'c'$;再过 d 和 d' 分别作直线 ds 平行于 ac,$d's'$ 平行于 $a'c'$,得交点 s 和 s';并可知 $as : sb = a's' : s'b'$;又由于两直线同方向,如图 2-20(a)所示,故可判定两侧平线是平行两直线。

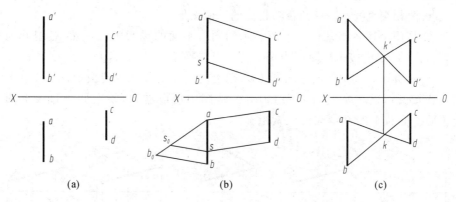

图 2-20　判别两侧平线的相对位置

方法二　连接 ad 与 bc，$a'd'$ 与 $b'c'$，分别交于 k，k'；可知 k，k' 符合空间一个点的投影规律，故两侧平线是平行两直线。

例 2-5　如图 2-21(a)所示，过点 A 作直线 AB 与直线 CD 相交于点 K，且 K 距离 H 面 12mm，点 B 在点 A 右方 25mm 处。

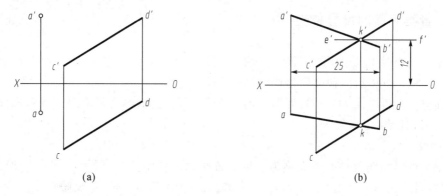

图 2-21　作相交直线

分析　由于所求直线 AB 与已知直线 CD 相交，则交点 K 应在 CD 的同面投影上。又点 K 距 H 面 12mm，即点 K 的正面投影 k' 到 OX 轴的距离为 12mm，可得点 K 的两面投影 k 和 k'。然后连接 AK 并延长，使得另一端点 B 在点 A 右方 25mm 处，即得直线 AB 的两面投影。

作图　在 OX 轴上方作 OX 轴的平行线 $e'f'$ 并且距 OX 轴 12mm，交 $c'd'$ 于 k'，由 k' 求得 k；分别连接 ak 和 $a'k'$ 并延长至 a 和 a' 右方 25mm 处得到 b 和 b'，如图 2-31(b)所示。ab 和 $a'b'$ 即为直线 AB 的两面投影。

2.5　平面的投影

2.5.1　平面的投影

平面的空间位置可由下列几何元素来确定：不在同一条直线上的三个点；一直线和直线

外的一个点；两相交直线；两平行直线；任意的平面图形。

图 2-22 是用上述各组几何元素所表示的同一平面的投影图。显然，各组几何元素是可以互相转换的，如连接 AB 即可由图 2-22(a)转换成图 2-22(b)；再连接 AC，又可转换成图 2-22(c)；如从 C 作 AB 的平行线 CD，则也可由图 2-22(b)转换成图 2-22(d)；将 A，B，C 彼此连接又可以转换成图 2-22(e)等。从图中可以看出，不在同一直线上的三个点是决定平面空间位置的基本几何元素组。

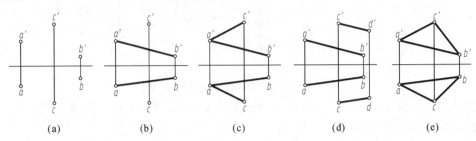

图 2-22　平面的表示法及其投影图

2.5.2　各类平面的投影特性

根据平面相对于投影面的位置不同，平面可以分为一般位置平面、投影面垂直面和投影面平行面三种。其中后两种又称为特殊位置平面。

平面与三个投影面 H,V,W 面所成的二面角的平面角，称为平面对三投影面 H,V,W 面的倾角，分别用 α,β,γ 表示。

1. 一般位置平面

与三个投影面都倾斜的平面称为一般位置平面。如图 2-23 所示，$\triangle ABC$ 与三个投影面都倾斜，因此它的三个投影 $\triangle abc$，$\triangle a'b'c'$ 和 $\triangle a''b''c''$ 均为类似形，不反映实形；也不反映平面与投影面的倾角 α,β,γ 的真实大小。

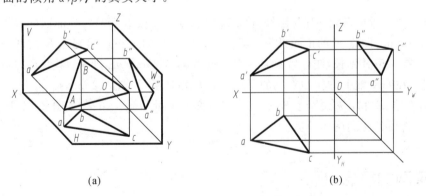

图 2-23　一般位置平面的投影特性

2. 投影面垂直面

垂直于一个投影面而与另外两个投影面都倾斜的平面称为投影面垂直面。其中只垂直于 H 面的称为铅垂面；只垂直于 V 面的称为正垂面；只垂直于 W 面的称为侧垂面。

表 2-3 列出了投影面垂直面的投影特性。

表 2-3　投影面垂直面的投影特性

名称	轴测图	投影图	投影特性
铅垂面			(1) p 复合聚成一直线，反映 β、γ 角。 (2) p' 和 p'' 均为原图形的类似形。
正垂面			(1) q' 复合聚成一直线，反映 α、γ 角。 (2) q 和 q'' 均为原图形的类似形。
侧垂面			(1) r'' 复合聚成一直线，反映 α、β 角。 (2) r' 和 r 均为原图形的类似形。

下面以铅垂面△ABC 为例说明其投影特性,如图 2-24 所示。

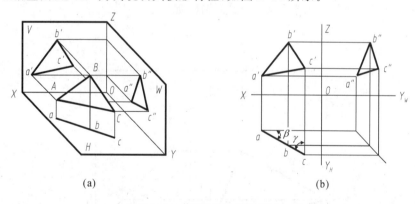

(a)　　　　　　　　(b)

图 2-24　铅垂面的投影特性

(1)铅垂面△ABC 的水平投影 abc 积聚为一条直线,它与 OX 轴的夹角反映平面与 V 面的倾角 β,与 OY_H 轴的夹角反映平面与 W 面的倾角 γ。

(2)铅垂面△ABC 的正面投影△$a'b'c'$ 和侧面投影△$a''b''c''$ 均为△ABC 的类似形。

同样,可以得出正垂面和侧垂面的投影及其投影特性。

3. 投影面平行面

平行于一个投影面也即垂直于另外两个投影面的平面称为投影面平行面。其中平行于 H 面的称为水平面;平行于 V 面的称为正平面;平行于 W 面的称为侧平面。

表 2-4 列出了投影面平行面的投影特性。

表 2-4 投影面平行面的投影特性

名称	轴 测 图	投 影 图	投 影 特 性
水平面			(1) p 反映平面实形。 (2) p' 和 p'' 均具有积聚性， 　　且 $p' /\!/ OX$ 轴，$p'' /\!/ OY_W$ 轴。
正平面			(1) q' 反映平面实形。 (2) q 和 q'' 均具有积聚性， 　　且 $q /\!/ OX$ 轴，$q'' /\!/ OZ$ 轴。
侧平面			(1) r'' 反映平面实形。 (2) r' 和 r 均具有积聚性， 　　且 $r' /\!/ OZ$ 轴，$r /\!/ OY_H$ 轴。

下面以水平面 $\triangle ABC$ 为例，说明其投影特性，如图 2-25 所示。

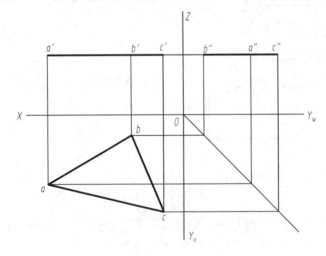

图 2-25 水平面的投影特性

（1）水平面 $\triangle ABC$ 的水平投影 $\triangle abc$ 反映 $\triangle ABC$ 的实形。

（2）水平面 $\triangle ABC$ 的正面投影 $a'b'c'$ 和侧面投影 $a''b''c''$ 积聚成一条直线，它们分别与 OX 轴、OY_W 轴平行。

同样，可以得出正平面和侧平面的投影及其投影特性。

2.6 平面上的直线和点

2.6.1 平面上的直线

直线在平面上的几何条件是:直线通过平面上的两个已知点,或通过平面上的一个已知点并平行于平面上的一条已知直线。

如图 2-26(a)所示,AB 和 AC 为相交两直线,点 M 在直线 AB 上,点 N 在直线 AC 上,则直线 MN 必定在 AB 和 AC 相交两直线所决定的平面上。

又如图 2-26(b)所示,DE 与 EF 为相交两直线,点 L 在直线 DE 上,过 L 作直线 EF 的平行线 LK,则直线 KL 必定在 DE 和 EF 相交两直线所决定的平面上。

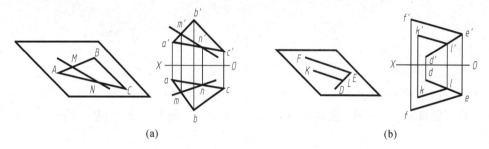

(a) (b)

图 2-26 一面上的点和直线

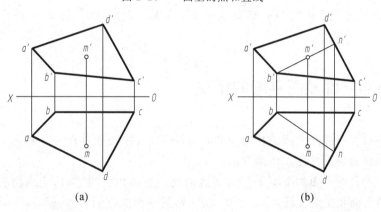

(a) (b)

图 2-27 判断点 M 是否在平面 $ABCD$ 上

2.6.2 平面上的点

点在平面上的几何条件是:点在平面上的一条直线上。

如图 2-26(a)所示,点 M 在直线 AB 上,点 N 在直线 AC 上,则点 M 和 N 都必定在 AB 和 AC 相交两直线所决定的平面上。

例 2-6 如图 2-27(a)所示,试判断点 M 是否在平面 $ABCD$ 上。

分析 若点在平面内,则一定在平面 ABCD 的一条直线上,否则就不在平面 ABCD 上。

作图 连接 $b'm'$,延长并交 $c'd'$ 与 n';由 n' 作出 n,连接 bn,如图 2-27(b)所示,显然点 M 不在直线 BN 上,因此可以判断点 M 不在平面 ABCD 上。

例 2-7 如图 2-28(a)所示,已知平面四边形 ABCD 的水平投影 $abcd$ 和正面投影 $a'b'c'$,试完成其正面投影。

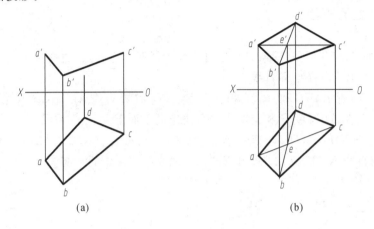

(a)   (b)

图 2-28 补全四边形的正面投影

分析 四边形 ABCD 是一平面图形,故点 D 可看作平面上的一点。由于不在一条直线上的三点可以确定一个平面,故连接 ABC 可得此平面。便可在此平面上求得点 D 的正面投影 d'。

作图 连接 AC 的同面投影 $a'c'$ 和 ac,得△ABC 的两个投影;连接 bd 交 ac 于 e;根据 e 求出 e';延长 $b'e'$ 交于过 d 的 OX 轴垂线于 d';连接 $a'd'$ 和 $c'd'$,即得平面 ABCD 的正面投影。

2.7 直线与平面及两平面的相交

直线与平面及两平面之间的相对位置可分为平行、相交和垂直三种情况。本节只讨论特殊情况下相交的投影特性及作图方法。

直线与平面及两平面如果不平行则必然相交。解决相交问题时,应求出直线与平面相交的交点和两平面相交的交线,并判断可见性,将被平面遮住的直线或另一平面的轮廓画成虚线。

2.7.1 直线与平面相交

直线与平面相交的交点是直线和平面的共有点,且是直线可见与不可见的分界点。

1. 一般位置直线与特殊位置平面相交

由于特殊位置平面的某些投影具有积聚性,因此直线与特殊位置平面相交就可以利用该平面投影的积聚性,直接找出交点的一个投影,再利用线上取点的方法求出交点的其他投影。

例 2-8　求直线 AB 与铅垂面 $EFGH$ 的交点 K（如图 2-29 所示）。

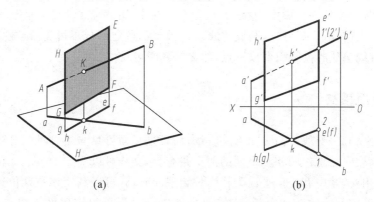

(a)　　　　　　　　　　(b)

图 2-29　求直线与铅垂直面的交点

分析　铅垂面的水平投影 $efgh$ 具有积聚性，因此交点的水平投影 k 在 $efgh$ 上，又由于点 K 在直线 AB 上，故 k 也必定在直线 AB 的水平投影 ab 上，因此 k 即为 $efgh$ 和 ab 的交点。然后通过线上取点的方法求出 k'。

作图　$efgh$ 和 ab 的交点即为交点 K 的水平投影，过 k 作 OX 轴的垂线交 $a'b'$ 于 k'，即得所求交点。

可见性判断　在正面投影凡位于平面之前的线段为可见。图 2-29(b) 中正投影面上的投影 $a'k'$ 和 $k'b'$，可以从水平投影看出 AK 在平面之后，KB 在平面之前。所以 $k'b'$ 画成实线，而 $a'k'$ 被平面遮住部分画成虚线。水平投影中平面积聚成一条直线，故不需判断可见性。

2. 特殊位置直线与一般位置平面相交

由于特殊位置直线的某些投影具有积聚性，因此直线与平面相交就可以利用该直线投影的积聚性，直接找出交点的一个投影，再利用平面上取点的方法求出交点的其他投影。

例 2-9　求铅垂线 AB 与 $\triangle CDE$ 的交点，如图 2-30 所示。

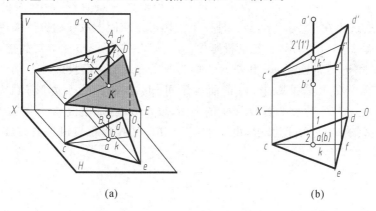

(a)　　　　　　　　　　(b)

图 2-30　铅垂直面与平面的交点求法

分析　由于直线 AB 为铅垂线，其水平投影积聚成一点，因此交点 K 的水平投影可以确定，再利用面上取点的方法，在 $a'b'$ 上作出交点 K 的正面投影 k'。

作图 在 ab 上标出 k；在 $\triangle cde$ 上过 k 作一条直线 ck，交 ed 于 f，再作直线 CF 的正面投影 $c'f'$；$c'f'$ 和 $a'b'$ 的交点即为交点 K 的正面投影。

可见性判断 在正面投影中，直线 AB 和 CD 在 Ⅰ、Ⅱ 两点重影，由水平投影可以看出 Ⅰ 点在后，Ⅱ 点在前，故 $a'k'$ 可见，画成实线，$k'b'$ 被平面遮住部分不可见，画成虚线。在水平投影中，由于直线 AB 的投影积聚成一点，故无须判断可见性。

2.7.2　两平面相交

平面与平面相交，交线是两平面的共有线，而且是平面可见与不可见的分界线。两平面的交线是直线，故只需求出两相交平面的两个共有点，交线可以确定了。

两个平面相交，其中有一个平面为特殊位置平面时，就可以利用该特殊位置平面具有积聚性的投影来确定交线的一个投影，交线的另外一个投影可以按照面上取点、取线的方法得到。

例 2-10　求正垂面 $DEFG$ 与一般位置平面 $\triangle ABC$ 的交线 MN，如图 2-31(a) 所示。

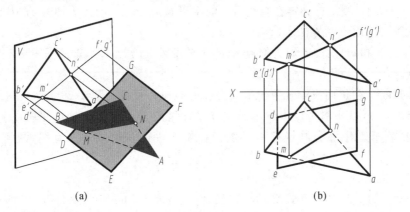

(a)　　　　　　　　(b)

图 2-31　求正垂面与倾斜面的交线

分析 正垂面 $DEFG$ 的正面投影 $d'e'f'g'$ 积聚成一条直线，故交线的投影必定在 $d'e'f'g'$ 上，又交线也在 $\triangle ABC$ 上，故另外一个投影可以从面上取线的方法求得。

作图 如图 2-31(b) 所示，在正面投影中，确定 $d'e'f'g'$ 与 $a'b'$ 和 $a'c'$ 的交点 m' 和 n'；由 m' 和 n' 求得 m 和 n；分别连接 mn 和 $m'n'$。即为所求交线的两面投影。

可见性判断 在水平投影中，由正面投影可知，$\triangle ABC$ 的四边形 $BCNM$ 位于平面 $DEFG$ 的上面，$\triangle AMN$ 位于平面 $DEFG$ 的下面，故 $bcnm$ 画成实线，amn 在 $defg$ 轮廓范围内的部分画成虚线。在正面投影中，由于平面 $DEFG$ 的投影积聚成一条直线，故无须判断可见性。

第3章 立体及其表面交线

大多数机器零件都是由基本立体组成,而立体由若干表面(平面、曲面)所围成。按其几何性质不同,立体可分为平面立体和曲面立体两类。完全由平面所围成的立体称为平面立体,棱柱、棱锥是工程上常见的平面立体。由曲面和平面或完全由曲面围成的立体称为曲面立体,圆柱、圆锥、圆球、圆环是工程上常见的曲面立体。

本章主要介绍常见立体的投影特性及表面上点、线的作图方法,以及立体表面交线(截交线、相贯线)的画法。

3.1 立体及其表面上的点与线

3.1.1 平面立体的投影及表面上的点和线

平面立体的各表面都是平面多边形,因此绘制平面立体的投影可归结为绘制围成平面立体各个多边形的投影。平面立体表面由直线段组成,而每条直线段又由其两端点确定,因此,绘制平面立体的投影又可归结为绘制平面立体各顶点的投影。在投影图上表示一个立体,要根据可见性原理判别那些直线段是可见的或不可见的,而把其投影分别画成实线或虚线。

1. 棱柱

(1)棱柱的投影。棱柱由上下两个面和若干侧面(也叫棱面)围成,各平面的交线称为棱线。根据顶面和底面的边数棱柱可分为三棱柱、四棱柱、五棱柱、六棱柱等。图 3-1 所示为正置正五棱柱直观图和投影图。

投影分析 正五棱柱的顶面 $ABCDE$ 和底面 $A_0B_0C_0D_0E_0$ 为水平面,它们的水平投影反映实形,正面及侧面投影均积聚为平行于相应投影轴的直线段。在五个侧面中,后侧面 DD_0E_0E 为正平面,其正面投影反映实形,水平投影和侧面投影均积聚为平行于相应投影轴的直线段。其余四个侧面 AA_0B_0B、BB_0C_0C、CC_0D_0D、EE_0A_0A 均为铅垂面,水平投影积聚成直线段,且与投影轴倾斜,正面投影和侧面投影反映类似形。棱线 AA_0、BB_0、CC_0、DD_0、EE_0 均为铅垂线,水平投影积聚为一点,正面投影和侧面投影均反映棱线实长。顶面棱线 ED 和底面棱线 E_0D_0 为侧垂线,侧面投影积聚成一点,水平投影和正面投影反映实长。其余棱线均为水平线,其投影请读者自行分析。

作图步骤 画正置五棱柱的投影图时,先画顶面和底面的投影,再根据投影规律作出其他两面投影,最后判别其可见性,如图 3-1(b)所示。

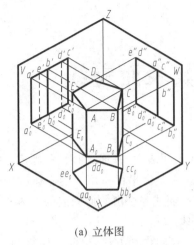
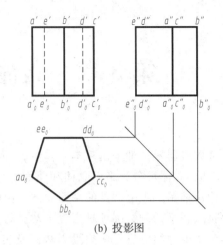

(a) 立体图　　　　　　　　　(b) 投影图

图 3-1　正五棱柱的投影

（2）棱柱表面取点与线。在平面立体表面上取点和直线，其原理和方法与在平面上取点和直线相同。如图 3-2 所示，由于正五棱柱的各个表面都处于特殊位置，因此在其表面上取点和直线可利用平面投影积聚性的原理作图。

如已知五棱柱表面上点 M 的侧面投影 m''，要求作其水平投影 m 和正面投影 m'。因为 m'' 点是可见的，则点在左、前侧面上，而该面又是铅垂面，水平投影积聚成一斜直线段，则点 M 的水平投影 m 必在该线上，由宽相等可求得点 M 的水平投影 m，再根据点

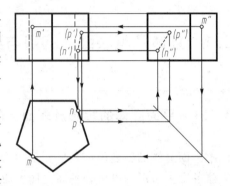

图 3-2　正五棱柱表面上点、线的投影

的投影关系由 m'' 和 m，可求出 m'。又如，五棱柱表面上有一直线 NP，已知其正面投影 $(n'p')$，求作其水平投影和侧面投影，只需作出直线上两端点的水平投影 np 和侧面投影 $n''p''$，连接两端点的投影 $np，n''p''$ 即可。根据 $(n'p')$ 为虚线不可见，NP 在右后侧面上，NP 侧面投影也不可见，$(n''p'')$ 用虚线连接。

2. 棱锥

（1）棱锥的投影。

投影分析　图 3-3 所示为一正置正三棱锥直观图及投影图。正三棱锥由底面 $\triangle ABC$ 和三个相等棱面 $\triangle SAB，\triangle SAC，\triangle SBC$ 所组成。底面 $\triangle ABC$ 为水平面，其水平投影反映实形，正面和侧面投影均积聚成一直线段。后棱面 $\triangle SAC$ 为侧垂面，因此侧面投影积聚成一斜直线段，水平投影和正面投影均为类似形。而左右两个侧棱面 $\triangle SAB$ 和 $\triangle SBC$ 均为一般位置平面，其三面投影均为类似形。底面的三条棱线，其中 $AB、BC$ 为水平线，AC 为侧垂线。而三条侧棱线中，其中 $SA，SC$ 为一般位置直线，SB 为侧平线，它们的投影可根据不同位置直线的特性进行分析。

作图步骤　画正置正三棱锥投影图时，先画出底面 $\triangle ABC$ 的各个投影，再作出锥顶 S 的各个投影，如图 3-3(b) 所示。

（2）棱锥表面上取点。在棱锥表面上取点，其原理和方法与平面上取点方法相同。正三

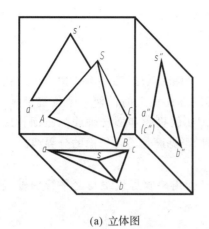
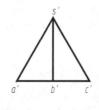
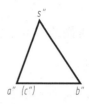

(a) 立体图　　　　　　　　　　　(b) 投影图

图 3-3　正三棱锥的投影

棱锥表面有特殊位置平面，也有一般位置平面。属于特殊位置平面上点的投影，可利用该平面投影有积聚性的特性直接作图。属于一般位置平面上点的投影，可通过在平面上作辅助线的方法作图。如图 3-4 所示，已知正三棱锥表面上有一点 M 的正面投影 m'，求作其水平投影 m 和侧面投影 m''。因为 m' 是可见的，所以点 M 在三棱锥左棱面△SAB 上，左棱面△SAB 是一般位置平面，三面投影均为类似形，无法用积聚性法直接求解 m，m''，必须用辅助线法作图。过点 M 在△SAB 平面上作一辅助线 MⅠ平行于 AB，根据两直线平行的投影特性，即作 $1'm'$ ∥ $a'b'$，再作 $1m$ ∥ ab，根据长对正求出 m，按投影关系由 m'，m，求出点 M 侧面投影 m''。也可以通过锥顶 S 和点 M 作一辅助直线 SⅡ，其正面投影 $s'2'$ 必通过 m'，求出 SⅡ水平投影 $s2$，则点 M 水平投影 m 必在 $s2$ 上，再由 m，m' 求出 m''。理论上可以过已知点所在的平面上作任意直线，作出该直线的其他投影，再求出点的其他投影。又如，已知点 N 的水平投影 n，由于 n 可见，则点 N 在侧垂面△SAC 上，因此 n'' 必在 $s''a''(c'')$ 上，根据宽相等可直接求得 n''，由 n，n'' 可求出 (n')。

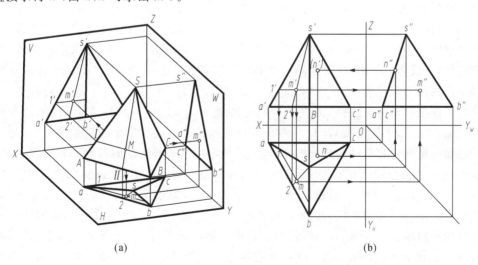

(a)　　　　　　　　　　　　　　(b)

图 3-4　正三棱锥表面上点的投影

机械制图

3.1.2 曲面立体的投影及表面上的点和线

工程中常见的曲面立体是回转体,主要有圆柱、圆锥、圆球、圆环等。由直线或曲线运动形成曲面,产生曲面的动线称为该曲面的母线,母线在曲面上的任何一个位置都称为素线。画曲面立体投影图时,一般应画出各方向转向轮廓线的投影和回转轴线的三面投影。所谓的转向轮廓线,就是曲面立体向某一投影面投影时,可见面与不可见面的分界线。

1. 圆柱

圆柱表面由圆柱面和顶面、底面所围成。圆柱面由一直母线绕与之平行的轴线回转而成,如图 3-5(a)所示。

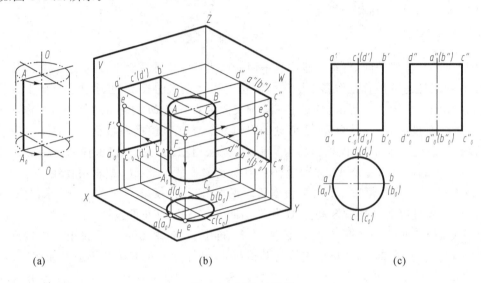

(a)　　　　　　　　　　(b)　　　　　　　　　　(c)

图 3-5　圆柱的投影

(1)圆柱的投影。

投影分析 如图 3-5 放置的圆柱,其水平投影为一圆线框,由于圆柱的顶圆平面、底圆平面为水平面,其水平投影反映实形,且顶圆平面和底圆平面重合。圆柱面是铅垂面,水平投影有积聚性,成为一个圆,且与顶圆平面和底圆平面投影相重合,圆柱面上所有的点与线投影均落在该圆上。

圆柱正面投影是矩形线框,其中左右两轮廓线 $a'a_0'$、$b'b_0'$ 是圆柱面上最左、最右素线(AA_0，BB_0)的正面投影,AA_0、BB_0 这两条素线把圆柱面分成前半个和后半个,也就是正面投影圆柱面可见部分和不可见部分的分界线,按规定这两条素线正面投影画粗实线。最左、最右素线的水平投影积聚在圆周上,且落在圆周和横向中心线的交点处,如图 3-5(c)中点 $a(a_0)$ 和点 $b(b_0)$,其侧面投影和轴线的侧面投影重合,不需画其投影。矩形框的上、下两边分别为圆柱的顶圆平面和底圆平面的积聚性投影,$a'b'=a_0'b_0'=AB=A_0B_0$,即圆柱直径。

圆柱侧面投影也是一矩形线框,其中左右两轮廓线 $d''d_0''$、$c''c_0''$ 是圆柱面最前、最后素线(DD_0，CC_0)的侧面投影,DD_0、CC_0 这两条素线把圆柱面分成左半个和右半个,也就是侧面投影圆柱面可见部分和不可见部分的分界线,按规定这两条素线侧面投影画粗实线。最前、最后素线的水平投影积聚在圆周上,且落在圆周和垂直中心线的交点处,如图 3-5(c)中点

$d(d_0)$ 和点 $c(c_0)$。其正面投影和轴线的正面投影重合,不需画其投影。矩形框的上、下两边分别为圆柱顶圆平面和底圆平面的积聚性投影,$d''c''=d''_0c''_0=DC=D_0C_0$,即圆柱直径。

作图步骤　注意:在画圆柱和其他回转体投影时,一定要画出圆的对称中心线和轴线的投影,轴线和对称中心线用细点画线(较短时可用细实线)画出,且要超出轮廓线 3～5mm,初学制图的人常常对此不以为然,这是错误的。画圆柱的投影时,首先应画出对称中心线和轴线的投影,然后画出投影具有积聚性的圆,最后根据投影关系和圆柱的高度画出圆柱其他两面投影。

(2)圆柱表面取点与线。当圆柱轴线是投影面的垂直线时,圆柱面、顶面、底面在其垂直的投影面上均有积聚性。圆柱表面取点、线,均可利用积聚性法求得。

1)圆柱表面上取点

①如果点位于转向轮廓线上,可按投影关系直接求出,并判断其可见性。如图 3-6 所示,已知圆柱面上点 A 的侧面投影 a'',求出其水平投影 a 及正面投影 a'。由于 a'' 侧面投影位于对称中心线上,而且也是可见的,所以点 A 在圆柱最左的素线上,其水平投影 a 位于圆柱水平投影圆的最左点上,正面投影 a' 在圆柱正面投影的左边轮廓线上。

②如果点不在转向轮廓线上,可按积聚性法作图。如图 3-6 所示,已知圆柱表上点 B 的正面投影 (b'),求出其水平投影 b 和侧面投影 (b'')。由于 (b') 不可见,正面投影又位于轴线右边,所以点 B 在圆柱后面右边的四分之一圆柱面上,圆柱面在水平投影积聚成为一圆,点 B 水平投影上必在该圆上,根据长对正投影规律可求得 b。由点 B 正面投影 b' 及水平投影 b,根据投影关系作图可求得 (b''),是不可见的。

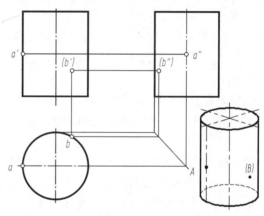

图 3-6　在圆柱表面上取点

2)圆柱表面上取线

圆柱表面的线的几何形状有直线、圆和其他曲线三种,直线和圆作图较简单,不作介绍。其他曲线作图方法一般采用描点法,其步骤为:先求出特殊点,再求出一般点,判别可见性后,用曲线光滑连接即可。如图 3-7 所示,已知圆柱体表面上的曲线 AE 的正面投影 $a'e'$,试求 AE 水平投影和侧面投影。

投影分析　由于曲线 AE 的正面投影 $a'e'$ 为与轴线倾斜的直线段,分析线的几何形状可知该曲线是圆柱面上的一条平面曲线,且在前半个圆柱面上。圆柱面的侧面投影积聚为一圆,曲线 AE 的侧面投影 $a''e''$ 也必在该圆周上,水平投影为曲线形。将曲线看成由若干个点组成,利用圆柱表面取点的方法,求出各点的水平投影,然后顺次将各点光滑连接。

作图步骤

①求特殊点如点(A,C,E)。根据曲线 AE 的正面投影 $a'e'$ 可知,点 A,C 在圆柱表面转向轮廓线上,侧面投影 a'',c'' 和水平投影 a,c 可直接求出。而点 E 是曲线的端点,且不在转向轮廓线上,可利用圆柱面侧面投影的积聚性先求出点 E 的侧面投影 e'',再按投影关系求出点 E 的水平投影 e。

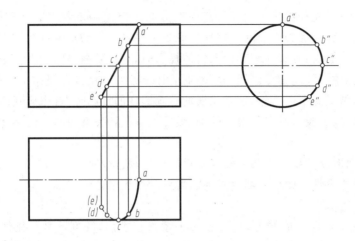

图 3-7　圆柱表面上取线

②作一般点(如点 B, D)。点 B, D 的作图方法与点 E 相同。一般点数量和位置由作图准确性需要而定。

判别可见性后,将曲线 AE 的水平投影顺次光滑连接。曲线中的 ABC 线段位于上半圆柱面上,其水平投影 abc 线段可见,用粗实线画出,曲线中的 CDE 线段位于下半圆柱面上,其水平投影 $a(d)(e)$ 线段不可见,用虚线画出。

2. 圆锥

圆锥的表面是由圆锥面和底圆平面所组成。圆锥面是一直母线 SA 绕与它相交的轴线 OO 回转而成,如图 3-8(a)所示。圆锥面上任一素线均汇交于锥顶 S。

(1)圆锥的投影。

投影分析　如图 3-8 放置的圆锥,底圆平面为水平面,其水平投影为一圆线框,反映实形,其正面投影和侧面投影积聚为一直线段,且与相应投影轴平行,直线段长度等于底圆直径。圆锥面的水平投影为圆,且与底圆水平投影重合。

圆锥面的正面投影为一等腰三角形。其中左右两轮廓线 $s'a'$, $s'b'$ 是圆锥面上最左、最右素线(SA, SB)的正面投影,SA, SB 这两条素线把圆锥面分成前半个和后半个,也就是正面投影圆锥面可见部分和不可见部分的分界线,按规定这两条素线正面投影画粗实线。最左、最右素线(SA, SB)的水平投影与圆的横向对称中心线重合,规定省略不画。其侧面投影与圆锥轴线侧面投影重合,也省略不画。圆锥侧面投影也是一个等腰三角形。

作图步骤　画圆锥的投影时,首先,应画出对称中心线和轴线的投影,然后画出底圆和锥顶的各个投影,最后画出其外轮廓线,即完成圆锥的各个投影(如图 3-8(c)所示)。

(2)圆锥表面取点与线。当圆锥轴线为投影面垂直线时,圆锥底圆平面在两个投影面上的投影有积聚性,而圆锥面三个投影均无积聚性。因此,在圆锥表面上取点、线,当点位于底圆平面或锥面转向轮廓线上时,可按投影关系直接求出,表面上其余的点必须利用辅助线法或辅助圆法来求作。

1)圆锥表面取点

①如果点位于圆锥底圆平面上,可利用底圆平面积聚性与点的投影关系求出。如图3-9所示,已知圆锥表面上点 A 的水平投影(a),求出其正面 a' 和侧面投影 a''。由于点 A 水

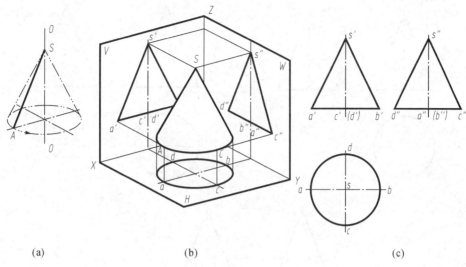

(a)　　　　　　　(b)　　　　　　　(c)

图 3-8　圆锥的投影

平投影(a)不可见,所以点 A 在圆锥底圆平面上,圆锥底圆平面正面投影和侧面投影均有积聚性,可按长对正求出点 A 的正面投影 a',再根据宽相等求出点 A 的侧面投影 a''。

　　②如果点位于圆锥表面转向轮廓线上,可利用点的投影规律直接求出。如图3-9所示,已知圆锥表面上点 B 的正面投影 b',求出其水平投影 b 和侧面投影 b''。由于点 B 正面投影 b'在圆锥最右的素线上,该素线为圆锥表面正面投影转向轮廓线,按长对正可求出点 B 的水平投影 b,再按高平齐求出其侧面投影(b'')。

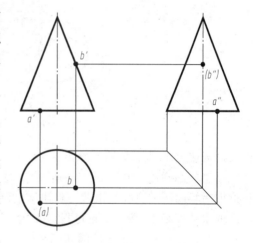

图 3-9　圆锥表面取点

　　③如果点位于圆锥表面的一般位置上,可利用辅助线法和辅助圆法求解。如图3-10(a)所示,已知圆锥及其表面上的点 E 的正面投影 e',求出点 E 的水平投影 e 和侧面投影 e''。

　　投影分析　由图3-10(a)可知,e'可见,所以点 E 位于圆锥前面、右边的四分之一圆锥面上。由于圆锥表面的投影特性,所以必须过点 e 在圆锥表面作一辅助线,为了作图方便,可在圆锥表面作过锥顶的辅助素线或垂直于轴线的辅助圆。再根据点从属于线的特性,求出点的水平投影 e 和侧面投影 e''。根据可见性判别可知,点 E 水平投影可见、侧面投影不可见。

　　作图步骤

　　①用辅助素线法(如图3-10(b)所示)。连接 $s'e'$并延长使其与底相交于 $1'$,$s'1'$即为过点 E 的圆锥面素线 SI 的正面投影。按投影规律求出点 S、I 的水平投影 s、1,连接 $s1$ 即得素线 SI 水平投影 $s1$。点 E 在辅助线 SI 上,根据点的从属性,点 E 的水平投影必在辅助线 SI 的水平投影 $s1$ 上,按长对正可求出点 E 的水平投影 e。由点 E 的正面投影 e'和水平投影 e,

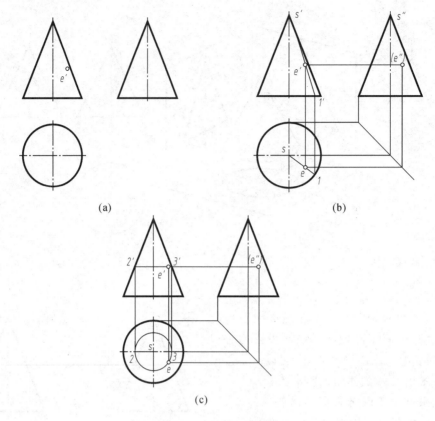

(a)

(b)

(c)

图 3-10　圆锥表面取点

按投影规律可求得点 E 侧面投影(e'')。

　　②用辅助圆法(如图 3-10(c)所示)。过点 e' 作一水平线使其与轮廓线相交。线段 $2'3'$ 长度即为辅助圆的直径。由此可作出辅助圆的水平投影。根据点的从属性,点 E 必在该辅助圆的水平投影上,按长对正可得点 E 的水平投影 e,由点 E 的正面投影 e' 和水平投影 e,按点投影规律即可求得点 E 的侧面投影(e'')。

　　2)圆锥表面上取线

　　圆锥表面的线的几何形状有直线(素线)、垂直于轴线的圆和其他曲线。圆锥表面其他曲线作图方法也采用描点法,一般先求属于线上的特殊点,再求属于线上的若干一般点,经判别可见性后,用曲线光滑连接即可。

　　如图 3-11 所示,已知圆锥面上的曲线 AC 的水平投影 ac,试求 AC 正面投影和侧面投影。

　　投影分析　　由于曲线 AC 的水平投影为与 X 轴垂直的直线段,经分析线的几何形状可知,该曲线是圆锥面上的一条平面曲线,且曲线所在的平面是侧平面,故曲线的正面投影积聚为一直线段,并与圆锥轴线平行。侧面投影呈曲线形(反映实形)。

　　作图步骤

　　①先求特殊点。如图 3-11 所示,有点 A,B,C。其中 a,c 是圆锥底圆圆周上点 A,C 的水平投影,b 是曲线最高点 B 的水平投影,点 B 在圆锥最左素线上,根据点的投影规律可求得点 A,B,C 的正面投影(a'),b',c' 和侧面投影 a'',b'',c''。

②作一般点。如图 3-11 所示,有点 E,F,G,H。用辅助圆法由 e,f,g,h 求得点 E,F,G,H 的正面投影 $e'(f)'$,$g'(h')$ 和侧面投影 e'',f'',g'',h''。

判别可见性后,将曲线 AC 的侧面投影光滑连接。因曲线 AC 在左半个圆锥面上,故曲线 AC 在侧面投影可见。

3. 圆球

圆球的表面是球面。球面是一个圆母线绕过圆心且在同一平面上的轴线回转而形成的(如图 3-12 所示)。

(1)圆球的投影。

投影分析　圆球的三个投影均为圆,其直径与球直径相等,但三个投影面上的圆是不同的转向轮廓线的投影。正面投影上的

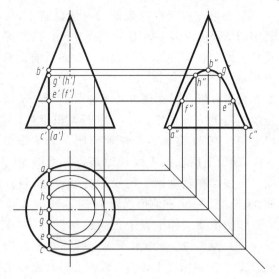

图 3-11　圆锥表面上取线

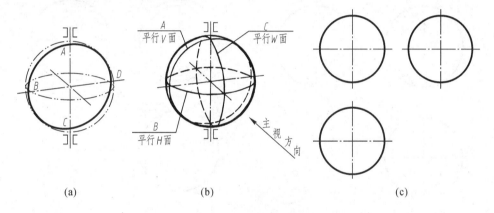

图 3-12　圆球的投影

圆是圆球正面投影转向轮廓线 A(前后两半球的分界线)的正面的投影。转向轮廓线 A 的水平投影与圆球的横向中心线重合,而侧面投影与圆球侧面投影的垂直中心线重合,均省略不画。按此作类似分析,水平投影的圆,是圆球水平投影转向轮廓线 B 的水平投影;侧面投影的圆,是圆球侧面投影转向轮廓线 C 的侧面投影。转向轮廓线 B,C 的其他两投影由读者自行分析。

作图步骤　圆球作图时,先确定球心的三面投影,并用细点画线画出中心线,再画出三个与球直径相等的圆,如图 3-12(c)所示。

(2)圆球表面取点。

1)如果点位于圆球表面转向轮廓线上,可利用投影规律直接求出。如图 3-13 所示,已知圆球表面点 A 的水平投影(a),求出其正面投影 a' 和侧面投影 a''。由于(a)不可见,又在圆球水平投影的横向中心线上,分析可得,点 A 在下半个球面的正面投影转向轮廓线上,根据长对正、高平齐可求得点 A 的正面投影 a' 和侧面投影 a''。

2)如果点位于圆球表面的一般位置上,可利用辅助圆法求解。如图 3-14(a)所示,已知球及其表面上点 M 的水平投影 m,求点 M 的正确投影 m′和侧面投影 m″。

投影分析 根据图 3-14(a)可知,点 M 位于前面右上方球面上。由于球面无积聚性,所以必须过点 M 在球表面作辅助圆。为了作图方便,辅助图所在的平面必须是投影面的平行面。再按点在辅助圆上的投影特性,可求得点 M 的正面投影 m′和侧面投影 m″。

作图步骤 作平行于正面的辅助圆,如图 3-14(b)所示。过 m 作水平线与圆球水平投影(圆)交于点 1,2,以 1,2 两点长为直径在正面上作圆,则点 M 的正面投影 m′必在该圆上,按长对正可求得点 M 的正面投影 m′,再按投影规

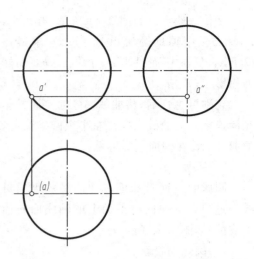

图 3-13 点位于圆球表面转向轮廓线上

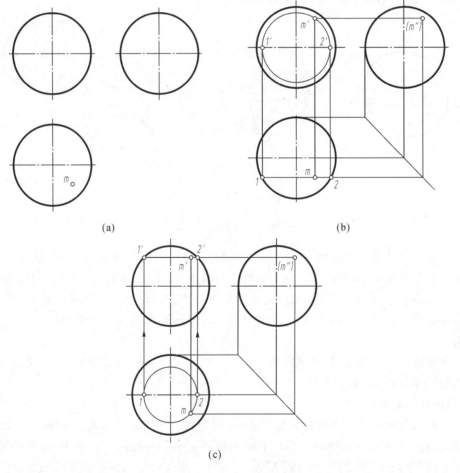

(a)   (b)

(c)

图 3-14 点位于圆球表面的一般位置上

律可求得点 M 的侧面投影(m'')。经可见性判别，m' 可见，而(m'')不可见。也可以作平行于水平面的辅助圆，如图 3-14(c)所示。过 m 作圆(圆心与球心重合)，该圆为平行于水平面的辅助圆，在水平面上的投影反映实形，其正面投影积聚成一条直线 $1'2'$，则点 M 的正确投影必在直线 $1'2'$ 上，按投影规律可求出点 M 的正面投影 m' 和侧面投影(m'')。同理也可以作平行于侧面的辅助圆，其作图步骤由读者自行分析。

3.2　平面与平面立体表面相交

3.2.1　概　　述

在机器零件上常有一些立体被一个或几个平面截去一部分的情况。平面截切立体称为截交。截交时，平面与立体表面的交线称为截交线，用来截切立体的平面称为截平面。研究平面与立体相交的目的是求截交线的投影和截断面的实形。

1.截交线的一般性质

(1)共有性。截交线既在截平面上，又在立体表面上，因此截交线是截平面与立体表面的共有线，截交线上的点均为截平面与立体表面的共有点。

(2)封闭性。由于任何立体都有一定的范围，而又在截平面上，所以截交线一定是闭合平面图形，如图 3-15 所示。

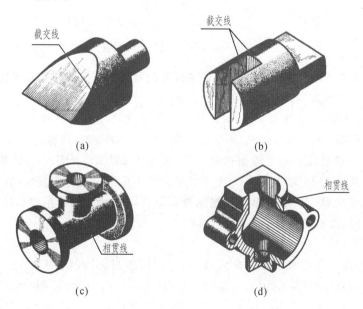

图 3-15　截交线与相贯线的实例

2.截交线的作图方法和步骤

求截交线的问题，实质上就是求截平面与立体表面的全部共有点的集合。求共有点的一般方法有：(1)积聚性法；(2)辅助线法；(3)辅助面法。一般作图步骤为：(1)求截交线上的所有特殊点；(2)求出若干一般点，一般点的数量和位置由作图需要而定；(3)判别可见性；(4)顺次连接各点。

3.2.2 平面立体的截交线

平面立体的截交线是一个平面多边形，此多边形的各个顶点就是截平面与平面立体的棱线的交点。多边形的每一条边就是截平面与平面立体表面的交线。所以求平面与平面立体的截交线可归结为求直线与平面的交点和平面与平面交线的问题。

例 3-1 已知如图 3-16 所示的平面立体的正面和侧面投影，求其水平投影。

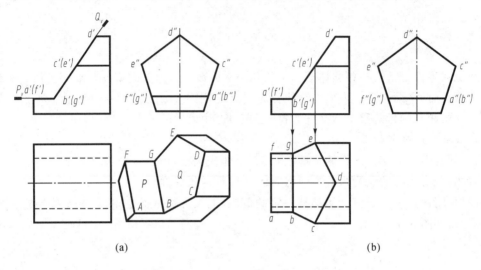

(a)   (b)

图 3-16　两平面截切正五棱柱

分析　由图 3-16 可知，该立体是由一轴线是侧垂线的正五棱柱被水平面 P 和正垂面 Q 截切后形成的。当平面立体被两个截平面或两个以上截平面截割时，首先要确定每个截平面与平面立体中的哪些平面相交，同时还要考虑截平面之间有无交线。水平面 P 与正五棱柱的左面和下前面、下后面的相交，其交线分别为 AF,AB,FG，所截得平面为矩形 $ABGF$。正垂面 Q 与正五棱柱前后四个棱面相交，交线分别为 BC,CD,DE,EG，所截得平面为五边形 $BCDEG$，P 面和 Q 面交线为 BG。由于截平面的正面投影具有积聚性，故五边形 $BCDEG$ 的正面投影积聚在 Q_v 上，水平投影和侧面投影具有类似性。四边形 $ABGF$ 正面和侧面均积聚为一直线段，而水平投影反映实形。

作图

(1)作水平面 P 与五棱柱面的交线 AB,AF,FG 的投影。因 AB 与 FG 是侧垂线，故其侧面投影积聚成点 $a''(b'')$，$f''(g'')$，再根据点的投影关系，由"长对正，宽相等"即可求出其水平投影 ab,af,fg。

(2)作正垂面 Q 与五棱柱表面交线 BC,CD,DE,EG 的投影。在本题中，只需求出正垂面与五棱柱各棱线的交点 C,D,E 即可。由于三条棱线是侧垂线，其侧面投影有积聚性，所以 C,D,E 三点侧面投影分别在三条棱线的积聚性投影上。根据点 C,D,E 的正面投影 c'，d',e' 和侧面投影 c'',d'',e''，可求出水平投影 c,d,e。

（3）判别可见性，并依次连接各点。

（4）画出五棱柱下面两条棱线的水平投影，水平投影不可见，用虚线表示。

（5）检查、整理、描深，便得正五棱柱截切后的水平投影。

例 3-2　如图 3-17(a)所示，完成带有切口的正三棱锥的三面投影。

分析　由图 3-17(a)可知，缺口由正垂截平面 P 和水平截平面 Q 两个相交的截平面切割而成的，正垂面 P 和水平面 Q 与正三棱锥的前后两个侧面的截交线均为三角形，其中一边是两截平面的交线。因水平截平面 Q 与正三棱锥底面平行，所以水平截平面 Q 与正三棱锥前面 $\triangle SAB$ 的交线 DE 必平行于底边 AB，水平截平面 Q 与正三棱锥后面 $\triangle SAC$ 的交线 DF 也必平行于底边 AC。正垂截平面 P 与三棱锥表面 $\triangle SAB$，$\triangle SAC$ 的交线 GE，GF 是一般位置直线，其三面投影均为斜线，只要求出正垂截平面 P 与三棱锥左边棱线的交点 G，即可求出 GE，GF 的三面投影。

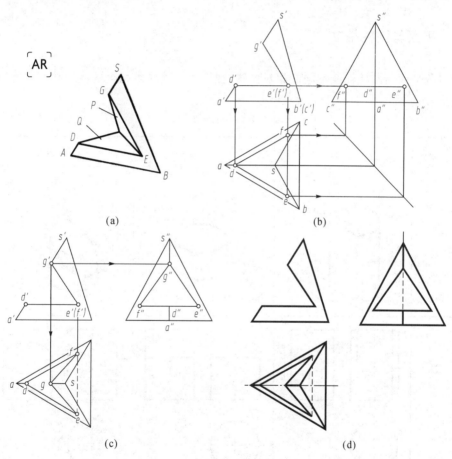

图 3-17　求切口的正三棱锥的三面投影

作图

（1）由于点 D 在棱线 SA 上，根据点在直线上的属性，由 d' 可求出 d 和 d''。过 d 点作 $de /\!/ ab$，$df /\!/ ac$，再由 e'，(f')，根据"长对正"可在两条平行线 de 和 df 上求出点 E，F 的水平投影 e，f。即得截交线 DE，DF 的水平投影 de，df。由 $d'e'$ 和 de 求出交线 DE 的侧面投影 $d''e''$，由 $d'(f')$ 和 df 求出交线 DF 的侧面投影 $d''f''$（如图 3-17(b)所示）。

（2）同理可由 g' 求出点 G 的水平投影 g 和侧面投影 g''，然后分别与 e,f 和 e'',f'' 连成 gf,ge 和 $g''f'',g''e''$。水平截平面 Q 和正垂截面 P 的交线 FE 水平投影不可见，fe 应用虚线连接。如图 3-17(c) 所示。

（3）判别可见性，并依次连接各点。

（4）检查、整理、描深，便可得正三棱柱的三面投影（如图 3-17(d) 所示）。

3.3 平面与回转体表面相交

平面与回转体相交时，其截交线一般为封闭的平面曲线或平面曲线和直线围成的封闭的平面图形或平面折线（如表 3-1 所示）。

3.3.1 平面与圆柱相交

针对截平面与圆柱轴线不同的相对位置，截平面与圆柱体相交的截交线可以有圆、椭圆和矩形三种基本情况，如表 3-1 所示。

表 3-1 圆柱体截交线

截平面的位置	平行于轴线	垂直于轴线	倾斜于轴线
截交线的形状	矩 形	圆	椭 圆
轴测图	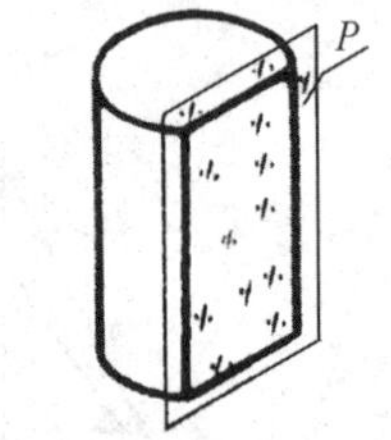	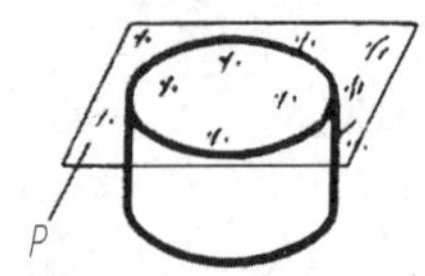	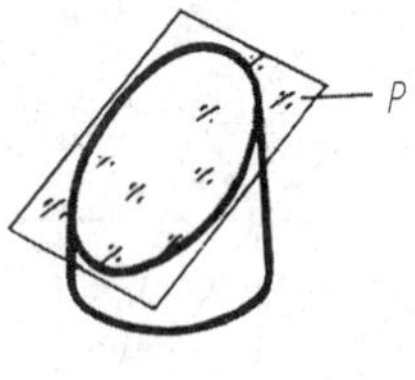
投影图	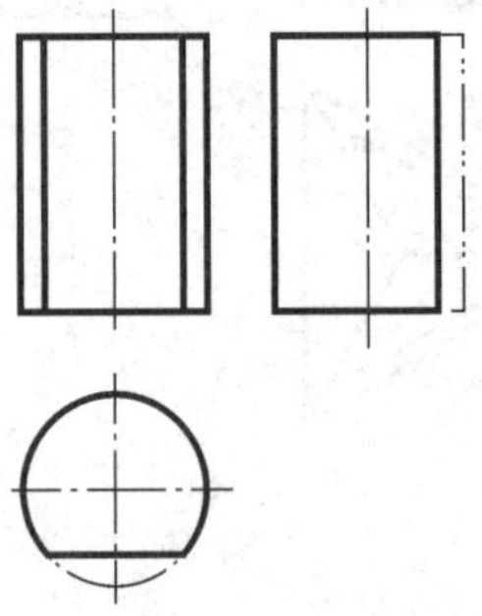	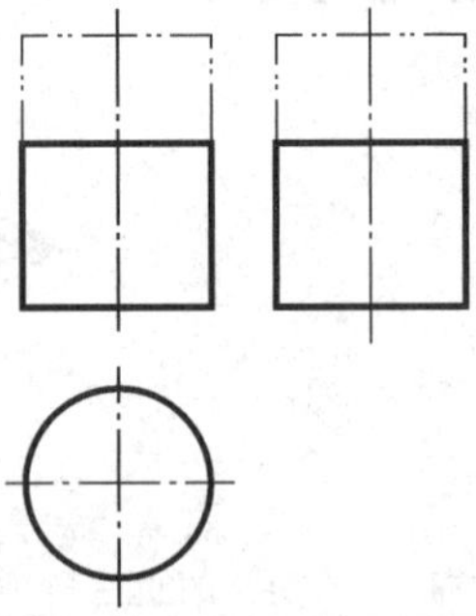	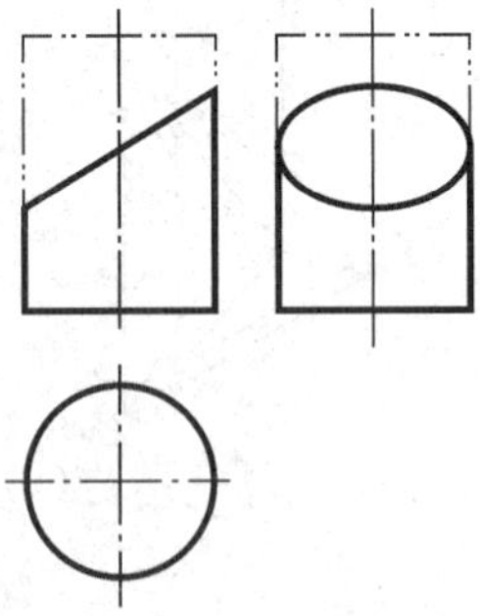

例 3-3 如图 3-18 所示，求正垂截平面 P 与圆柱相交的截交线。

分析 如图 3-18 所示，正垂截平面 P 截割圆柱，所得的表面交线是椭圆。因为截平面是正垂面，圆柱轴线又是铅垂线，所以截交线正面投影是一斜线，水平投影与圆重合，侧面投

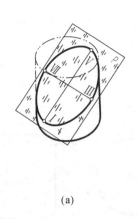

(a)

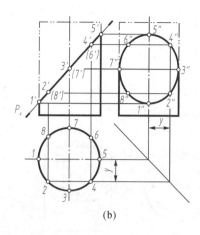

(b)

图 3-18　正垂截平面与圆柱相交

影是椭圆,但不反映实形。求椭圆侧面投影时,通常先求出椭圆上的若干特殊点,然后再根据需要求出若干一般点,最后顺次光滑连接,即得椭圆的侧面投影。

作图

(1)求特殊点。由图 3-18 可知,椭圆的长轴和短轴的端点是特殊点。长轴两端点Ⅰ,Ⅴ是截交线上的最低点和最高点,也是圆柱体表面上最左和最右素线与截平面 P 的交点。短轴两端点Ⅲ,Ⅶ是截交线上最前点和最后点,也是圆柱体表面上最前和最后素线与截平面的交点。按点属于圆柱面的性质,利用积聚性可以直接找出点Ⅰ,Ⅴ,Ⅲ,Ⅶ的正面投影 $1'$,$5'$,$3'$ 及 $(7')$ 及水平投影 1,5,3 和 7,然后根据点的投影规律求出其侧面投影 $1''$,$5''$,$3''$ 和 $7''$。

(2)求一般点。可先在水平投影(或正面投影)上标出一般点 2,8,4 和 6($2'$,$8'$,$4'$ 和 $6'$),利用积聚性求出正面投影(水平投影)$2'$,$8'$,$4'$ 和 $6'$(2,8,4 和 6),然后按点的投影规律求出侧面投影 $2''$,$(8'')$,$4''$ 和 $(6'')$,可根据需要求出其他一般点。

(3)判别可见性。依次光滑连接各点的侧面投影 $1''$,$2''$,$3''$,$4''$,$5''$,$6''$,$7''$ 和 $8''$ 得所求椭圆。还应指出,本例椭圆的侧面投影随截平面 P 与水平面夹角 α 的大小变化而变化,因Ⅲ Ⅶ是正垂线,$3''7''$ 长度不变,恒等于圆的直径。当 $\alpha>45°$ 时,$3''7''$ 的长度小于 $1''5''$ 的长度,侧面投影是以为 $1''5''$ 长轴、$3''7''$ 为短轴的椭圆;当 $\alpha<45°$ 时,$3''7''$ 的长度大于 $1''5''$ 的长度,侧面投影是以 $3''7''$ 为长轴、以 $1''5''$ 为短轴的椭圆;当 $\alpha=45°$ 时,$3''7''$ 的长度等于 $1''5''$ 的长度,侧面投影为圆。

例 3-4　如图 3-19 所示,已知被切割圆柱套筒的正面投影和水平投影,求其侧面投影。

分析　圆柱套筒是由水平面 Q 和侧平面 P 截切而形成的。水平截平面 Q 与圆柱轴线垂直,截平面 Q 与圆柱内、外表面的交线为圆弧。截平面 P 与圆柱轴线平行,截平面 P 与圆柱内、外表面的交线为直线段。截平面 Q 和 P 相交的交线为 CV,ⅢB。因为截平面 Q 正面投影和侧面投影均具有积聚性,而截平面 P 正面投影和水平投影也均具有积聚性,故本例中截交线均可用积聚性法求出。

作图

(1)求圆柱外表面的截交线(如图 3-19(b)所示)。截平面 Q 与圆柱外表面的截交线是圆弧 CAB,截平面 P 与圆柱的外表面截交线是直线段 DC,EB,与顶面的截交线是直线段 DE,截平面 Q 与截平面 P 的交线为 CB。 根据圆弧 CAB 正面投影 $c'a'(b')$ 和水平投影圆

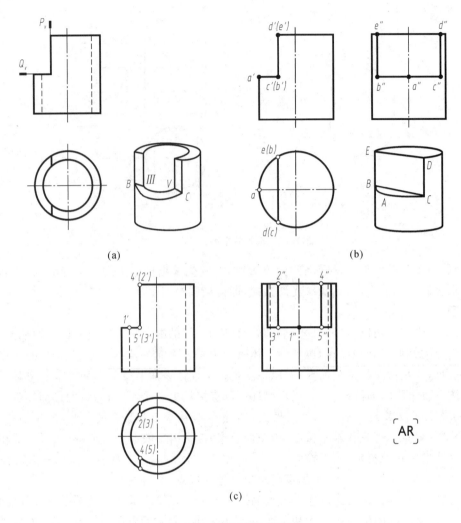

(a) (b)

(c)

图 3-19　圆柱套筒截交线

弧$(c)a(b)$,可按投影规律求出其侧面投影$c''a''b''$,是一直线段。同理也根据直线段 DC,EB 与 DE 的正面投影 $d'c',(e')(b'),d'(e')$ 和水平投影 $d(c),e(b),de$,求出其侧面投影 $d''c'',e''b'',d''e''$。

(2)内表面的截交线(如图 3-19(c)所示)。利用上述的方法可求出截平面 Q 与圆柱内表面的截交线Ⅲ Ⅴ及截平面 P 与圆柱内表面的截交线Ⅳ Ⅴ,Ⅱ Ⅲ的侧面投影 $5''1''3''$ 和 $4''5'',2''3''$。

(3) 检查、整理、描深,完成全图。

例 3-5　如图 3-20 所示,已知圆柱的正面和侧面投影,求其水平投影。

分析　由图 3-20 可知,圆柱由截平面 P,Q,R,S 切割而形成,其中 P,R 为水平面,其截交线是两条平行于轴线的直线段;截平面 Q 为侧平面,其截交线为前后两段圆弧;截平面 S 为正垂面,其截交线为椭圆的一部分。而截平面 P 和 Q,Q 和 R 及 R 和 S 的交线均为正垂线。

作图

(1)如图 3-21 所示,因截平面 P 与圆柱表面的截交线及圆柱左端面的交线均为投

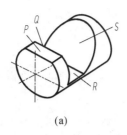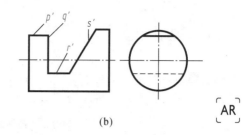

(a)　　　　　　　　　　　　(b)

图 3-20　带缺口圆柱体

影面的垂直线,由截交线的正面投影和侧面投影,按投影规律可求出其水平投影,如图 3-21(a)所示。

(2)由截平面 Q 与圆柱表面截交线(两段圆弧)的正面投影和侧面投影,按投影规律可求出截交线的水平投影,如图 3-21(b)所示。

(3)由截平面 R 与圆柱表面的截交线的正面投影和侧面投影,同理可求出截交线的水平投影,如图 3-21(b)所示。

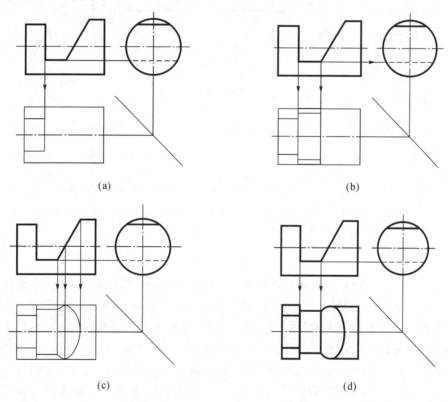

(a)　　　　　　　　　　　　　　　　(b)
(c)　　　　　　　　　　　　　　　　(d)

图 3-21　画带缺口圆柱体

(4)由截平面 S 与圆柱表面的截交线(椭圆一部分)的正面投影和侧面投影,用描点法可求出椭圆的水平投影,如图 3-21(c)所示。

(5)检查、整理、描深、完成全图,如图 3-21(d)所示。这里要特别注意两点:一是截平面 P,Q,R,S 之间的交线别漏画;二是水平投影的转向轮廓线在 Q 面和 S 面范围内的一段已被切去,不能画出。

3.3.2 平面与圆锥相交

由于截平面与圆锥轴线的相对位置不同,平面与圆锥的截交线有圆、椭圆、抛物线、双曲线及过锥顶点的两相交直线五种情况,如表 3-2 所示。

表 3-2 圆锥的截交线

截平面的位置	与轴线垂直	过圆锥顶点	平行于任一素线	与轴线倾斜	与轴线平行
轴测图	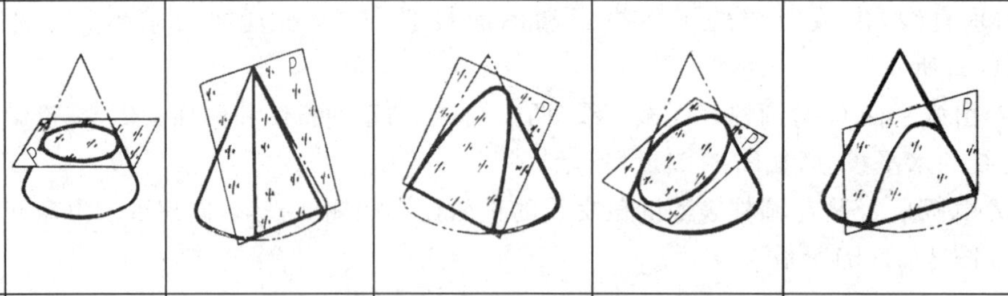				
投影图	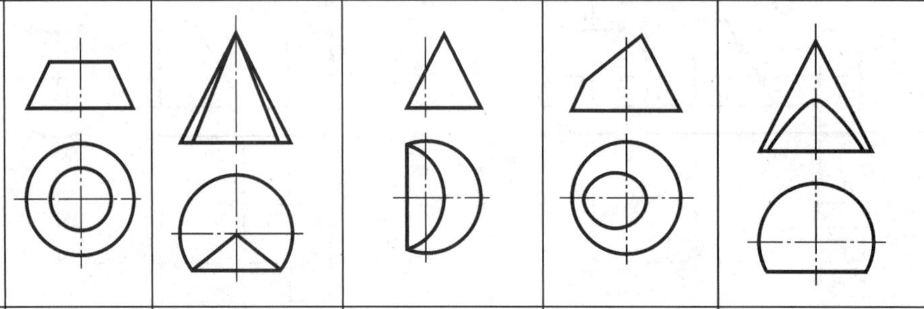				
截交线的形状	圆	等腰三角形	封闭的抛物线①	椭 圆	封闭的双曲线①

① "封闭"系指以直线(截平面与圆锥底面的交线)将在圆锥上形成的抛物线、双曲线加以封闭,构成一个平面图形。当截交线为椭圆弧时,也将出现相同的情况。

例 3-6 如图 3-22 所示,求圆锥被正垂面 P 截切后的投影。

分析 由于圆锥轴线为铅垂线,截平面为正垂面且倾斜于圆锥轴线,圆锥素线与圆锥轴线的夹角小于截平面与圆锥轴线的夹角,故截交线为一椭圆。截交线的正面投影积聚成为一斜直线段,其水平投影和侧面投影均为椭圆,均不反映实形。椭圆的长轴两端点Ⅰ和Ⅱ就是圆锥的最左和最右素线与截平面的交点,即截交线最低点和最高点,如图 3-22 所示,其正面投影为 1′和 2′。椭圆的短轴两端点Ⅲ和Ⅳ就是截交线的最前和最后点,它们的正面投影 3′、(4′)为 1′2′的中点,Ⅲ和Ⅳ的连线为正垂线。截交线的水平投影和侧面投影可用辅助线法或辅助圆法作图。

作图

(1)求特殊点。由点正面投影标出圆锥最左和最右的素线与截平面 P 的交点 1′和 2′,按点从属于线的原理可求出其水平投影 1,2 和侧面投影 1″,2″。1′和 2′,1 和 2 以及 1″和 2″即为空间椭圆长轴两端点三面投影。在 1′2′中点处标出 3′、(4′),根据圆锥表面取点方法作辅助水平圆,作出该辅助圆的水平投影,按点从属性原理及点的投影规律,可求出Ⅲ、Ⅳ两点

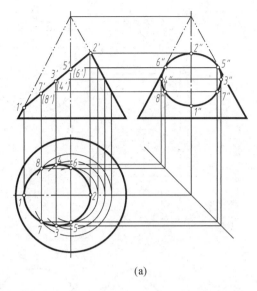

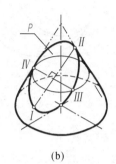

(a)　　　　　　　　　　　　　　(b)

图 3-22　正垂面与圆锥相交

的水平投影 3,4,由正面投影 3′,(4′)和水平投影 3,4,求出其侧面投影 3″,4″。3′和(4′),3 和 4 以及 3″和 4″即为空间椭圆短轴两端点的三面投影。Ⅴ、Ⅵ 两点是圆锥最前和最后的素线与截平面 P 的交点,它的正面投影可直接求出,如图 3-22 所示的 5′,(6′),其侧面投影 5″, 6″和水平投影 5,6 可按点的从属性原理求出。

(2)求一般点。为了准确地画出截交线,在下半椭圆上取 Ⅶ、Ⅷ 两点,其正面投影重影, 即 7′,(8′)。利用辅助圆法,求出 Ⅶ、Ⅷ 两点水平投影 7,8 和侧面投影 7″,8″。

(3)判别可见性,并依次光滑连接各点。截平面 P 上面部分圆锥体被切掉,截平面右高 左低,所求截交线水平投影和侧面投影均可见。

(4)检查、整理、描深,侧面投影轮廓线只画到 5″,6″。

3.3.3　平面与圆球相交

圆球被任何位置的平面截切,其截交线都是圆。由于截平面相对于投影面的相对位置 不同,截交线的投影可能是圆、椭圆或直线段。截平面平行于投影面时,截交线在该投影面 上的投影为圆;截平面垂直于投影面时,截交线在该投影面上的投影为直线段;截平面倾斜 于投影面时,截交线在该投影面上的投影为椭圆。

例 3-7　如图 3-23 所示,求正垂面截切圆球的截交线投影。

分析　圆球被正垂面截切后的截交线是圆,其正面投影积聚为一直线段(斜线),直线段 1′7′的长度等于圆的直径;水平投影和侧面投影均为椭圆。

作图

(1)求特殊点。截交线最低点和最高点是截平面与圆球正面投影转向轮廓线的交点。 正面投影为 1′和 7′,按点从属于线的原理可直接求出其水平投影 1,7 及侧面投影 1″,7″,也 就是截交线的水平投影和侧面投影的椭圆短轴的两端点。取正面投影 1′7′的中点 4′, (10′),利用辅助圆法,可求出其水平投影 4,10 及侧面投影 4″,10″,即截交线的水平投影和侧

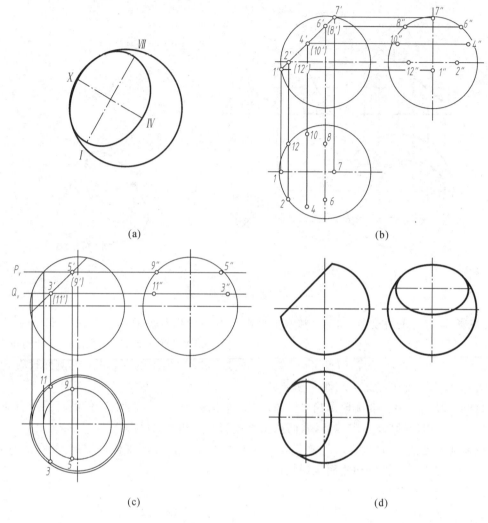

图 3-23　正垂面与圆球相交

面投影椭圆长轴的两端点。Ⅳ,Ⅹ两点分别是截交线最前点和最后点。截交线上的水平投影转向轮廓线和侧面投影转向轮廓线上的点的正面投影分别为 2′,(12′),6′,(8′),按点在圆球转向轮廓线上的作图方法,可得其水平投影 2,12,6,8 及侧面投影 2″,12″,6″,8″(如图 3-23(b)所示)。

(2)求一般点。利用辅助圆法可求出一般点的水平投影 3,5,9,11 及侧面投影 3″,5″,9″,11″(如图 3-23(c)所示)。

(3)判别可见性:截平面上面部分球体被切截,截平面右高左低,故截交线水平投影和侧面投影均可见。

(4)依次用光滑的曲线连接各点。

(5)检查、整理、描深。水平投影转向轮廓线 2,12 左边部分不能画出,侧面投影转向轮廓线 6″,8″ 上面部分不能画出(如图 3-23(d)所示)。

例 3-8　如图 3-24 所示,已知切口球的正面投影,作出其水平和侧面投影。

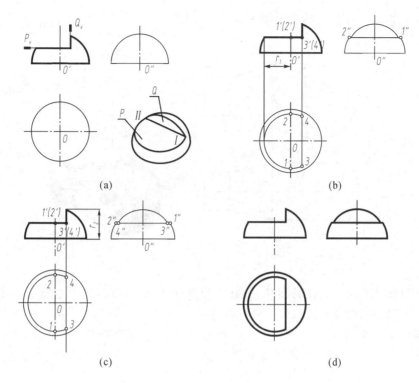

图 3-24　半球体被水平面和侧平面截切

分析　球的切口由一个水平截平面 P 和侧平截平面 Q 截割而形成,如图 3-24(a)所示。水平截平面 P 与圆球的截交线为一个水平圆,其水平投影反映实形,为圆弧。正面投影和侧面投影积聚为一条直线段;侧平截平面 Q 与圆球的截交线的侧面投影为一个侧平圆,其侧面投影反映实形,也是圆弧,水平投影和正面投影为一直线段。

作图

(1)用细实线作出完整半圆球的水平投影和侧面投影,如图 3-24(a)所示。

(2)作水平截平面 P 与圆球的截交线,以 O 为圆心,r_1 为半径,在水平面上画圆弧,侧面投影积聚为直线段 $1''2''$,如图 3-24(b)所示。

(3)作侧平截平面 Q 与圆球的投影。以 O' 为圆心,r_2 为半径在侧面上画圆弧,与直线段 $1''2''$ 相交于 $3''4''$,水平投影为直线段 34,如图 3-24(c)所示。

(4)判别可见性后,检查、整理、描深。截平面 P 和截平面 Q 与圆球的截交线在三个投影面投影均可见,去除侧面投影 $1''2''$ 以上被截切的轮廓线,如图 3-24(d)所示。

3.3.4　综合举例

实际机件常由几个回转体组成复合体,当平面与复合体相交时,截交线是由截平面与各回转体的截交线所组成的平面图形。为了准确绘制复合体的截交线,必须对构成机构的复合体进行分析,分析复合体由哪些基本形体组成,并找出它们的分界线,然后按形体逐个作出它们的截交线,再按它们的相互关系连接起来。

例 3-9 如图 3-25 所示的拉杆接头,画出它的投影图。

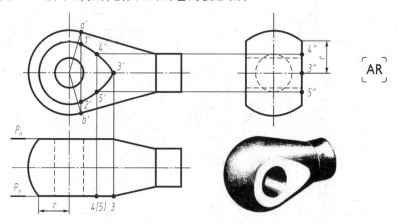

图 3-25　拉杆接头

分析　拉杆接头由同轴线的圆柱、圆锥台和圆球三部分构成,其中左段是圆球,中段是圆锥台,右段是圆柱,圆球和圆锥台之间光滑连接,在相切处不画交线。截平面 P 为正平面,它与右段圆柱不相交,与中段圆锥台的截交线为双曲线,与左段圆球的截交线为圆。由于截平面为正平面,所以截交线的水平投影和侧面投影均积聚成直线段,截交线的正面投影反映实形。

作图

(1)求圆球和圆锥的分界线。分界线的位置可用几何作图方法求出。在正面投影上作球心与圆锥正面投影转向轮廓线的垂线,其垂足为 $a'、b'。a'、b'$ 两点连线就是圆锥和圆球分界线的正面投影。

(2)作截平面 P 与左边圆球的截交线的投影。截平面 P 与圆球的截交线是圆,且正面投影反映实形。该圆的半径可由水平投影或侧面投影找出,其大小等于 r,圆弧只画到分界线 $a'b'$ 为止,其水平投影和侧面投影均积聚成一直线段。

(3)作截平面 P 与中段圆锥台的截交线的投影。因截平面 P 与圆锥台的截交线是双曲线,利用双曲线的作图方法和步骤,先求特殊点正面投影 $1'、2'、3'$ 及一般点 $4'、5'$,然后用光滑曲线顺次连接。

(4)检查、整理、描深,即完成作图。

3.4　两回转体表面相交

3.4.1　概　述

两立体表面的交线称相贯线。两立体相交时,根据立体的几何形状可分为:

(1) 两平面立体相交,如图 3-26(a)所示;

(2) 平面立体与曲面立体相交,如图 3-26(b)所示;

(3) 两回转体相交,如图 3-26(c)所示。

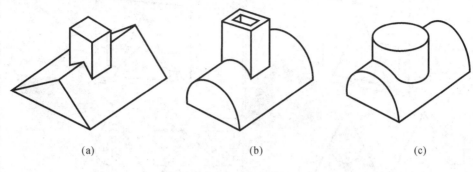

(a)　　　　　　　　　　(b)　　　　　　　　　　(c)

图 3-26　相贯线

从本质上讲,前两者的作图可分解为两平面相交、直线与平面相交、平面与平面立体相交和平面与曲面立体相交的问题,这些内容在前面章节中均已进行了讨论。因两回转体相交在机件上最为常见,本节主要介绍两回转体相交时相贯线的性质和求解问题。

1. 相贯线的性质

由于组成相贯线的两回转体的形状、大小和相对位置不同,相贯线的形状也不相同,但任何相贯线均具有下列基本性质:

(1)共有性。相贯线是两立体表面的共有线,也是两立体表面的分界线。

(2)封闭性。由于立体占有一定的空间范围,因此两回转体相交表面形成的相贯线一般情况下是空间封闭的曲线。当两立体表面处在同一平面上时,两表面在此平面部位上没有共有线,即相贯线是不封闭的。

(3)相贯线的形状。相贯线的形状取决于回转体的形状、大小及两回转体之间的相对位置。其一般情况下是空间曲线,在特殊情况下可以是平面曲线或由直线段组成,如图 3-27 所示。

2. 求相贯线的方法和步骤

求两回转体的相贯线,可归结为求相贯线上一系列的共有点。求相贯线常采用积聚性法和辅助平面法。作图时,首先应根据两立体的相交情况分析相贯线的大致伸展趋势,然后求出一系列特殊点和一般点,再判别可见性,最后顺次连接各点的同面投影。

3.4.2　相贯线作图举例

1. 圆柱与圆柱相贯

当相交的两圆柱体中有一个圆柱面,其轴线垂直于投影面时,则该圆柱面在该投影面上的投影为一个圆,且具有积聚性,即相贯线上的点在该投影面上的投影也一定积聚在该圆上,其投影可根据圆柱表面取点的方法作出。

例 3-10　如图 3-28 所示,求作轴线正交的两圆柱表面的相贯线。

分析　两圆柱轴线垂直相交,相贯线为前后、左右都对称的封闭空间曲线。其相贯线的水平投影与轴线为铅垂线的圆柱体柱面水平投影的圆重合,侧面投影与轴线为侧垂线的圆柱体柱面侧面投影的一段圆弧重合。因此,相贯线的水平投影和侧面均已知,只需求正面投

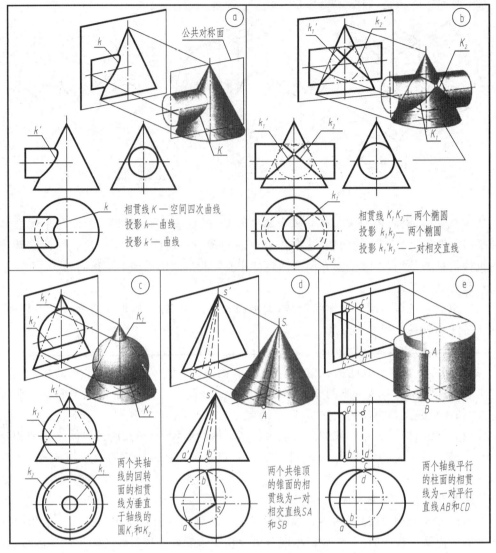

图 3-27　相贯线的形状

影,可利用积聚性法求得。

作图

(1)求特殊点。特殊点决定相贯线的投影范围。A,B 两点是相贯线的最左、最右点,也是相贯线空间位置的最高点,其正面投影为铅垂圆柱最左、最右素线与水平圆柱最上素线的交点 a' 和 b'。C,D 两点是相贯线的最前、最后点,也是相贯线空间位置的最低点,其水平投影为铅垂圆柱体柱面的水平投影的圆与垂直中心线的交点 c,d,侧面投影为铅垂圆柱体柱面的最前和最后素线的侧面投影与侧垂圆柱体柱面的侧面投影圆的交点 c'',d'',正面投影 c',(d') 可由投影规律求得。

(2)求一般点。一般点决定相贯线的伸展趋势。在侧面投影圆上的适当位置取一点 $1''$,该点为相贯线上点 Ⅰ 的侧面投影,根据"宽相等",在相贯线的水平投影圆上求出点 Ⅰ 的水平投影 1,然后根据点的投影规律求出点 Ⅰ 的正面投影 $1'$。同理可作出 $2'$。

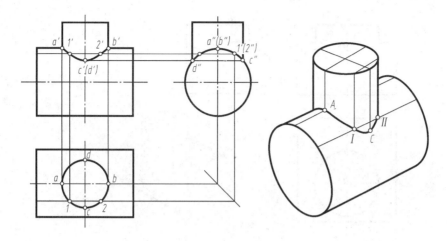

图 3-28　圆柱与圆柱正交

（3）判别可见性。由于相贯线前后对称，正面投影可见部分与不可见部分重合，故画出可见部分即可。相贯线水平投影和侧面投影均积聚在圆上。

（4）用光滑的曲线顺次连接各点。

例 3-11　如图 3-29 所示，求轴线交叉垂直的两圆柱表面的相贯线。

分析　两圆柱轴线交叉垂直，分别垂直于水平投影面和侧面投影面，相贯线是一条左右对称但前后不对称的空间曲线。根据两圆柱轴线的位置，大圆柱的侧面投影和小圆柱的水平投影均具有积聚性。因此，相贯线的水平投影与小圆柱的水平投影重合，是一个圆；相贯线的侧面投影与大圆柱的侧面投影重合，是一段圆弧。因此，本例只需求出相贯线的正面投影，可利用积聚性（或辅助平面法）求解。

作图

（1）求特殊点。小圆柱的最左、最右素线与大圆柱表面的交点为Ⅰ，Ⅲ，是相贯线的最左、最右点，其水平投影为小圆柱的水平投影的圆与横向中心线的交点 1，3，侧面投影为大圆柱的侧面投影的圆弧与小圆柱垂直中心线的交点 1″，(3″)。小圆柱的最前、最后素线与大圆柱的交点为Ⅱ，Ⅴ，是相贯线最前、最后点，其水平投影为小圆柱的水平投影的圆与垂直中心线的交点 2，5，侧面投影为小圆柱的最前、最后素线的侧面投影与大圆柱侧面投影圆的交点 2″，5″。大圆柱最上的素线与小圆柱表面的交点为Ⅳ，Ⅵ，是相贯线的最高点，其水平投影为小圆柱的水平投影的圆与大圆柱轴线水平投影的交点 4，6，侧面投影为大圆柱侧面投影圆弧的最高点(4″)，6″。已知点的水平投影 1，2，3，4，5，6 和侧面投影 1″，2″，3″，4″，5″，6″，根据点投影规律，可求出正面投影 1′，2′，3′，4′，5′，6′，如图 3-29(b)所示。

（2）求一般点。根据需要，求出适当数量的一般点。如图 3-29(c)中Ⅶ，Ⅷ，其侧面投影 7″，(8)″，按"宽相等"求得水平投影 7，8。由 7，8 和 7″，8″求出 7′，8′。

（3）判别可见性。判别相贯线可见性的方法为，当相贯两立体表面在某投影面上的投影均可见，则处于该部分表面的相贯线在该投影面上是可见的，若两立体表面之一不可见或两立体表面均不可见，则相贯线也不可见。因此，小圆柱前半个圆柱面与大圆面的交线是可见的，则正面投影 1′，3′为相贯线正面投影可见与不可见的分界点，1′−7′−2′−8′−3′部分可见，连线时用粗实线，而曲线段 1′−6′−5′−4′−3′不可见，连线时用虚线。

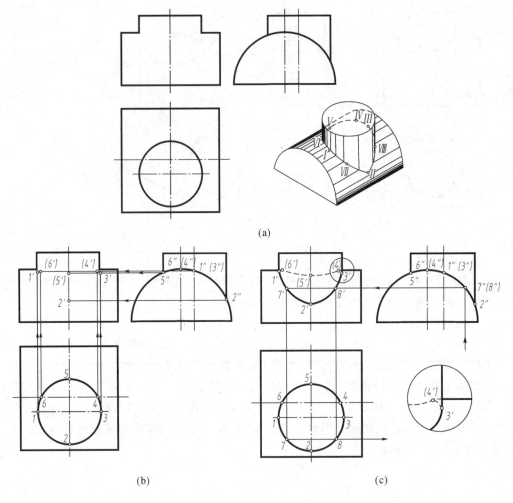

图 3-29 两圆柱偏交时相贯线的画法

(4)依次光滑连接各点。

(5)整理轮廓线：将两圆柱看成一个整体,大圆柱最上素线画至(4′)及(6′)处,被小圆柱遮住部分应画成虚线;小圆柱最左和最右素线应画至1′及3′处(如图 3-29(c)中的局部放大图所示)。

圆柱正交的几种情况：

(1)当侧垂圆柱直径小于铅垂圆柱直径时,相贯线的弯曲趋势如图 3-30 所示。

(2)当两圆柱直径相等且轴线垂直相交时,相贯线变为两条平面曲线(椭圆),在两轴线所平行的投影面上两椭圆的投影变为两条直线,如图 3-31 所示。

(3)当实体圆柱与圆柱孔正交时,圆柱孔与实体圆柱表面产生两条相贯线,如图 3-32所示。

(4)当两圆柱孔正交时,所产生的相贯线为虚线,求法与前述相同,如图 3-33 所示。从以上图例可以看出,相贯线总是向大圆柱的轴线靠拢。

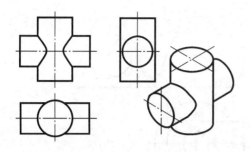

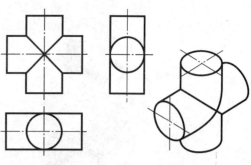

图 3-30　两圆柱正交　　　　　　　　　图 3-31　两等径圆柱正交

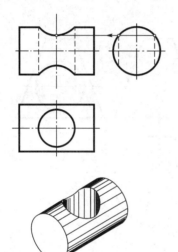

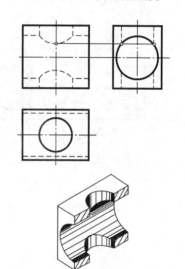

图 3-32　实体圆柱与圆柱孔正交　　　　　图 3-33　两圆柱孔正交

2.圆柱与圆锥相贯

圆柱与圆锥正交时,因圆锥表面在三个投影面上的投影均无积聚性,其相贯线不能用积聚性法直接求出,用辅助平面法求解较为方便。

辅助平面法是利用三面共点的原理求相贯线上点的方法。即假想用一辅助平面截切两相贯立体,在两立体表面得到两条截交线,这两条截交线的交点既是截平面上的点,又是两立体表面的公有点,即相贯线上的点。

选择辅助平面的原则:

(1)所选辅助平面应为特殊位置平面(一般为投影面的平行面),使其切得的截交线简单、易画,即为直线或圆。

(2)辅助平面应位于两曲面立体的共有区域内,否则得不到共有点。

例 3-12　如图 3-34 所示,求圆柱和圆锥台正交的相贯线。

分析　如图 3-34(a)所示。圆锥台的轴线为铅垂线,圆柱的轴线为侧垂线,两轴线正交且都平行于正面,所以相贯线前后对称,其正面投影重合。选择水平面 Q 作辅助平面,它与圆柱面的截交线是与圆柱轴线平行的两条直线,与圆锥面的截交线是一平行于水平面的圆,两直线和圆的交点 Ⅴ,Ⅵ 即为相贯线上的点。

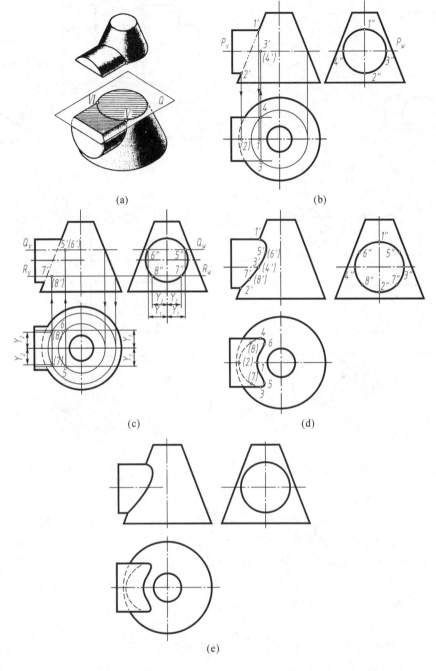

图 3-34　圆柱与圆锥正交的相贯线

作图

(1)求特殊点：如图 3-34(b)所示，由于圆柱侧面投影有积聚性，所以相贯线的侧面投影是圆。从相贯线的侧面投影可以看出 $1''$，$2''$，$3''$，$4''$ 是相贯线上最高、最低、最前、最后点在侧面上的投影。点 Ⅰ，Ⅱ在正面上的投影为圆锥最左素线与圆柱最上和最下的素线的交点 $1'$ 和 $2'$，水平投影在圆柱轴线上，可由点的投影规律求得 1，2。点 Ⅲ，Ⅳ的水平投影可过圆柱

轴线作水平面 P 求出,首先画 P_V 和 P_W,再求出 P 与圆锥台面的截交线圆的水平投影,并画出 P 与圆柱面的截交线(两条直线)的水平投影,则得圆和两条直线的交点 3,4。由 3,4 和 $3''$,$4''$ 可求得正面投影 $3'$,$(4')$。

(2)求一般点:如图 3-34(c)所示,$5''$,$6''$,$7''$,$8''$ 是相贯线上点 V,Ⅵ,Ⅶ,Ⅷ 的侧面投影。点 V,Ⅵ 的水平投影 5,6 可作辅助平面 Q 求得(5,6 为辅助平面 Q 与圆柱和圆锥台的截交线在水平投影上的交点),由 5,6 和 $5''$,$6''$ 可求得 $5'$,$(6')$。同理,再作一水平辅助平面 R,可求出(7),(8)及 $7'$,$(8')$点。

(3)判别可见性:在正面投影中,由于相贯线前、后对称,故相贯线的前、后两部分重合。在水平投影中,在下半个圆柱面上的相贯线是不可见的,3,4 两点是相贯线水平投影的可见与不可见的分界点。

(4)将各点的同面投影连成光滑的曲线。正面投影 $1'-5'-3'-7'-2'$ 用粗实线连接;水平投影连线时,以 3,4 为界,4−5−1−6−4 用粗实线光滑连接,4−8−2−7−3 用虚线光滑连接,如图 3-34(d)所示。

(5)检查、整理、描深,如图 3-34(e)所示。

3. 圆柱(或圆锥)与圆球相交

圆柱(或圆锥)与圆球正交时,因圆球和圆锥表面在三个投影面上的投影均无积聚性,同样其相贯线不能用积聚性法直接求出,应采用辅助平面法求解。

3.4.3　回转体相交的特殊情况

两回转体相交,其相贯线一般是封闭空间曲线。但在某些特殊情况下,它们的相贯线是平面曲线或直线。

1.两同轴回转体的相贯线

两同轴回转体相交时,它们的相贯线是垂直于轴线的圆。当回转体的轴线平行于投影面时,这些圆在该投影面上的投影为垂直于轴线的直线段。在图 3-35 中,图(a)是圆柱和圆球、圆柱孔和圆锥孔、圆柱和圆锥台同轴相交;图(b)是圆锥台和圆球同轴相交。

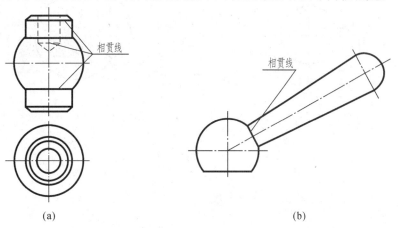

(a) (b)

图 3-35　同轴回转体的相贯线

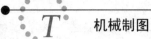

2.两个外切于同一球面回转体的相贯线

当轴线相交的两圆柱或圆柱与圆锥公切于一个球面时,它们的相贯线是平面曲线(椭圆)。在图 3-36 中,图(a)是两个等径圆柱正交;图(b)是两个外切于同一球面的圆柱和圆锥正交;图(c)是外切于同一球面的两圆柱斜交;图(d)是外切于同一球面的圆柱和圆锥斜交。

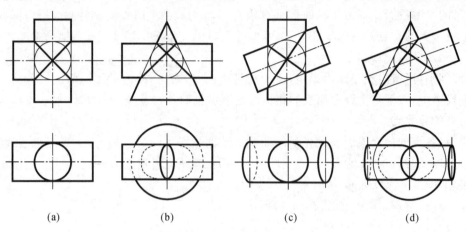

图 3-36　外切于同一球面的回转体相交

3.两轴线平行的圆柱和两共锥顶的圆锥的相贯线

两轴线平行的圆柱相交时,其相贯线为两条平行于轴线的直线,如图 3-37(a)所示。两共锥顶的圆锥面相交时,其相贯线为一过锥顶的直线,如图 3-37(b)所示。

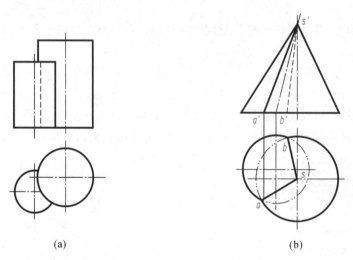

图 3-37　相贯线为直线

第4章　组合体的视图及尺寸注法

任何复杂的几何物体(零件),从形体的角度来看,都可以看成是由一些基本形体按照一定的连接方式组合而成。这些基本形体包括棱柱、棱锥、圆柱、圆锥、球和圆环等。由几个基本几何形体组成的复杂形体称为组合体。组合体可看成是由实际物体(机器零部件)经过抽象和简化而得到的立体。本章主要讨论组合体画图、看图和尺寸标注等问题,这不仅是前面所学内容的总结和运用,而且是零件图的重要基础。

4.1　三视图的形成及其特性

4.1.1　三视图的形成

机械制图中,将机件用正投影法向投影面投射所得到的图形,称为视图。如图4-1所示,机件在三面体系中投射所得的图形,称为机件的三视图。其中正面投影称为主视图,主视图是从前方投射的视图,应尽量反映机件的主要特征;水平投影称为俯视图;侧面投影称为左视图。

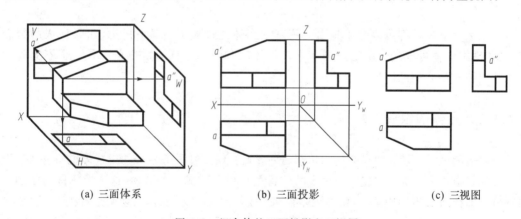

(a) 三面体系　　　　　　　(b) 三面投影　　　　　　　(c) 三视图

图 4-1　组合体的三面投影和三视图

三视图的配置关系是俯视图在主视图的正下方,左视图在主视图的正右方。根据GB/T 14692—2008 的规定,这样配置的三视图,不需要另外标注视图名称。由于在工程图上,视图主要用来表达物体的形状,而没有必要表达物体与投影面间的距离,因此在绘制视图时不必画出投影轴,为使图形清晰,也没有必要画出投影间的连线,如图 4-1(c)所示。视图间的距离可以根据图纸幅面、尺寸标注等因素确定。

4.1.2 三视图的特性

三面投影和三视图在本质上是相同的,只是形式上稍有差别。因此,前面章节中关于点、直线、平面和立体的投影特性,完全适用于组合体的三视图,即主视图反映物体的长(左右方向即 X 轴方向)和高(上下方向即 Z 轴方向),俯视图反映物体的长和宽(前后方向即 Y 轴方向),左视图反映物体的高和宽。

根据上述分析可得出三视图以下的特性:

(1)度量性。由三视图可度量机件的长、宽、高。长度可在主、俯视图中量取;高度可在主、左视图量取。

(2)对应性。三等规律:主、俯视图必须长度对正;主、左视图必须高度对齐;俯、左视图必须宽度相等。通常把三视图间的"长对正,高平齐,宽相等"的对应特性,简称"三等规律"。这"三等"关系,便是三视图的投影规律,是画图和看图必须遵循的最基本的投影规律。这个规律不仅用于物体的整体投影,也适合于物体的局部投影。

(3)方位性。从三视图中,可以看出机件的左右、前后、上下的方向位置关系。其中左右方位关系可直接在主、俯视图中看出;上下方位关系可直接在主、左视图中看出,而前后方位关系只能从俯、左视图中来判别。靠近主视图的部分为后,远离主视图的部分为前。因此在俯、左视图中判别机件的前后关系,应牢记"远离主视是前面"这一特性。

掌握三视图的形成和特性,对今后的画图和看图都极为重要。

4.2 组合体的组成方式和画法

大多数机器零件都可以看成是由一些基本形体经过叠加、切割等方式组合而成的组合体,这些基本形体可以是一个完整的基本几何体(如圆柱、棱锥等),也可以是一个不完整的基本几何体或是它们的简单组合。

4.2.1 组合体的组成方式

组合体的组成方式一般有叠加和切割两种形式。现针对图 4-2(a)的组合体说明这两种形式。叠加是指几个基本形体按照一定空间位置关系组合形成一个形体,这个形体称为叠加型组合体。如在图 4-2(b)中,两个基本形体叠加形成如图 4-2(a)组合体;切割是指在一个基本形体上切除一个或者几个基本形体,得到剩下部分形体,称为切割型组合体,如图 4-2(c)所示。常见的组合体的组合形式既有叠加又有切割,是这两种方式的综合,如图 4-2(d)所示。

4.2.2 几何形体间表面的相互位置关系

无论以何种方式构成组合体,其组成的基本形体的相邻表面都存在一定的相互关系。各基本体的表面连接形式一般可分为平行、相切、相交等情况。

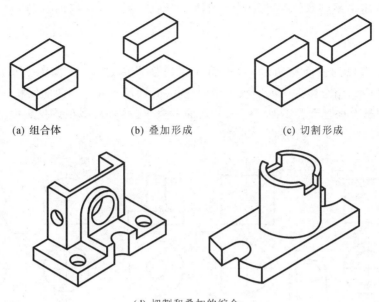

(a) 组合体　　　　　(b) 叠加形成　　　　　(c) 切割形成

(d) 切割和叠加的综合

图 4-2　组合体的组成方式

1. 平行

所谓平行是指两基本形体表面间同方向的相互关系。它又可以分为两种情况：当两基本体的表面平齐时，两表面为共面，因而视图上两基本体之间无分界线，如图 4-3(a)所示；而如果

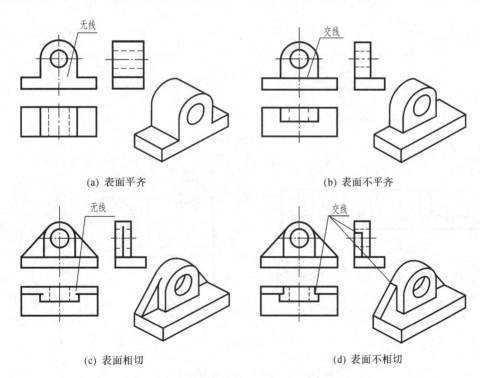

(a) 表面平齐　　　　　　　　　　　　　　　(b) 表面不平齐

(c) 表面相切　　　　　　　　　　　　　　　(d) 表面不相切

图 4-3　几何形体间表面的相互位置关系

两基本体的表面不平齐(不共面),而是相错的,则必须画出它们的分界线,如图 4-3(b)所示。

2. 相切

当两基本形体的表面相切时,两表面在相切处光滑过渡,在视图上不应画出切线,如图 4-3(c)所示,组合体的两侧肋板与半圆柱相切,则没有线。当两曲面相切时,则要看两曲面的公切面是否垂直于投影面。如果公切面垂直于投影面,则在该投影面上相切处要画线,否则不画线,如图 4-4 所示的一些情况。

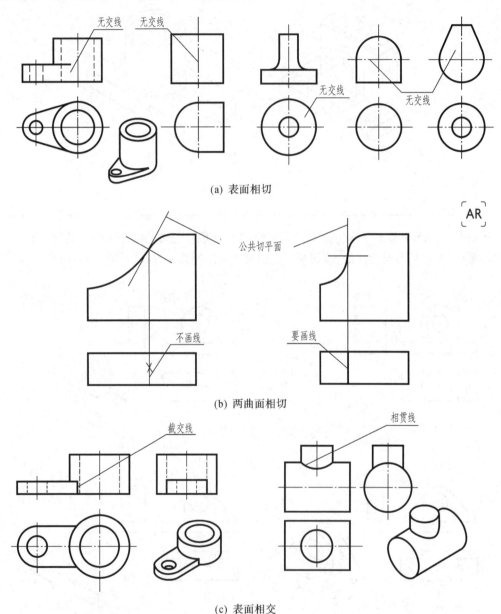

(a) 表面相切

(b) 两曲面相切

(c) 表面相交

图 4-4　组合体相邻表面的相互关系

3. 相交

当两基本形体的表面相交时,相交处会产生不同形式的交线,在视图中应画出这些交线的投影,如图 4-3(d)所示。

在图 4-4 中,列举了一些基本型体形成组合体时,是否产生交线的几个基本情况。

4.2.3　组合体画法

知道组合体怎样形成后,按照绘图的基本原则,就能够绘制组合体的投影图。画组合体视图通常采用形体分析法,即分析组合体的组成形体、组合方式、表面过渡关系和形体的相对位置,进行画图和读图。在此基础上,逐个画出形体的三视图。下面以机械零件中典型的零件轴承座为实例,介绍绘制组合体视图的一般步骤和方法。

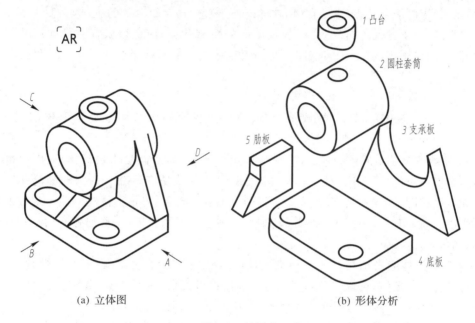

(a) 立体图　　　　　　　　(b) 形体分析

图 4-5　轴承座

1. 形体分析

在绘制组合体的视图时最易犯的错误是多线、漏线、把虚线画成实线或把实线画成虚线。究其原因是因为在画图前没有进行认真的分析,在画图时看见一条棱就画一条线,有时主视图已画完,而左视图和俯视图还一笔没画。

为了正确地画出物体的三视图,一定要对组合体进行形体分析。分析组合体由哪几部分组成,分析各部分之间的相对位置关系,相邻两个基本体的表面的相互位置关系,是平行、相切,还是相交产生相交轮廓线。

图 4-5 轴承座由上部的凸台 1、圆柱套筒 2、底板 4 及肋板 3 和 5 组成。凸台与圆柱套筒是两个垂直相交的空心圆柱体,在外表面和内表面都有相贯线。肋板和底板分别是不同形状的平板。肋板 3(也可称为支承板)的左、右侧面都与圆柱套筒相切,肋板 5 的左、右侧面与轴承的外圆柱面相交,底板的顶面与两个肋板的底面相互重合。从这些基本组合体相互位

置关系的分析中,我们就可以确定各个基本体在不同平面上的投影基本关系。例如圆柱套筒与两块肋板之间分别是相切和相交的,在分别画出圆柱套筒和肋板后,相对应的视图必须表达出相切和相交的关系的切线和轮廓线。

2.选择视图

选择视图首先要确定主视图。一般是将组合体的主要表面或主要轴线放置在与投影面平行或垂直的位置,并以最能反映该组合体各部分形状和相对位置方向的一个视图作为主视图的投影方向。同时还应考虑到:(1)使其他两个视图上的不可见形体尽量少;(2)尽量使画出的三视图长大于宽。后两点不能兼顾时,以前面所讲主视图的选择原则为准。如图4-5所示,以轴承座按照自然安装的位置作为视图的主视图(如图4-6所示)。

3.选择比例、布置视图

视图选择好后,根据实物的实际尺寸的大小和形体的复杂程度,选好图幅大小,并确定画图的比例,尽可能采用1:1的比例,这样既便于直接估量组合体的大小,又便于画图。然后,布置视图,力求各视图布局匀称,各视图间隔距离适当,应保留供标注尺寸用的足够空间。绘制后的视图应该位于图纸中部,上、下和左、右的距离布置也要适当,不要偏向一边,布局合理。

4.绘制底稿

在画出三个视图的基准线(见图4-6(a))后,依次画出每一个简单形体的三视图,如图4-6(b)至(f)所示。绘制底稿时应注意:

(1)在画各个基本形体的视图时,应先画出主要形体,后画出次要形体;先画出可见的部分,后画出不可见的部分。对于轴承座,关键的部分就是安装轴承的圆轴套筒和安装底板,首先应该在图纸上绘制出底板在三个视图上的位置布置;再根据圆柱套筒与底板的尺寸关系,画出套筒。其次,画出次要形体,比如作为加强作用的肋板(也称加强筋)和一些凸台、圆孔和倒角等。

(2)每个形体应先从具有积聚性或能反映实形的视图入手,然后画其他投影;三个视图,最好同时进行绘制,可以避免漏线、多线,确保投影关系正确和提高绘图速度。

(3)要注意各个形体之间的相对位置,以及各个形体之间的连接关系。

(4)要注意各形体之间表面的连接关系。比如圆柱套筒与其两边的肋板是相切关系,所以没有相交线;但是下部的肋板是支撑作用,在圆柱的表面上有相交线,应注意相交线在左视图与圆柱套筒底部的位置关系,它要比其下轮廓线稍高,就是因为产生相交线的缘故。

(5)要注意各形体间内部成为一个整体。因此,在绘图时不应该将形体间融为整体而不存在的轮廓再次画出。比如画圆柱套筒底稿时候,没有画肋板,圆柱套筒的左视图的轮廓线是一个圆柱的投影,但画出肋板后,由于肋板和圆柱的相交关系,成为一个整体,所以不再画出圆柱的轮廓线,而画出肋板与圆柱的相交轮廓线。

5.检查、描深

用细实线绘制组合体的投影图后,按照组合体的外形,检查无误后,然后按照机械制图的线型标准,用不同的线加深底稿,得到最后完整的组合体视图,如图4-6(f)所示的最终三视图。

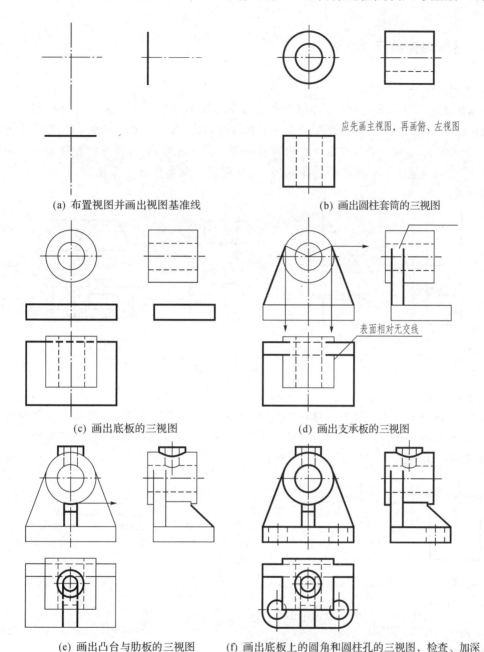

应先画主视图,再画俯、左视图

(a) 布置视图并画出视图基准线　　　　　(b) 画出圆柱套筒的三视图

(c) 画出底板的三视图　　　　　　　(d) 画出支承板的三视图

表面相对无交线

(e) 画出凸台与肋板的三视图　　(f) 画出底板上的圆角和圆柱孔的三视图,检查、加深

图 4-6　组合体三视图作图步骤

4.3　组合体三视图的尺寸标注

组合体的视图只表达了机件的形状,而机件的真实大小则要由视图上所标注的尺寸来确定。本节在第一章标注平面图形尺寸的基础上,进一步阐明组合体的尺寸注法。

4.3.1 基本形体的尺寸标注

1. 平面立体的尺寸标注

要掌握平面立体的尺寸标注,必须先了解基本形体的尺寸标注方法。常见平面立体的尺寸标注,如图 4-7 所示。在标注平面立体的尺寸时,棱柱体要注意定出长、宽、高三个方向的大小,但对正六棱柱一般只需标注对边宽和高两个尺寸即可;而对梯形棱柱体则需标注四个尺寸,才能确定其大小;对棱锥台需注出上、下底的长和宽尺寸以及锥高,共需五个尺寸方能确定其大小。

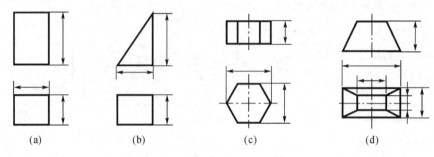

(a)　　　　　　(b)　　　　　　(c)　　　　　　(d)

图 4-7　基本形体的尺寸标注

2. 回转体的尺寸标注

圆柱、圆锥只需注出直径和高度两个尺寸;对圆锥台则需注出上、下底圆直径和锥台高三个尺寸;对球体只需注出一个直径尺寸,但需在 ϕ 前标注球的代号 S;对圆环需注出两个尺寸(如图 4-8 所示)。

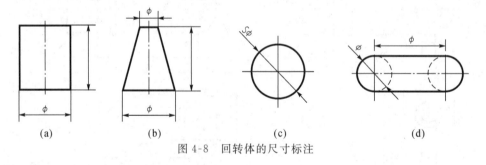

(a)　　　　　　(b)　　　　　　(c)　　　　　　(d)

图 4-8　回转体的尺寸标注

4.3.2 切割体和相贯体的尺寸标注

基本形体上的切口、开槽或穿孔等,一般只标注截切平面的定位尺寸和开槽或穿孔的定形尺寸,而不标注截交线的尺寸,如图 4-9 所示。图中打"×"号的尺寸是错误的标注。

两基本形体相贯时,应标注两立体的定形尺寸和表示相对位置的定位尺寸,而不应标注相贯线的尺寸,如图 4-10 所示。

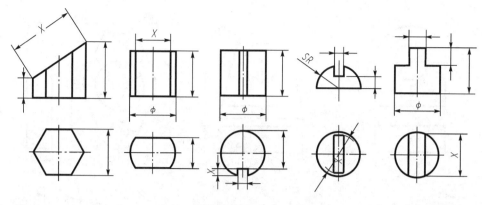

图 4-9　切割体和相贯体的尺寸标注

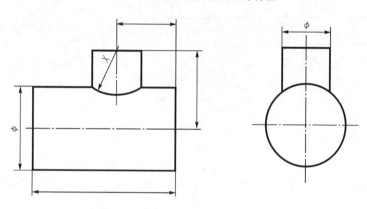

图 4-10　相贯体的尺寸标注

4.3.3　常见形体的尺寸标注

　　常见形体如拱形体和各种不同形状的底板等,这类形体上常有数量不等的圆孔或圆弧,它们的大小相等,分布均匀。在尺寸标注上,除标注圆孔和圆弧的定形尺寸,还需标注它们的定位尺寸,对大小相等、分布均匀的圆孔,还需标出数量。须注意,对大小相等、分布均匀的圆弧,不能注出数量(如图 4-11 所示)。

4.3.4　组合体的尺寸注法

　　视图只能表示组合体的形状,各形体的真实大小及其相对位置,需要由尺寸来确定。
　　在图样上标注尺寸一般应做到以下几点:
　　(1) 尺寸标注要符合国家标准;
　　(2) 尺寸标注要完整;
　　(3) 尺寸布置要清晰;
　　(4) 尺寸标注要合理。
　　第 1 章中已介绍了国家标准有关尺寸注法的规定。尺寸标注要满足机件的设计要求和

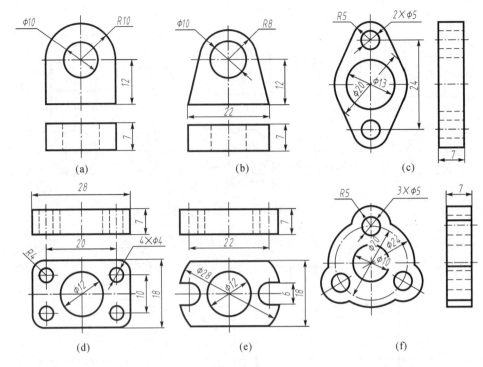

图 4-11　常见形体的尺寸标注

制造工艺要求,即具有合理性,这点在第 8 章介绍。本节着重讨论标注组合体的尺寸完整和清晰的基本要求。

1. 完整

要使组合体的尺寸标注得完整(即不多不少),必须采用形体分析法,将组合体分解为若干基本形体,标注出基本形体的定形尺寸,再确定它们之间的相对位置,标注出各形体间的定位尺寸,最后还需标注出组合体的总长、总宽和总高的总体尺寸。由此可见,组合体尺寸标注得是否完整,就是看各形体的定形、定位尺寸和组合体的总体尺寸是否标注完全。

现仍以轴承座为例,说明组合体的尺寸注法(如图 4-12 所示)。

(1)定形尺寸。由于轴承座是由底板、支承板、肋板、圆柱套筒和凸台五部分形体组成,它们所需的定形尺寸如图 4-12(a)所示。

(2)定位尺寸。在标注组合体各基本形体之间的定位尺寸之前,先需确定基准。所谓基准,就是标注尺寸的起点。在三维空间中,应该有长、宽、高三个方向的尺寸基准。一般选取组合体的对称平面和较大的底平面、侧平面等作为尺寸基准。对轴承座来讲,长度方向可选对称平面作为基准,宽度方向可选支承板背面作为基准,高度方向则可选底板的底面作为基准。这样各形体间的定位尺寸标注如图 4-12(b)所示。

(3)总体尺寸。轴承座总长、总宽、总高的尺寸标注如图 4-12(c)所示。

在将上述分析的三类尺寸标注在轴承座的视图上时,还要进行适当的调整,如轴承座的总长尺寸 68 即为底板长度的定形尺寸,尺寸 60 不仅确定轴承座的总高,而且也是确定凸台顶面位置的定位尺寸。经调整校核后的尺寸标注如图 4-12(d)所示。

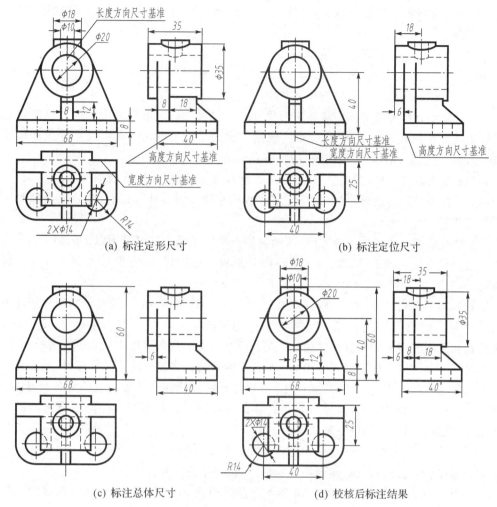

(a) 标注定形尺寸　　　　　　　　　　　　(b) 标注定位尺寸

(c) 标注总体尺寸　　　　　　　　　　　　(d) 校核后标注结果

图 4-12　轴承座的尺寸标注

2.清晰

标注尺寸除了完整以外,为了便于看图,还要求标注得清晰。现仍以轴承座为例,说明组合体尺寸标注应注意的几个问题。

(1) 尺寸应尽量标注在形状特征最明显的视图上。如支承板和肋板的厚度 8,分别注在左视图和主视图上,这比在俯视图上明显。

(2) 同一形体的尺寸应尽量集中标注。如圆筒的直径尺寸 $\phi 20,\phi 35$ 和它的长度尺寸 35,集中注在左视图上,这样,便于在看图时查找尺寸。

(3) 直径尺寸应尽量注在投影为非圆的视图上,而圆弧的半径尺寸应注在投影为圆弧的视图上。如凸台 $\phi 10$ 和 $\phi 18$ 应尽量注在主视图或左视图上,而避免注在俯视图的两个同心圆上,又如底板圆弧半径 $R 14$ 则应注在俯视图上,切不可注在主视图或左视图上。

(4) 尺寸应尽量注在两视图之间。如长度尺寸 68 注在主、俯视图之间;高度尺寸 8,40,60 则注在主、左视图之间,宽度尺寸 25,40 注在俯视图右侧或左视图下边,这样有利于看图。

(5) 尺寸布置要整齐,避免杂乱,同一方向尺寸,应小尺寸在内,大尺寸在外,以避免尺寸线和尺寸界线相交。

(6) 尺寸尽量不要注在虚线上,并应注在靠近要标注的部位,避免尺寸界线引得过长,不利于看图。

3. 组合体尺寸标注步骤和检查方法

在组合体视图上标注尺寸,其步骤大致如下:

(1) 选定长、宽、高三个方向的尺寸基准。

(2) 按形体分析考虑应标注哪些定形尺寸和定位尺寸。定形尺寸应根据形体特点标出足以确定其大小的有关尺寸,定位尺寸应根据选定的基准来标注。在画尺寸界线和尺寸线时,应考虑尺寸配置,尽量使尺寸注得清晰醒目。

(3) 标注出总长、总宽和总高尺寸,如果出现尺寸有重复,应作适当调整。

(4) 应在画好全部定形、定位和总体尺寸的尺寸界线和尺寸线以后,再画出全部箭头并填写尺寸数字。

(5) 最后检查所注尺寸是否完整、清晰。检查尺寸是否完整可采用以下两种方法:

1) 定向检查法。即按长、宽、高三个方向分别检查长度尺寸、宽度尺寸和高度尺寸是否完整。

以轴承座为例,长度尺寸:底板与支承板的长度一致,即为 68,肋板厚即肋板在长度方向上的尺寸为 8,底板上 $2 \times \phi 14$ 孔在长度方向上的定位尺寸为 40 等。宽度尺寸:底板宽 40,底板两孔在宽度方向上的定位尺寸为 25,支承板厚即支承板在宽度方向上的尺寸为 8,圆筒长即圆筒在宽部方向上的定形尺寸为 35,尺寸 6 为圆筒在宽度方向上的定位尺寸,凸台在宽度方向上的定位尺寸为 18 等。高度尺寸:底板高为 8,圆筒在高度方向上的定位尺寸为 40,尺寸 60 既是凸台顶面的定位尺寸也是组合体的总高尺寸。只要长、宽、高三个方向的尺寸都注全了,也就满足尺寸标注完整的要求。

2) 定量检查法,即按定形、定位和总体尺寸的数量来检查。

如轴承座就应按五部分形体来检查定形、定位尺寸的数量。

① 底板,共需长 68、宽 40、高 8 和 R14 以及两圆孔 $\phi 14$ 五个定形尺寸与确定两孔位置的 40,25 两个定位尺寸。

② 支承板,共需长 68、宽 8 两个定形尺寸,由于它的两侧面与圆筒相切,它的背面即为宽度方向的基准,因此不需要其他定形和定位尺寸。

③ 肋板,共需长 8、宽 18、高 12 三个定形尺寸,由于它的底放在底板上,它的背面紧贴支承板,它的前端与底板前面靠齐,因此不需要其他定形和定位尺寸。

④ 圆筒,共需 $\phi 35$、$\phi 20$ 和长 35 三个定形尺寸及这一个高度方向的定位尺寸 40。

⑤ 凸台,共需 $\phi 18$、$\phi 10$ 两个定形尺寸及 18 和 60 两个定位尺寸。再加上总长 68,总宽 40+6,总高 60 这些总体尺寸。

在计算这些尺寸数量时,应把重复尺寸删去,这样就可计算出轴承座共需尺寸数量为 20 个。如果所注尺寸数量不到 20 个,一定少了尺寸,如果所注尺寸数量超过 20 个,一定多注了尺寸。

上述两种检查尺寸是否标注完整的方法都是建立在形体分析法的基础之上的。

4.4　读组合体的视图

　　画图和读图是学习本课程的两个重要环节。画图是把空间形体用正投影方法表达在平面上;而读图则是运用正投影方法,根据视图想象出空间形体的结构形状。所以,要能正确、迅速地读懂视图,必须掌握读图的基本知识和基本方法,培养空间想象力和形体构思能力,并通过不断实践,逐步提高读图能力。

4.4.1　读图的基础与要求

　　1.了解视图中的图线和线框的含义

　　(1)图线的含义。视图中的每一条图线,可能表示:1)垂直于投影面的平面或曲面的投影;2)曲面转向轮廓线的投影;3)两面交线的投影。

　　(2)线框的含义。视图中每一个封闭的线框,可能表示:1)平面图形的投影(见图 4-13)。若与此线框相对应的另外两个投影是两条直线,则为投影面平行面,此线框反映平面图形的实形;若对应的是一条斜线和一个类似的线框,则为投影面垂直面;若对应的是两个类似的线框,则为一般位置平面。2)曲面的投影(见图 4-14)。注意圆柱、圆锥面和球面线框对应的特点。

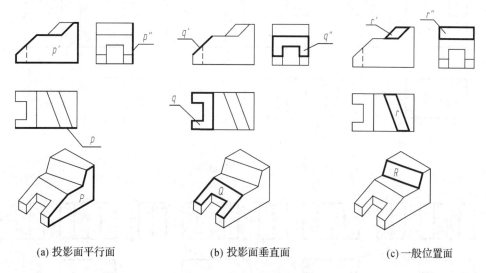

(a) 投影面平行面　　　　　　(b) 投影面垂直面　　　　　　(c) 一般位置面

图 4-13　平面图形的投影分析

　　2.视图间的对应关系

　　一般情况下,一个视图不能完全确定物体的形状。如图 4-15 所示的六组视图,它们的主视图都相同,但实际上是五种不同形状的物体;图 4-16 所示的四组视图,它们的主、俯视图都相同,但也表示了四种不同形状的物体;同理,图 4-17 所示的四组视图,它们的主、左视图都相同,但也表示了四种不同形状的物体。由此可见,读图时,一般要将几个视图联系起来阅读、分析和构思,才能弄清物体的形状。

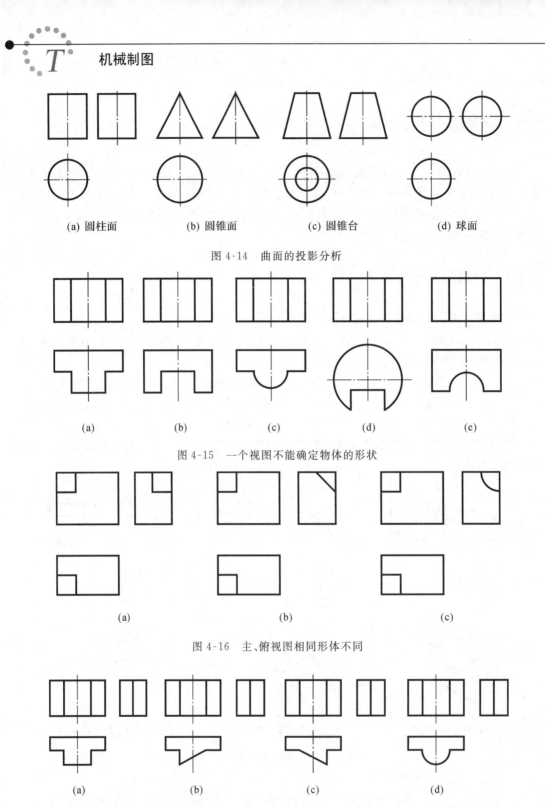

(a) 圆柱面　　　(b) 圆锥面　　　(c) 圆锥台　　　(d) 球面

图 4-14　曲面的投影分析

(a)　　　(b)　　　(c)　　　(d)　　　(e)

图 4-15　一个视图不能确定物体的形状

(a)　　　(b)　　　(c)

图 4-16　主、俯视图相同形体不同

(a)　　　(b)　　　(c)　　　(d)

图 4-17　主、左视图相同形体不同

3.寻找特征视图

特征视图就是把物体的形状特征及相对位置反映得最充分的那个视图。例如图4-16中的左视图及图 4-17 中的俯视图,都是对确定物体形状起重要作用的特征视图,找到这个视图,再配合其他视图,就能较快地认清物体了。但是,由于组合体的组成方式不同,物体的形状特征及相对位置并非总是集中在一个视图上,有时候是分散于各个视图上的,读图时应找出特征视图。

4. 善于构思空间物体

要达到能正确和迅速地看懂视图所表达的空间形体,就必须多看图,多构思。例如,如图 4-18 所示的组合体主视图,试设想与此主视图相适应的组合体可能有哪些呢? 如前所述,视图中每一封闭的线框,都表示组合体上一个面的投影,这个面可能是平面,也可能是曲面。

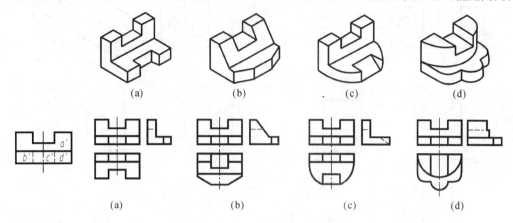

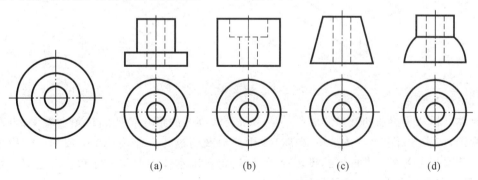

图 4-18　由主视图构思组合体

如果把图 4-18 的四个封闭线框都看作反映实形的正平面,则可以构思出图 4-18(a)所示的组合体。如果把 A 面想象为垂直侧面的倾斜面,而把(B)和(D)面想象为垂直水平面的倾斜面,则可构思出图 4-18(b)所示的组合体,如果把(B)和(D)面想象为圆柱面,则又可构思出图 4-18(c)所示的组合体,如果把(A)和(C)面想象为半个圆柱面,则可构思出图 4-18(d)所示的组合体,这样就可以画出相应的三视图。

再如已知某组合体的俯视图是三个同心圆,如图 4-19 所示,由此可以构思出几种形状完全不同的组合体,它们的主视图见图 4-19(a)至(d)。

图 4-19　由俯视图构思组合体

4.4.2 读图的基本方法

读图的基本方法与画图一样,也是以形体分析法为主,线面分析法为辅。下面通过一些实例,介绍读图的方法与步骤。

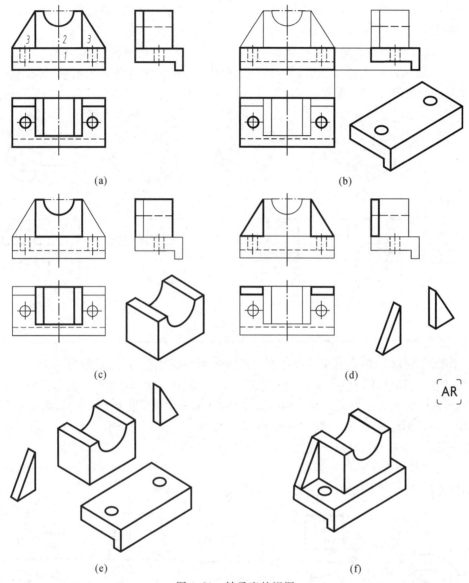

图 4-20 轴承座的视图

1.形体分析法

形体分析法是读图的基本方法。一般是从反映物体的形状特征的视图上着手,再对照其他视图,初步分析出该物体是由哪些基本形体以及通过什么连接关系形成的。然后按投影特性依次找出各个基本形体的投影视图,以确定各基本体的形状尺寸和它们之间的相对位置,最后综合想象出物体的总体形状。

下面以图 4-20 所示的轴承座为例,说明用形体分析法读图的方法。

(1)从视图中分离出表示各基本形体的线框。将主视图分为四个线框。其中线框 3 为左右两个完全相同的三角形,因此可归纳为三个线框。每个线框各代表一个基本形体,如图 4-20(a)所示。

(2)分别找出各线框对应的其他投影,并结合各自的特征视图逐一构思它们的形状。

如图 4-20(b)所示,线框 1 的左视图是 L 形,可以想象出该形体是一块直角弯板,板上钻了两个圆孔。

　　如图 4-20(c)所示,线框 2 的俯视图是一个中间带有两条直线的矩形。其左视图是一个矩形,矩形的中间有一条虚线,可以想象出它的形状是在一个长方体的中部挖了一个半圆槽。

　　如图 4-20(d)所示,线框 3 的俯、左两视图都是矩形。因此它们是两块三角形板对称地分布在轴承座的左右两侧。

　　(3) 根据各部分的形状和它们的相对位置综合想象出其整体形状,如图 4-20(e)、(f)所示。

　　2. 线面分析法

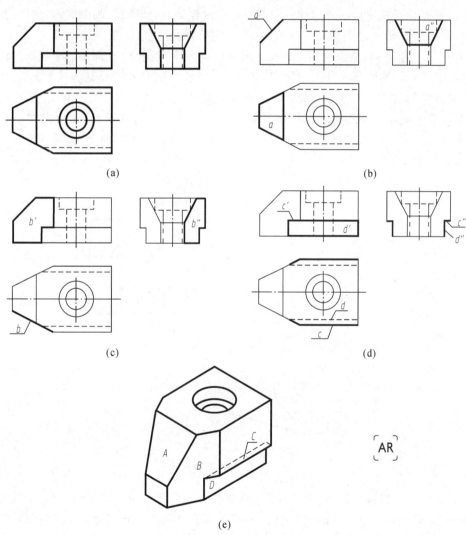

图 4-21　压块的视图

　　当形体被多个平面切割、形体的形状不规则或在某视图中形体结构的投影重叠时,应用形体分析法往往难以读懂。这时,需要运用线、面投影理论来分析物体的表面形状、面与面的相对位置以及面与面之间的表面交线,并借助立体的概念来想象物体的形状。这种方法称为线面分析法。

下面以图 4-21 所示的压块为例,说明线面分析的读图方法。

(1) 确定物体的整体形状。根据图 4-21(a) 所示,压块三视图的外形均是有缺角和缺口的矩形,可初步认定该物体是由长方体切割而成且中间有一个阶梯圆柱孔。

(2) 确定切割面的位置和面的形状。由图 4-21(b) 可知,在俯视图中有梯形线框 a;而在主视图中可找出与它对应的斜线 a',由此可见 A 面是垂直于 V 面的梯形平面。长方体的左上角是由 A 面切割而成,平面 A 对 W 面和 H 面都处于倾斜位置,所以它们的侧投影 a'' 和水平投影 a 是类似图形,不反映 A 面的真实形状。

由图 4-21(c) 可知,在主视图中有七边形线框 b',而在俯视图中可找出与它对应的斜线 b,由此可见 B 面是铅垂面。长方体的左端就是由这样的两个平面切割而成的。平面 B 对 V 面和 W 面都处于倾斜位置,因而侧面投影 b'' 也是类似的七边形线框。

由图 4-21(d) 可知,从主视图上的长方形线框 d' 入手,可找到 D 面的三个投影。由俯视图的四边形线框 c 入手,可找到 C 面的三个投影。从投影图中可知 D 面为正平面,C 面为水平面。长方体的前后两边就是由这样两个平面切割而成的。

(3) 综合想象出其整体形状。搞清楚各截切面的空间位置和形状后,根据基本形体形状、各截切面与基本形体的相对位置,并一步分析视图中的线、线框的含义,可以综合想象出整体形状,如图 4-21(e) 所示。

例 如图 4-22 所示,根据俯视图、左视图,想象出物体形状,补画主视图。

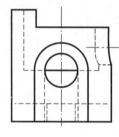

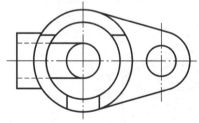

图 4-22 补画主视图

按照前面所述形体分析,本例没有给出主视图。从给出的两视图可以看出,俯视图反映了该物体结构形状。因此,从俯视图着手,将它分成左、中、右三个部分。根据"宽相等"的投影规律可知:物体的中部是开有阶梯孔的圆柱体,上方的前面被切去一大块;根据左视图上前方的交线形状,可以看出圆筒上前方开有 U 形槽;物体的左面是一个拱形体,与圆筒外表面相交,其上开了一个圆柱孔,与阶梯孔相交;右边是一块平板,两边与圆柱相切,上面开有一个小孔。

根据以上分析,依次画出视图的各个部分,如图 4-23(a) 至 (c) 所示。最后检查加深,完

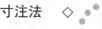

成视图,如图 4-23(d)所示。

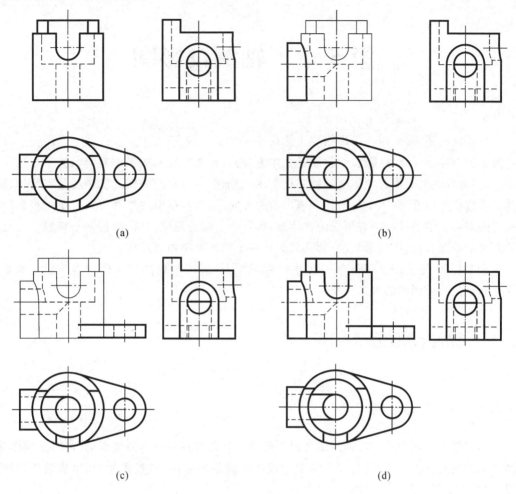

(a)

(b)

(c)

(d)

图 4-23　组合体视图

第5章　轴测投影图

在机械制图中,采用的投影图要考虑两个基本点:一是度量性好,二是绘图简便。多面正投影图恰好能满足这两点,但它缺乏立体感,没有看图基础的人很难看懂。为了有助于看图,人们经常借助于富有立体感的轴侧投影图,如前面章节中的插图。轴测图是将物体连同其参考直角坐标系,沿不平行于任一坐标面的方向,用平行投影法将其投射在单一投影面上所得的图形。轴测投影图有很强的立体感,接近于人们的视觉习惯,即使从未接触过工程图的人也能看懂,但画图较为复杂,而且只能从一个角度表现物体形状。

在工程上,轴测图常用于产品说明书、结构设计、管道系统图以及广告等方面。本章着重介绍轴测投影图的基本知识及绘制方法。

5.1　轴测投影图基本知识

5.1.1　轴测图的形成

轴测图有正轴测图和斜轴测图之分。按投射方向与轴测投影面垂直的方法(正投影法)画出来的是正轴测图;按投射方向与轴测投影面倾斜的方法(斜投影法)画出来的是斜轴测图,如图 5-1 所示。

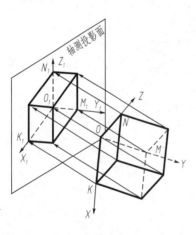

(a) 正等轴测图的形成

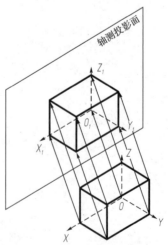

(b) 斜二轴测图的形成

图 5-1　轴测图的形成

轴测图是单面投影图,这个投影面就叫轴测投影面。空间直角坐标系的 OX, OY 和 OZ 坐标轴在轴测投影面上的投影 O_1X_1, O_1Y_1 和 O_1Z_1 称为轴测投影轴,简称轴测轴。两轴测轴之间的夹角 $\angle X_1O_1Y_1, \angle X_1O_1Z_1$ 和 $\angle Z_1O_1Y_1$,叫作轴间角。空间坐标轴 OX 上的单位长度 OK 在轴测轴 O_1X_1 上为 O_1K_1,比值 O_1K_1/OK 叫 X 轴的轴向伸缩系数,用符号 p 表示。各轴的轴向伸缩系数是:

　　X 轴向伸缩系数 $p=O_1K_1/OK$；

　　Y 轴向伸缩系数 $q=O_1M_1/OM$；

　　Z 轴向伸缩系数 $r=O_1N_1/ON$。

5.1.2　轴测图的投影特性

　　由图 5-1 可知,轴测投影图是根据平行投影法作出的,因而它具有平行投影的基本性质:

　　(1)空间直角坐标轴投影成轴测轴后,沿轴测轴确定长、宽、高三个坐标方向的性质不变,即仍沿相应轴确定长、宽、高三个方向。

　　(2)物体上与坐标轴平行的直线,在轴测图中必与轴测轴平行。

　　(3)物体上相互平行的直线,在轴测图中必相互平行。

　　(4)物体上与坐标轴不平行的直线,在轴测图中与轴测轴必然也不平行。

5.1.3　轴测轴的设置

　　根据轴测投影的形成方法画物体的轴测图时,先要确定轴测轴 O_1X_1, O_1Y_1, O_1Z_1 的位置,然后再把轴测轴作为基准画轴测图。轴测轴可以设置在形体之外,一般常设置在形体本身某一特征位置的线上,如图 5-2 所示,可以是主要棱线、对称中心线、轴线等。为了与视觉习惯相一致,O_1Z_1 轴画成铅垂方向,同时各轴之间的相对位置要符合国标 GB4458.3—2013 规定的要求。

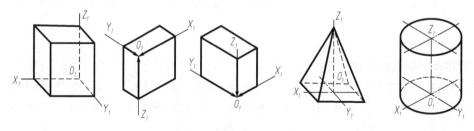

图 5-2　坐标轴的设置

5.2 正等轴测图

5.2.1 正等轴测图的形成

使直角坐标系的三个坐标轴对轴测投影面的倾角相等,并用正投影法进行投射所得到的图形叫正等轴测图。

画轴测图时,必须知道轴间角和轴向伸缩系数。在正等轴测图中,由于直角坐标系的三根轴对轴测投影面的倾角相等,因此,轴间角都是 $120°$,各轴向的伸缩系数相等,都是 0.82。根据这些系数,就可以度量平行于各轴向的尺寸。所谓轴测就是指沿各轴向可测量的意思,而所谓等测则是表示这种图各轴向的伸缩系数相等。画正等轴测图时,为了作图简便,一般用 1 代替 0.82,即取 $p=q=r=1$,称简化轴向伸缩系数,用简化轴向伸缩系数画出的图形形状不变,但比实物大了 1.22 倍。为使图形稳定,一般取 O_1Z_1 为竖线,如图 5-3 所示。轴测图通常不画虚线。

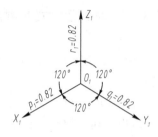

图 5-3 正等测图的轴测

5.2.2 正等轴测图的画法

1. 平面立体的画法

画轴测图常用的方法有坐标法、切割法、堆积法和综合法。坐标法是最基本的方法。

例 5-1 已知正六棱柱的正投影图如图 5-4(a)所示,求作其正等轴测图。

解 (1)分析物体的形状,确定坐标原点和作图顺序。由于正六棱柱的前后、左右对称,故把坐标原点定在顶面六边形的中心,如图 5-4(a)所示。由于正六棱柱的顶面和底面均为平行于水平面的六边形,在轴测图中,顶面可见,底面不可见。为减少作图线,应从顶面开始画。

(2)画轴测轴,如图 5-4(b)所示。

(3)用坐标定点法作图。

1)画出六棱柱顶面的轴测图。以 O_1 为中点,在 X_1 轴上取 $1_14_1=14$,在 Y_1 轴上取 $A_1B_1=ab$,如图 5-4(b)所示。过 A_1,B_1 点作 O_1X_1 轴的平行线,且分别以 A_1,B_1 为中点,在所作的平行线上取 $2_13_1=23,5_16_1=56$,如图 5-4(c)所示。再用直线顺次连接 $1_1,2_1,3_1,4_1,5_1$ 和 6_1 点,得顶面的轴测图,如图 5-4(d)所示。

2)画棱面的轴测图。过 $6_1,1_1,2_1,3_1$ 各点向下作 Z_1 轴的平行线,并在各平行线上按尺寸 h 取点再依次连线,如图 5-4(e)所示。

3)完成全图。擦去多余图线并加深,如图 5-4(f)所示。

2. 曲面立体的正等轴测图

平行于投影面的圆的正等轴测图的画法由于正等轴测图的三个坐标轴都与轴测投影面

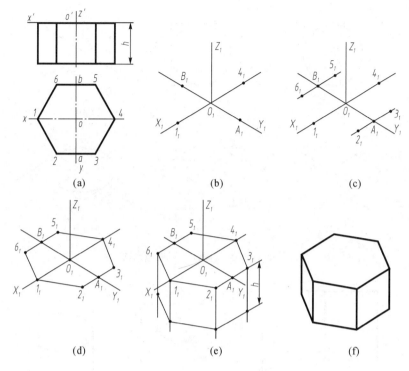

图 5-4　正六棱柱的正等轴测图画法

倾斜,所以均为椭圆,如图 5-5 所示。由图可见:$X_1 O_1 Y_1$ 面上椭圆的长轴垂直于 $O_1 Z_1$ 轴;$X_1 O_1 Z_1$ 面上椭圆的长轴垂直于 $O_1 Y_1$ 轴;$Y_1 O_1 Z_1$ 面上椭圆的长轴垂直于 $O_1 X_1$ 轴。

椭圆的正等轴测图一般采用四心圆弧法作图。

例 5-2　求作如图 5-6(a)所示半径为 R 的水平圆的正等轴测图。

解　(1)定出直角坐标的原点及坐标轴。画圆的外切正方形 1234,与圆相切于 a,b,c,d 四点,如图 5-6(b)所示。

(2)画出轴测轴,并在 X_1,Y_1 轴上截取 $O_1 A_1 = O_1 C_1 = O_1 B_1 = O_1 D_1 = R$,得 A_1,B_1,C_1,D_1 四点,如图 5-6(c)所示。

(3)过 $A_1 C_1$ 和 B_1,D_1 点分别作 Y_1,X_1 轴的平行线,得菱形 $1_1 2_1 3_1 4_1$,如图 5-6(d)所示。

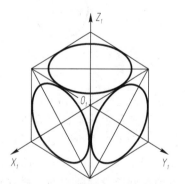

图 5-5　平行于轴测投影面的圆的正等轴测图

(4)连 $1_1 C_1$,$3_1 A_1$ 分别与 $2_1 4_1$ 交于 O_2 和 O_3,如图 5-6(e)所示。

(5)分别以 1_1,3_1 为圆心,$1_1 C_1$,$3_1 A_1$ 为半径画圆弧 $C_1 D_1$,$A_1 B_1$,再分别以 O_2,O_3 为圆心,$O_2 D_1$ 为半径,画圆弧 $B_1 C_1$,$A_1 D_1$。由这四段圆弧光滑连接而成的图形,即为所求的近似椭圆,如图 5-6(f)所示。

例 5-3　作圆柱体的正等轴测图。

解　(1)确定原点和坐标轴,如图 5-7(a)所示。

(2)画两端面圆的正等轴测图(用移心法画底面),如图 5-7(b)所示。

(3)作两椭圆的公切线,擦去多余线条,描深完成全图,如图 5-7(c)所示。

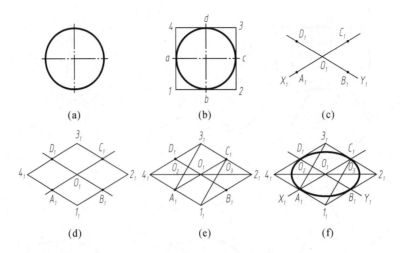

图 5-6　圆的正等轴测图近似画法

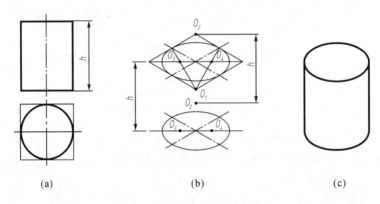

图 5-7　圆柱的正等轴测图画法

3. 平行于基本投影面的圆角的正等轴测图的画法

平行于基本投影面的圆角,实质上就是平行于基本投影面的圆的一部分。因此,可以用近似法画圆角的正等轴测图。特别是常见的 1/4 圆周的圆角,其正等轴测图恰好就是上述近似椭圆四段圆弧中的一段,如图 5-8 所示。

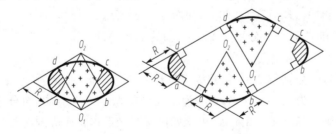

图 5-8　圆角的正等轴测图画法

例 5-4　画出如图 5-9(a)所示带圆角的长方体作底板的正等轴测图。

解　(1)按图 5-9(b)画出图形,并按圆角半径 R 所在底板相应的棱线上找出切点 1,2 和 3,4。

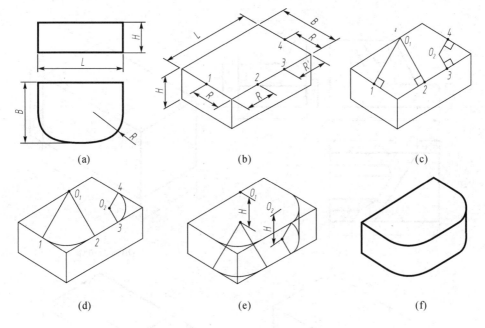

图 5-9　带圆角底板的正等轴测图画法

(2)过切点 1,2 和 3,4 分别作切点所在直线的垂线,其交点 O_1,O_2 就是轴测圆角的圆心,如图 5-9(c)所示。

(3)以 O_1 和 O_2 为圆心,以 $O_1$1 和 $O_2$3 为半径作 12 和 34 弧,即得底板上顶面圆角的正等轴测图,如图 5-9(d)所示。

(4)将顶面圆角的圆心 O_1,O_2 及其切点分别沿 Z_1 轴下移底板厚度 H,再用与顶面圆弧相同的半径分别画圆弧,并作出对应圆弧的公切线,即得底板圆角的正等轴测图,如图 5-9(e)所示。

(5)擦去作图线并描深图线,最后得到带圆角的长方体底板的正等轴测图,如图5-9(f)所示。

4.组合体正等轴测图的画法

画组合体的正等轴测图时,也像画组合体三视图一样,要先进行形体分析,分析组合体的构成,然后再作图。作图时,可先画出基本形体的轴测图,再利用切割法和叠加法完成全图。轴测图中一般不画虚线,从前、上面开始画起。另外,利用平行关系也是加快作图速度和提高作图准确性的有效手段。

(1)切割型组合体正等轴测图的绘制。

例 5-5　画出如图 5-10(a)所示立体的正等轴测图。

解　通过形体分析可知,该立体是由长方体切割形成的,作图时可先画出长方体的正等轴测图,再按逐次切割的顺序作图,画图步骤如图 5-10(b)至(f)所示。

画切割型组合体正等轴测图的关键是确定截切平面的位置及求作截切平面与立体表面的交线。由上例可以看出,如果截切平面是投影面平行面,作图时只需一个方向定位,即沿着与截切平面垂直的轴测轴方向量取定位尺寸。其交线通常平行于立体上对应的线,如图 5-10(c)所示。

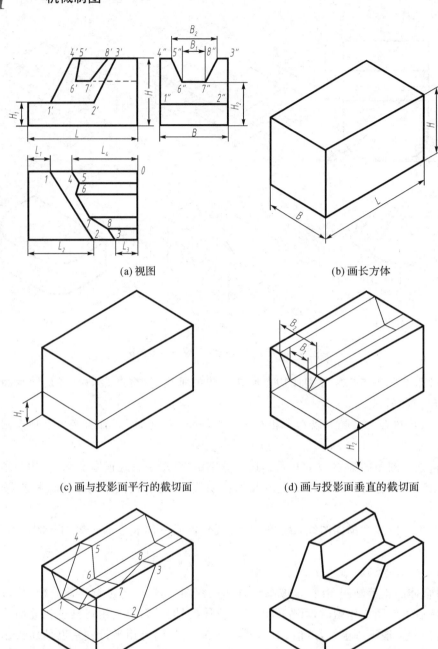

(a) 视图

(b) 画长方体

(c) 画与投影面平行的截切面

(d) 画与投影面垂直的截切面

(e) 画一般位置的截切面

(f) 整理、描深完成全图

图 5-10　切割型组合体的正等轴测图画法

如果截切平面是投影面垂直面,作图时需要两个方向定位,即在切平面所垂直的面上,分别沿两个轴测轴方向量取定位尺寸。其交线通常有一条与立体上的线平行,如图 5-10(d)所示。

如果是一般位置平面,作图时需要在三个方向量取定位尺寸,用不在一直线上的三点确定截切平面位置,求出各顶点位置后,连线画出平面,如图 5-10(e)所示。如果一个一般位置平面有三个以上的点,作图时要注意保证各点共面,可以用平面取点的方法求出其他各点。

（2）叠加型组合体正等轴测图的绘制。

例 5-6 画出如图 5-11(a)所示立体的正等轴测图。

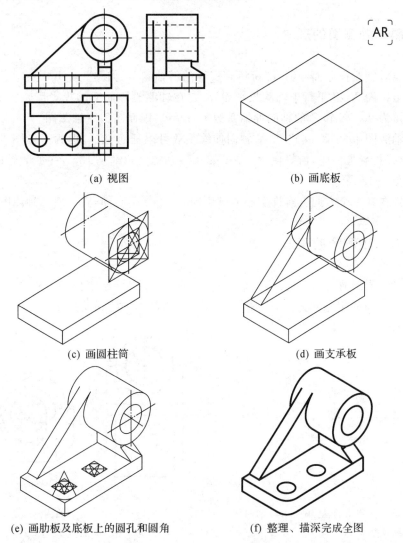

(a) 视图 (b) 画底板

(c) 画圆柱筒 (d) 画支承板

(e) 画肋板及底板上的圆孔和圆角 (f) 整理、描深完成全图

图 5-11 叠加型组合体正等轴测图的画法

解 分析视图可知,该立体是叠加型组合体,由底板、圆柱筒、支承板、肋板四部分组成。作图时按照逐个形体叠加的顺序画图,作图步骤如图 5-11(b)至(f)所示。

5.3 斜二轴测图

5.3.1 斜二轴测图的形成

投射线对轴测投影面倾斜,即可得到实物的斜轴测图,如图 5-1(b)所示。

由于坐标面 XOZ 平行于轴测投影面,故它在轴测投影面上的投影反映实形。X_1 和 Z_1 间的轴间角为 $90°$,X 和 Z 的轴向伸缩系数 $p=r=1$,因而叫斜二轴测图。

在斜轴测图中,$\angle X_1O_1Y_1$ 和 Y 轴向伸缩系数可以任意选择,但为了画图方便和考虑立体感,在选择投影方向时,恰好使 Y_1 轴和 X_1,Z_1 轴的夹角都是 $135°$,并令 Y 轴向伸缩系数 $q=0.5$,如图 5-12 所示。

当零件在某一个方向上有许多圆或圆弧时,为了便于画图,宜用斜二轴测图表示。

5.3.2 斜二轴测图的画法

画斜二轴测图通常从最前面的面开始,沿 Y_1 轴方向分层定位,在 $X_1O_1Z_1$ 轴测面上定形,注意 Y_1 方向的缩短率为 0.5。图 5-13 是斜二轴测图画法示例。

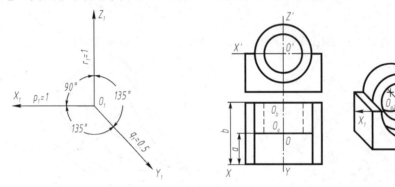

图 5-12　斜二轴测图的轴、轴间角与轴向伸　　　　　　图 5-13　斜二轴测图画法
　　　　　缩系数

第6章 机件常用的表达方法

工程实际中,当机件(包括零件、部件和机器)的形状、结构比较复杂时,如果仍采用两视图或三视图来表达,则很难把机件的内外形状和结构准确、完整、清晰地表达出来。为了满足这些实际的表达要求,国家标准《机械制图》中的"图样画法 视图"及"图样画法 剖视图和断面图"(GB/T 4458.1—2002,GB/T 4458.6—2002)规定了各种表达方法。本章介绍的一些常用表达方法,需要灵活运用。

6.1 视 图

视图主要用来表达机件的外部结构形状,其不可见部分一般不画,必要时用虚线画出。视图分为基本视图、向视图、局部视图和斜视图。

6.1.1 基本视图及其配置

对于形状比较复杂的机件,当用两个或三个视图尚不能完整、清楚地表达它们的内外形状时,则可根据国标规定,在原有三个投影面的基础上,再增设三个投影面,组成一个正六面体,这六个投影面称为基本投影面,如图 6-1 所示。机件在基本投影面上的投影称为基本视图。这样,除了前面已介绍过的主视图、俯视图、左视图三个视图外,还有后视图——从后向前投影、仰视图——从下向上投影、右视图——从右向左投影。投影面按图 6-1 所示展开成同一平面后,基本视图的配置关系如图 6-2 所示。在同一张图纸内按图 6-2 配置视图时,可不标注视图的名称。

六个基本视图之间仍然符合"长对正,高平齐,宽相等"的投影规律。从图中还可以看出,左视图和右视图的形状左右颠倒,俯视图和仰视图的形状上下颠倒,主视图和后视图也是左右颠倒。从视图中还可以看出机件前后、左右、上下的方位关系。

制图时应根据零件的形状和结构特点,选用其中必要的几个基本视图。图 6-3 是一个阀体的视图和轴测图。按自然位置安放这个阀体,选定能够较全面反映阀体各部分主要形状特征和相对位置的视图作为主视图。如果用主、俯、左三个视图表达这个阀体,则由于阀体左右两侧的形状不同,则左视图中将出现很多虚线,影响图形的清晰程度和尺寸标注。因此,在表达时再增加一个右视图,就能完整和清晰地表达这个阀体。表达时基本视图的选择完全根据需要来确定,而不是对于任何机件都需用六个基本视图来表达。

国家标准规定:绘制技术图样时,应首先考虑看图方便,还应根据机件的结构特点,选用适当的表示方法。在完整、清晰地表示机件形状的前提下,还应力求制图简便。因此,

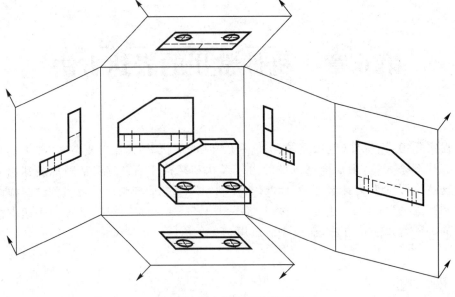

图 6-1　基本投影面及其展开

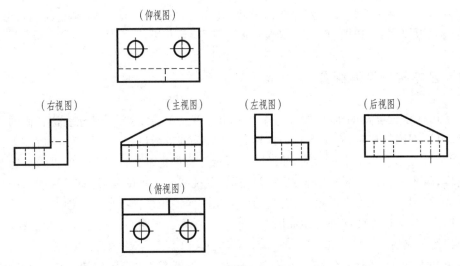

图 6-2　基本视图的配置

在图 6-3 中采用四个视图,并在主视图中用虚线画出了显示阀体的内腔结构以及各个孔的不可见投影。由于将这四个视图对照起来阅读,已能清晰、完整地表达出阀体的结构和形状,所以在其他三个视图中的不可见投影应省略。

6.1.2　向视图

向视图是可以自由配置的视图。在实际制图时,由于考虑到各视图在图纸中的合理布局问题,如果不能按图 6-2 所示的那样配置视图或各视图不画在同一张图纸上,应在视图的上方中间位置处标出视图的名称"X"(这里"X"为大写拉丁字母,并用 A,B,C 顺次使用)并

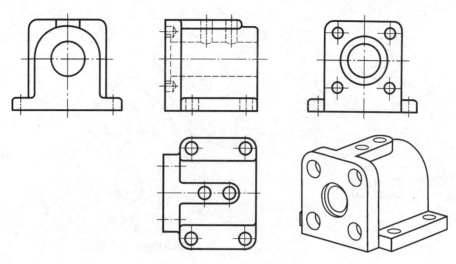

图 6-3   阀体的视图和轴测图

在相应的视图附近用箭头指明投射方向,并注上同样的字母,这种视图称为向视图,如图 6-4 所示中的 A,B,C 视图。注意向视图不能斜射,不能只画局部也不能旋转配置。

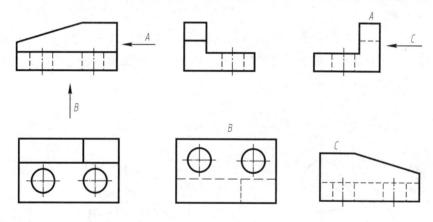

图 6-4   向视图的标注

6.1.3 斜视图

斜视图是物体向不平行于基本投影面的平面投射所得的视图。

图 6-5(a)是压紧杆的三视图。由于压紧杆的耳板是倾斜的,所以它的俯视图和左视图都不反映实形,表达不够清楚,画图又比较困难,读图也不方便。为了清晰地表达压紧杆的倾斜结构,可以加一个平行于倾斜结构的正垂面作为新投影面,如图 6-5(b)所示,沿垂直于新投影面的箭头(A)方向投射,就可以得到反映倾斜结构实形的投影。因为画压紧杆的斜视图只是为了表达其倾斜结构的实形,故画出其实形后,就可用波浪线断开,而不必画出其余部分的视图,如图 6-6(a)所示。

画斜视图时应注意:

(1)必须在视图的上方中间位置处水平注写出视图的名称"X",在相应的视图附近用箭

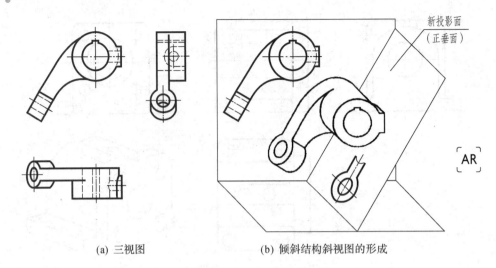

(a) 三视图   (b) 倾斜结构斜视图的形成

图 6-5 压紧杆的三视图及斜视图的形成

头指明投射方向,并注上同样的大写拉丁字母"X",如图 6-6(a)的 A。

(2)斜视图一般按投影关系配置,如图 6-6(a)所示,必要时也可配置在其他适当的位置,如图 6-6(b)所示。

(3)在不至于引起误解时,允许将斜视图旋转配置,标注形式为"⟳ X",表示该斜视图名称的大写拉丁字母应靠近旋转符号的箭头端,如图 6-6(b)所示。也允许将旋转角度标注在字母后面,如"⟳ $A30°$"。

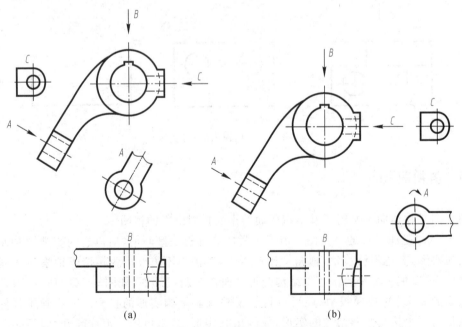

(a)   (b)

图 6-6 压紧杆的斜视图和局部视图

(4)斜视图常用于表达机件上的倾斜结构,画出倾斜结构的实形后,通常用波浪线断开,不画其他视图中已表达清楚的部分,如图 6-6 所示。

6.1.4　局部视图

将机件的某一部分向基本投影面投射所得到的视图称为局部视图。

画局部视图时应注意：

（1）当局部视图按向视图的配置形式配置时，一般在局部视图上方用大写的拉丁字母标出视图的名称"X"，在相应的视图附近用箭头指明投影方向，并注上同样的字母，如图 6-6（a）所示。

（2）当局部视图按基本视图配置，中间又没有其他图形隔开时，可省略标注，如图 6-6（b）中 B 局部视图可省略标注。

（3）当局部视图按第三角画法的配置形式配置时，局部视图与相应的视图间用细点画线相连，如图 6-7所示。

（4）局部视图的断裂边界应以波浪线来表示，如图 6-6所示。当所表示的局部结构是完整的且外轮廓又成封闭时，波浪线可省略不画，如图 6-6 中 C 局部视图。

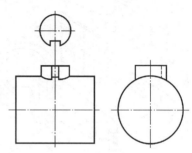

图 6-7　按第三角画法配置的局部视图

用波浪线作为断裂分界线时，应注意：①波浪线不能与图形中其他图线重合，也不要画在其他图线的延长线上；②波浪线不应超出图形的轮廓线；③波浪线应画在机件的实体上，不可穿空而过。如遇孔、槽等结构时，波浪线必须断开。图 6-8所示是一块用波浪线断开的空心圆板的正、误对比画法。

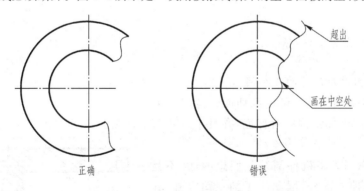

图 6-8　波浪线的正、误画法

6.2　剖视图

6.2.1　剖视图的概念

用视图表达机件的结构形状时，机件内部不可见的部分是用虚线来表示的。当机件内部结构复杂时,视图上出现许多虚线,会使图形不清晰,给看图和标注尺寸带来困难。为了将内部结构表达清楚,同时又避免出现虚线,可采用剖视图的方法来表达。

1.剖视图的概念

如图 6-9(a)所示,用假想的剖切面(平面或曲面)将机件剖开,将处在观察者和剖切面之间的部分移去,而将其余部分向投影面投射所得到的视图,称为剖视图,简称剖视。

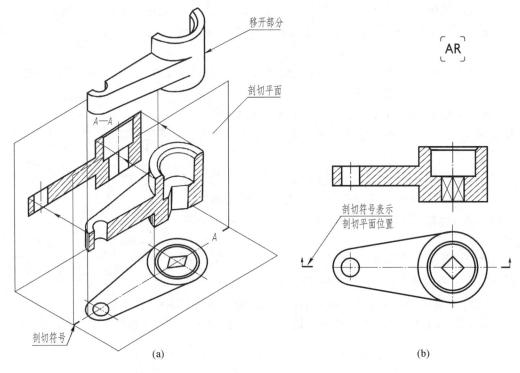

剖切符号表示剖切平面位置

(a)   (b)

图 6-9　剖视图的概念和画法

2.画剖视图时应注意的几个问题

(1)如图 6-9(b)所示,确定剖切面位置时一般选择所需表达的内部结构的对称面,并且平行于基本投影面。

(2)画剖视图时将机件剖开是假想的,并不是真正把机件切掉一部分,因此除了剖视图之外,并不影响其他视图的完整性,即不应出现图 6-10 中的俯视图只画出一半的错误。

(3)剖切后,留在剖切面之后的部分,应全部向投影面投射。只要是看得见的线、面的投影都应画出,如图 6-9(b)所示。应特别注意空腔中线、面的投影。

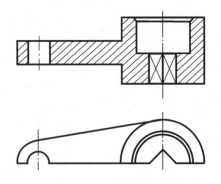

图 6-10　剖视图的常见错误

(4)剖视图中,凡是在其他视图中已表达清楚的机件不可见结构,相应的虚线应省略不画。

3. 剖面符号

剖视图中,剖切面与机件相交的实体剖面区域应画出剖面符号。因机件材料不同,剖面符号也不相同。画图时应采用国家标准所规定的剖面符号,常见材料的剖面符号见表 6-1。

表 6-1　剖面区域表示法(摘自 GB/T 4457.5—2013)

金属材料(已有规定剖面符号者除外)		木质胶合板(不分层数)	
线圈绕组元件		基础周围的泥土	
转子、电枢、变压器和电抗器等的叠钢片		混凝土	
非金属材料(已有规定剖面符号者除外)		钢筋混凝土	
型砂、填砂、粉末冶金、砂轮、陶瓷刀片、硬质合金刀片等		砖	
玻璃及供观察用的其他透明材料		格网(筛网、过滤网等)	
木材	纵断面	液体	
	横断面		

注:1. 剖面符号仅表示材料的类别,材料的名称和代号必须另行注明。

2. 叠钢片的剖面线方向,应与束装中叠钢片的方向一致。

3. 液面用细实线绘制。

金属材料的剖面符号又称剖面线。GB/T 17453—2005 规定,剖面线是由 GB/T 4457.4 所指定的细实线绘制,而且应画成间隔相等、方向相同且一般与剖面区域的主要轮廓或对称线成 45°的平行线。必要时,剖面线也可画成与主要轮廓线成适当角度。

在大面积剖切的情况下,剖切线可以局限于一个区域,在这个区域内可使用沿周线的等长剖面线表示,见图 6-11。在狭义剖面区域或断面内允许用完全涂黑来代替剖面线。

同一零件的所有剖视图和断面图中,剖面线的方向应相同,间隔要相等。装配图中,相邻金属零件的剖面线其倾斜方向应相反,或方向一致而间隔不等(见图 6-12)。

4. 剖视图的标注

剖视图一般应进行标注。标注的内容包括以下三个要素:

(1)剖切线。指示剖切面的位置,用细点画线表示。剖视图中通常省略不画出。

(2)剖切符号。指示剖切面起、迄和转折位置(用线宽 1~1.5d、长约 5~10mm 的粗短

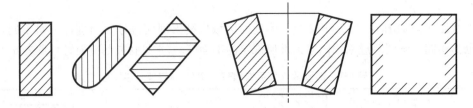

图 6-11　剖面或断面的剖面线画法

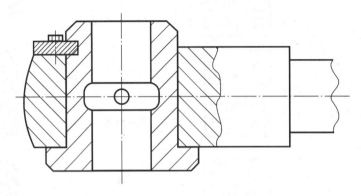

图 6-12　相邻零件剖面线示例

画表示)及投射方向(用箭头表示)的符号,如图 6-13 所示。

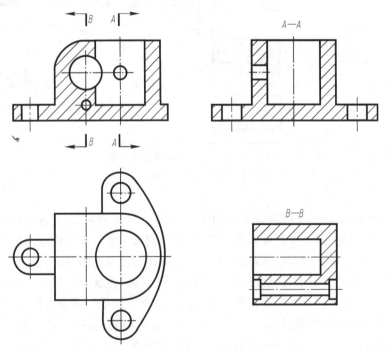

图 6-13　剖视图的标注

　　(3)字母。在剖切符号起、迄和转折处注上相同的大写字母,表示剖视图的名称,用大写拉丁字母注写在剖视图的上方。如图 6-13 中的"A—A","B—B"。

以上是剖视图标注的一般原则。当单一剖切平面通过机件的对称平面或基本对称平面,且剖视图按投影关系配置,中间又没有其他图形隔开时,可省略标注,如图 6-13 所示的主视图。当剖视图按投影关系配置,中间又没有其他图形隔开时,可省略箭头,如图 6-15、图 6-22、图 6-23(b)和图 6-24 所示。

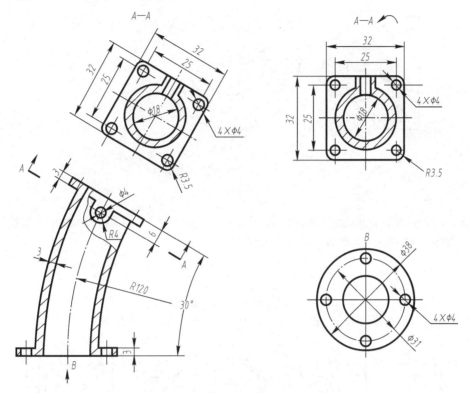

图 6-14　弯管的剖视图

6.2.2　剖切面的种类

由于机件的内部结构形状是多种多样的,因此画剖视图时,应根据机件的结构特点,选用不同的剖切面,以便使机件的内部形状得到充分表现。

根据国家标准的规定,常用的剖切面有如下几种形式。

1. 单一剖切面

仅用一个剖切平面剖开机件,这种剖切方式应用较多。如图 6-9 至图 6-13 中的剖视图,都是采用单一剖切平面剖开机件得到的剖视图。

如图 6-14 中的 A—A 剖视图表达了弯管及其顶部凸缘、凸台和通孔。

剖视图可按投影关系配置在与剖切符号相对应的位置。也可将剖视图平移至其他适当位置,在不至于引起误解时,还允许将图形旋转,但旋转后的标注形式应为“⌒ X—X”,例如图 6-14 中的 ⌒ A—A 剖视图。

应当注意的是:单一剖切面一般采用平面,但也可采用柱面。如图 6-15 中所示,“B—B 展开”,就是按圆柱面剖切的概念作出的。图中的 A—A 剖视图是用平面剖切后得到的,而

$B—B$ 剖视图是用圆柱面剖切后按展开画法画出的。采用单一柱面剖切机件时,剖视图应按展开画法绘制。

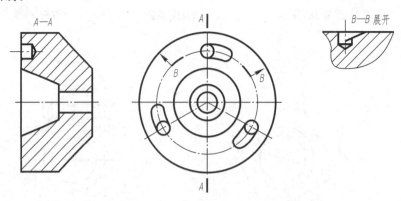

图 6-15　单一剖切柱面的展开画法

2.几个相交的剖切面

用几个相交的剖切面(交线垂直于某一基本投影面)剖开机件的方法获得的剖视图,如图 6-16 至图 6-18 所示,这种剖切可称为旋转剖。

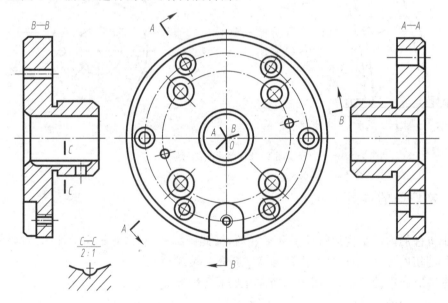

图 6-16　两相交的剖切面(一)

采用这种方法画剖视图时,应先假想按剖切位置剖开机件,然后将被剖切面剖开的结构及其有关部分旋转到与选定的投影面平行,再进行投射。图 6-16 所示的机件就是将倾斜截断面及被剖开的圆孔都旋转到与侧平面平行,然后再投射。显然,由于被剖开的圆孔是经过旋转后再投射,因此,$A—A$,$B—B$ 这两个剖视图中,上、下两个圆孔的投影不再保持原位置"高平齐"的关系。图 6-17 中摇臂采用这种剖视后,左边倾斜悬臂的真实长度,以及孔的结构,在剖视图中均能反映实形。

应注意的是:①当剖切面发生重叠时,应采用展开画法,此时应标注"$X—X$ 展开",

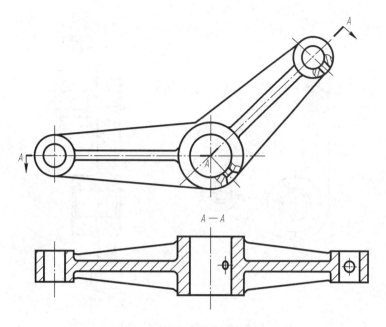

图 6-17　两相交的剖切面(二)

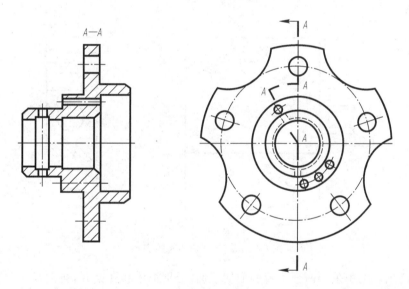

图 6-18　两相交的剖切面(三)

如图 6-19 所示。②在剖切面后的其他结构,一般仍按原来位置画出它们的投影,如图 6-17 中的油孔。③当只需要剖切绘制零件的部分结构时,应用细点画线将剖切符号相连,剖切面 可位于零件实体之外,如图 6-20 所示。④当剖切后产生不完整的要素时,应将此部分按不 剖绘制,如图6-21中的臂。

3.几个平行的剖切平面

当机件上具有几种不同的结构要素(如孔、槽等),而且它们的中心线排列在相互平行的 平面上时,宜采用几个平行的剖切平面剖切,这种剖切可称为阶梯剖。

如图 6-22 所示的机件中,U 形槽和带凸台的孔是平行排列的,若用单一剖切面不能将

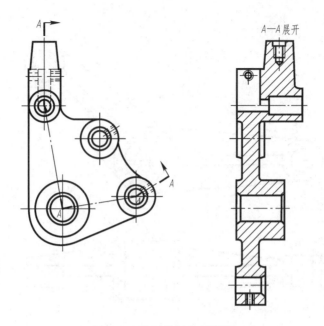

图 6-19　展开绘制的剖视图

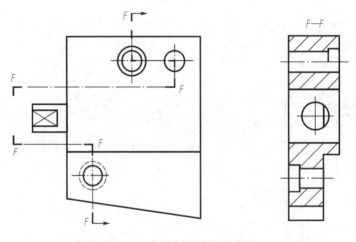

图 6-20　部分剖切结构的表示

孔、槽同时剖到。图中采用两个平行的剖切平面,分别把槽和孔剖开,再向投影面投射,这样就很简练地表达清楚了这两部分结构。

画此类剖视图时,应注意下述几点:

(1)剖视图上不允许画出剖切平面转折处的分界线,如图 6-23(a)所示。

(2)不应出现不完整的结构要素,如图 6-23(b)所示。只有当不同的孔、槽在剖视图中具有共同的对称中心线或轴线时,才允许剖切平面在孔、槽中心线或轴线处转折,如图 6-24 所示。不同的孔、槽各画一半,二者以共同的中心线分界。

(3)标注方法如图 6-22 和图 6-23 所示。但要注意:①剖切符号的转折处不允许与图上的轮廓线重合。②在转折处当位置有限,且不致引起误解时,可以不注写字母。

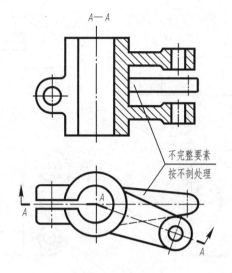

图 6-21 剖切后产生不完整要素时的处理

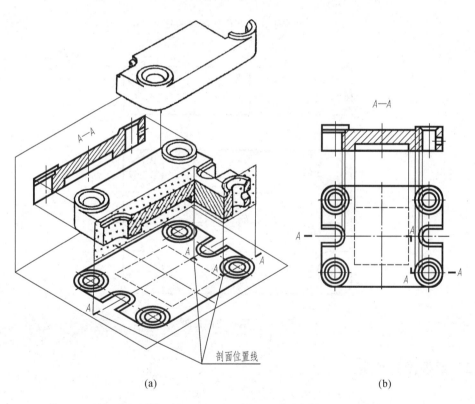

(a)   (b)

图 6-22 两平行的剖切面

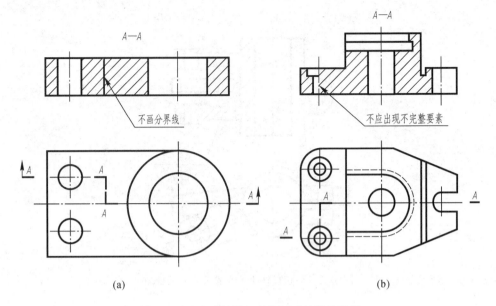

图 6-23 几个平行剖切面作图时的常见错误

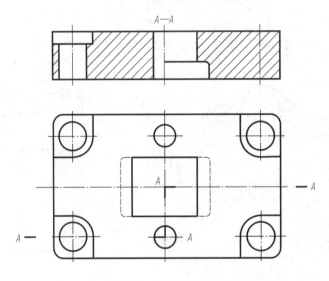

图 6-24 模板的剖视图

6.2.3 剖视图的种类

按机件被剖开的范围来分,剖视图可分为全剖视图、半剖视图和局部剖视图三种。

1. 全剖视图

用剖切面将机件完全剖开所得到的剖视图,称为全剖视图。

全剖视图可以由单一剖切面和其他几种剖切面剖切获得,前面图例出现的剖视图都属于全剖视图。

由于画全剖视图时将机件完全剖开,机件的外形结构在全剖视图中不能充分表达,因此全剖视图一般用于表达在投射方向上不对称机件的内部结构,或机件虽然对称,但外部形状简单不需要在该剖视图中表达外部结构形状时。对于外形结构较复杂的机件若采用全剖时,其尚未表达清楚的外形结构可以采用其他视图表示。

2.半剖视图

当机件具有对称平面,向垂直于对称平面的投影面上投射所得的图形,以对称中心线为界,一半画成剖视图,另一半画成视图,这种图形叫半剖视图。

半剖视图既表达了机件的外形,又表达了其内部结构,它适用于内外形状都需要表达的对称机件。

如图 6-25 所示的机件,左、右对称,前、后对称,因此主视图和俯视图都可以画成半剖视图。

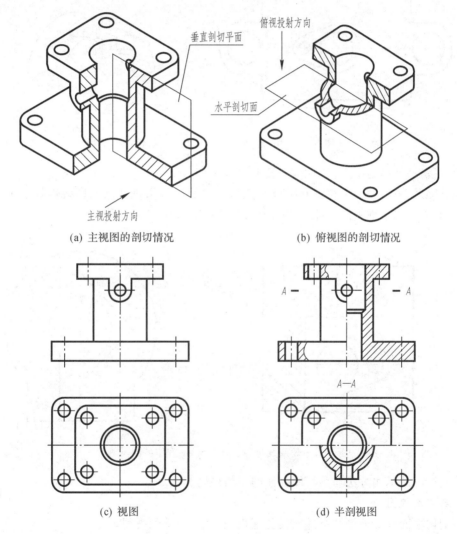

图 6-25　半剖视图

画半剖视图时,应注意以下几点:

(1)只有当机件对称时,才能在与对称面垂直的投影面上作半剖视图。但当机件基本对称,而不对称的部分已在其他视图中表达清楚时也可以画成半剖视图。如图6-26所示的机件,除顶部凸台外其左右是对称的,而凸台的形状在俯视图中已表达清楚,所以主视图也可画成半剖视图。

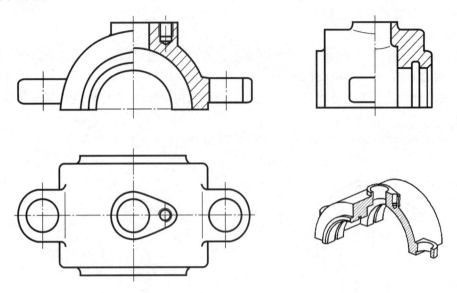

图 6-26   用半剖视图表示基本对称的机件

(2)在表示外形的半个视图中,一般不画虚线。

(3)半个剖视图和半个视图必须以细点画线分界。如果机件的轮廓线恰好与细点画线重合,则不能采用半剖视图。此时应采用局部剖视图,如图 6-27 所示。

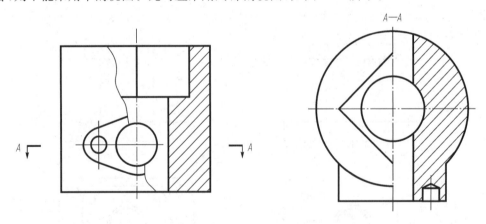

图 6-27   轮廓线与中心线重合,不宜作半剖视图

半剖视图的标注方法与剖视图标注的一般规则相同。

3.局部剖视图

用剖切平面局部地剖开机件所得的剖视图,称为局部剖视图。

图 6-28 为箱体的两视图。通过对箱体的形状结构分析可以看出:顶部有一个矩形孔,底部是一块具有四个安装孔的底板,左下面有一个轴承孔。从箱体所表达的两个视图可以看出其上下、左右、前后都不对称。为了使箱体的内部和外部都能表达清楚,它的两视图既

不宜用全剖视图表达,也不能用半剖视图表达,而以局部地剖开这个箱体为好,既能表达清楚内部结构又能保留部分外形。

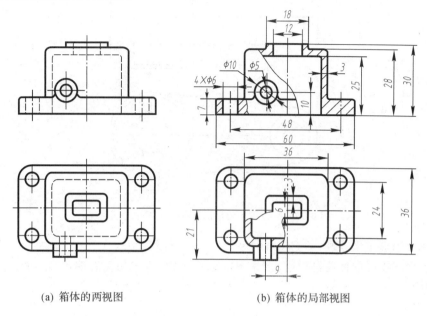

(a) 箱体的两视图　　　　(b) 箱体的局部视图

图 6-28　局部剖视图的画法示例

画局部剖视图时,应注意以下几点:

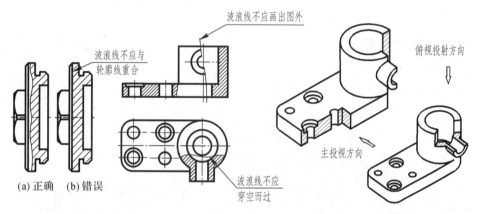

图 6-29　波浪线的错误画法

(1)局部剖视图中,一般用波浪线(也可用双折线、双点画线等)作为剖开部分和未剖开部分的分界(断裂)线。画波浪线时,不要与其他图线重合,也不要画在其他图线的延长线上。若遇孔、槽等空洞结构,则不应使波浪线穿空而过。也不允许画到轮廓线之外,如图6-29所示。

(2)当被剖切的结构为回转体时,允许将该结构的中心线作为局部剖视与视图的分界线,如图 6-30 所示。

(3)局部剖视图是一种比较灵活的表达方法,但在一个视图中,局部剖视图的数量不宜

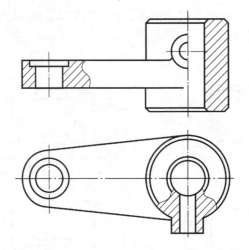

图 6-30 中心线作为局部剖视和视图的分界线

过多,以免使图形过于零乱,影响图形清晰。

(4)局部剖视图的标注,应符合剖视图的标注规则,当剖切位置明确,不致引起误解时,也可省略标注。

6.3 断面图

6.3.1 断面图的概念

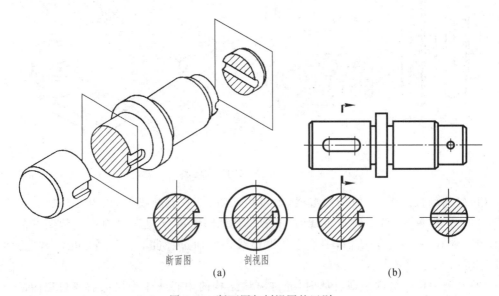

断面图   剖视图

(a)   (b)

图 6-31 断面图与剖视图的区别

断面图主要用来表达机件某部分截断面的形状。

如图 6-31 所示,假想用剖切面将机件的某处断开,仅画出该剖切面与机件接触部分的图形,这种图形称为断面图,简称断面。

画断面图时,应特别注意断面图与剖视图之间的区别。断面图只画出机件被切处的断面形状,而剖视图除了画出其断面形状之外,还必须画出断面之后所有的可见轮廓。图6-31表示出剖视图和断面图之间的区别。

6.3.2　断面图的种类

断面图可分为移出断面图和重合断面图两种。

1.移出断面图

在视图(或剖视图)之外画出的断面图,称为移出断面图,如图 6-31 所示。

画移出断面时,应注意以下几点:

(1)移出断面的轮廓线用粗实线绘制。

(2)为了读图方便,移出断面图尽可能画在剖切平面的延长线上,如图 6-31 所示。断面图形对称时也可画在视图的中断处,如图 6-32 所示。必要时可画在其他适当位置,如图6-33中的 A—A 断面。在不致引起误解时,允许将图形旋转,其标注形式为"⌒X—X"。

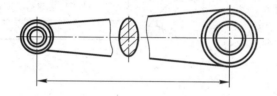

图 6-32　配置在视图中断处的移出断面图

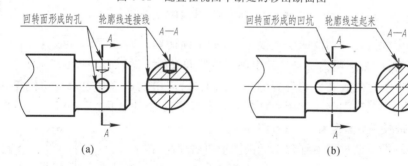

(a)　　　　　　　　　　　　(b)

图 6-33　移出断面图的画法(一)

(3)当剖切平面通过由回转面形成的孔或凹坑等结构的轴线时,这些结构应按剖视图要求绘制,如图 6-33 所示。

(4)当剖切平面通过非圆孔,会导致出现两个完全分离的断面时,这些结构应按剖视图要求绘制,如图 6-34 所示。

(5)为了表示出断面图的真实形状,剖切平面一般应垂直于被剖切部分的主要轮廓线。当遇到如图 6-35 所示的肋板结构时,可用两个相交的剖切平面,分别垂直于左、右肋板进行剖切。这时所画的断面图,中间用波浪线断开。

(6)移出断面图的标注,应注意以下几点:

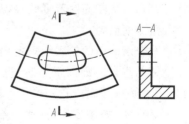

图 6-34　移出断面图的画法(二)

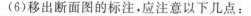

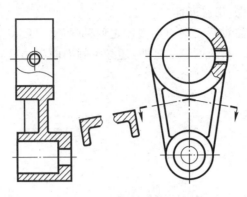

图 6-35　用两个相交且垂直于肋板的平面剖切出的断面图画法

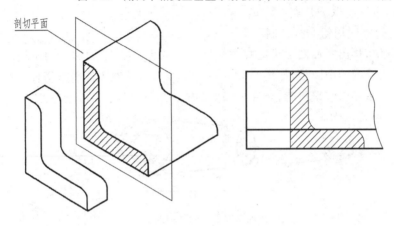

图 6-36　重合断面图的画法

1)当断面图配置在剖切线的延长线上时,如果断面图是对称图形,可仅标注剖切线;若断面图图形不对称,则须用剖切符号表示剖切位置和投射方向,如图 6-31 所示。

2)当断面图不是配置在剖切位置的延长线上时,应用剖切符号表示剖切位置和投射方向,并注上字母,在断面图的上方用同样的字母标出断面图的名称"X—X"。但若断面图是对称的图形或按投影关系配置时,可省略标注投射方向。

3)配置在视图中断处的对称移出断面图形可省略标注。

2.重合断面图

剖切后将断面图形重叠在视图上,这样得到的断面图,称为重合断面图。

重合断面图的轮廓线规定用细实线绘制。当视图中的轮廓线与重合断面图重叠时,视图中的轮廓线仍应连续画出,不可间断,如图 6-36 所示。重合断面图若为对称图形,可不必标注,如图 6-37 所示。若图形不对称,也可省略标注,如图 6-36 所示。

重合断面图是重叠画在视图上,为了重叠后不至于影响图形的清晰程度,一般多用于断面形状较简单的情况。

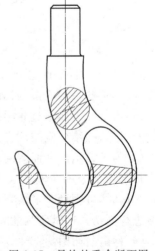

图 6-37　吊钩的重合断面图

6.4　局部放大图、简化画法和其他规定画法

6.4.1　局部放大图

机件上有些结构太细小,在视图中表达不够清晰,同时也不便于标注尺寸。对这种细小结构,可用大于原图形所采用的比例画出,并将它们放置在图纸的适当位置,这种图称为局部放大图。

局部放大图可画成视图、剖视图或断面图,它与被放大部分的表示方法无关。局部放大图应尽量配置在被放大部位的附近。在局部放大图表达完整的前提下,允许在原视图中简化被放大部位的投影。

局部放大图标注时在需要放大的部位画上细实线圆或长圆,当机件上被放大的部分仅有一个时,在局部放大图的上方注写绘图比例。应注意,比例是该图形对零件实际大小的放大,而不是对原图形的放大比例。

当同一机件上需要放大的部位不止一处时,应用罗马数字依次标明被放大的部位,并在局部放大图的上方用分数的形式标注出相应的罗马数字和所采用的比例,如图6-38所示。

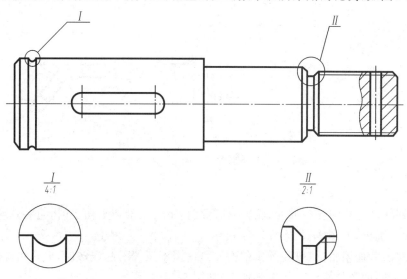

图 6-38　局部放大图的标注

同一机件上不同部位的局部放大图,当图形相同或对称时,只需画出一个,如图6-39所示。必要时可用几个图形表达同一个被放大部位的结构,如图 6-40 所示。

6.4.2　简化画法(GB/T 16675.1—2012)和其他规定画法

(1)对于机件的肋、轮辐及薄壁等,如果按纵向剖切,这些结构都不画剖面符号,而用粗实线将它与相邻部分分开。但剖切平面横向剖切这些结构时,这些结构仍需画出剖面符号,

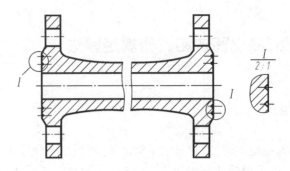

图 6-39　被放大部位图形相同时的局部放大图画法

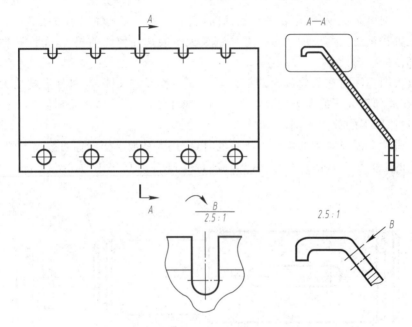

图 6-40　用几个局部放大图表达一个放大结构

如图 6-41 和图 6-42 所示。

（2）当回转体上均匀分布的肋、轮辐、孔等结构不处于剖切平面上时，可将这些结构旋转到剖切平面上画出，如图 6-42 至图 6-44 所示。

（3）在移出断面图中，一般要画出剖面符号。当不至于引起误解时，允许省略剖面符号，但剖切位置和断面图的标注必须遵守规定，如图 6-45 所示。

（4）当机件上具有多个相同结构要素（如孔、槽、齿等）并且按一定规律分布时，只需画出几个完整的结构，其余用细实线连接，或画出它们的中心线，然后在图中注明它们的总数，如图 6-46(a)、(b) 所示。

对于厚度均匀的薄片零件，往往采用图 6-46(a) 中所注 $t2$ 的形式表示圆片的厚度。这种标注可减少视图个数。

（5）较长的机件（轴、杆、型材、连杆等）沿长度方向的形状一致或按一定规律变化时，可断开后缩短绘制，如图 6-47 所示。这种画法便于使细长的机件采用较大的比例画图，同时图画紧凑。

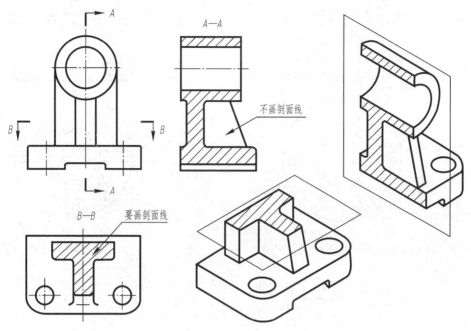

图 6-41　肋的规定画法

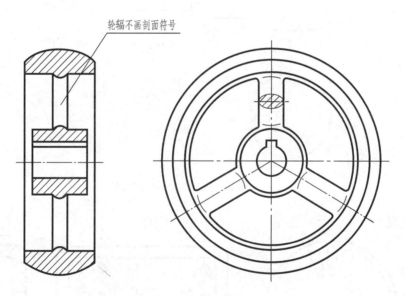

图 6-42　轮辐的规定画法

注意:机件采用断开画法后,尺寸仍应按机件的实际长度标注。

(6)为了节省绘图时间和图幅,对称机件的视图可只画一半或四分之一,并在对称中心线的两端画出两条与其垂直的细实线,如图 6-48 所示。

(7)与投影面倾斜角度小于或等于 30°的圆或圆弧,手工绘图时,其投影可用圆或圆弧代替,而不必画出椭圆,如图 6-49 所示。

(8)在不致引起误解时,过渡线、相贯线允许简化,可用圆弧或直线代替非圆曲线,如图 6-50所示。

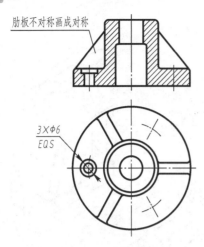
图 6-43 均布孔、肋的简化画法(一)

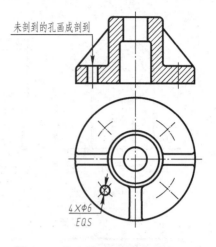
图 6-44 均布孔、肋的简化画法(二)

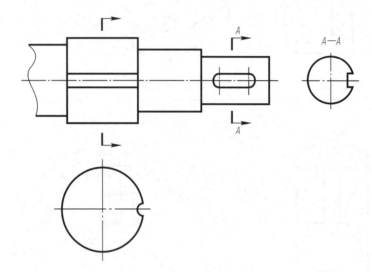
图 6-45 移出断面图中省略剖面符号

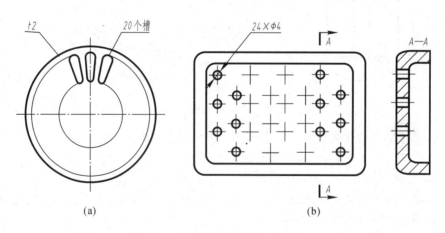

(a)   (b)

图 6-46 相同结构要素的简化画法

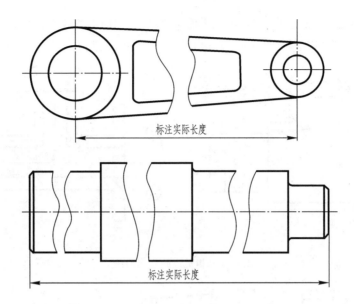

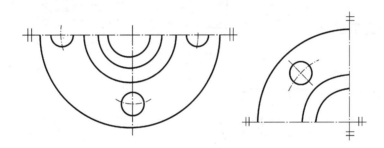

图 6-47　断开画法

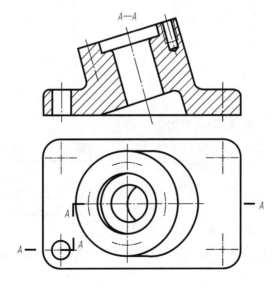

图 6-48　对称图形的画法

图 6-49　较小倾斜角度的圆的简化画法

(9)当图形不能充分表达平面时,可用平面符号(相交的两细实线)表示,如图 6-51 所示。

(10)圆柱形法兰和类似零件上均匀分布的孔,可按图 6-50(b)所示方法表示。

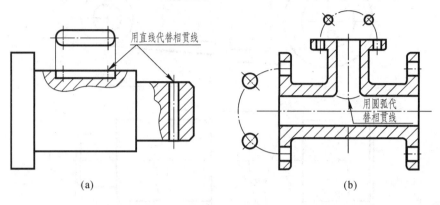

图 6-50　相贯线的简化画法

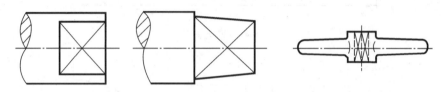

图 6-51　用符号表示平面

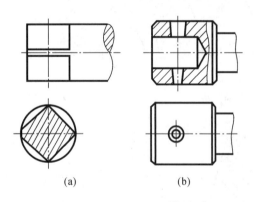

图 6-52　较小结构的简化画法

图 6-53　斜度不大的结构的简化画法

(11)机件上较小的结构,如在一个图形中已表示清楚时,其他图形可简化或省略,如图 6-52 所示。

(12)机件上斜度不大的结构,如在一个图形中已表达清楚时,其他图形可按小端画出,如图 6-53 所示。

(13)当需要表达位于剖切平面前的结构时,这些结构可按假想投影的轮廓线绘制,如图 6-54 所示。

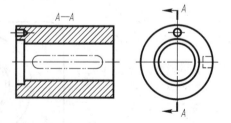

图 6-54　剖切平面前的结构表示法

6.5　表达方法综合运用举例

机件的结构形状多种多样,表达方案也各不相同。在实际运用中,除应根据机件的不同结构特点来恰当地选用表达方法外(见表6-2),还应处理好以下几个具体问题:

表6-2　机件的常用表达方法

分类	视图	适用情况	注意事项
视图	基本视图	用于表达机件的外形。	按规定位置配置各视图时,不加注任何标注,否则要标注。
	向视图	用于表达机件的外形。	按自由位置配置,在向视图的上方标注"X",在相应视图的附近用箭头指明投射方向,并标注相同的字母。
	斜视图	用于表达机件的倾斜部分的外形。	用字母和箭头表示表达的部位和投射方向,在相应视图的上方用相同的字母表示视图名称"X"。
	局部视图	用于表达机件的局部外形。	
剖视图	全剖视图	用于表达机件的整体内形,适用于内形复杂、外形简单、又无对称平面的机件。	用单一剖切面剖切,用几个平行的剖切平面剖切,用几个相交的剖切面(交线垂直于某一基本投影面)剖切,用剖切符号(及剖切线)表示剖切面的位置及剖视图的投射方向,在剖视图的上方用"X—X"标注剖视图的名称,并在剖切面起、迄和转折的外侧标注同样的拉丁字母。
	半剖视图	以对称中心线为界,用于表达具有对称平面的机件的外形和内形。	
	局部剖视图	用于表达机件的局部内形。	
断面图	移出断面图	用来表达机件的某一个断面形状。	用剖切符号或剖切线表示剖切位置和投射方向,并注上字母,在断面图上用同样的字母标出断面图的名称"X—X"。
	重合断面图	用于表达机件的某一断面形状,在不影响图形清晰的情况下采用。	不需标注。
其他	局部放大图	用于表达局部的细小结构。	用细实线圈出被放大的部位,并用罗马数字标出编号,在局部放大图上方标注相应的罗马数字和所采用的相应比例。
	简化画法	共有40多条简化画法规定。	

(1)机件内、外结构形状一般应分别表达,每一图形应有一两个方面的表达重点。例如图6-55中,主视图采用全剖视图,反映了凸台和空腔的贯通情况。

(2)在选用不同表达方案时,为了便于看图,一般应将机件各部分形状集中在少数几个视图上,不宜过于分散。

(3)视图数量。机件的视图数量,取决于机件结构形状的复杂程度,在完整、清晰地表达前提下力求减少视图数量。对尚未表达确切的结构,要适当增加必要的视图。

(4)图样上的虚线问题。图样上应尽可能少画虚线,有关视图中已表达清楚的结构形状,在另外一些视图中为不可见时,虚线要省略不画。

例 6-1 根据图 6-55 所示的轴承座三视图,想象出它的形状,并用适当的表达方法重新画出此轴承座,并调整尺寸的标注。

解 按下列步骤解题,轴承座表达方案如图 6-56 所示。

(1)由图 6-55 所示的三视图想象出轴承座的形状。

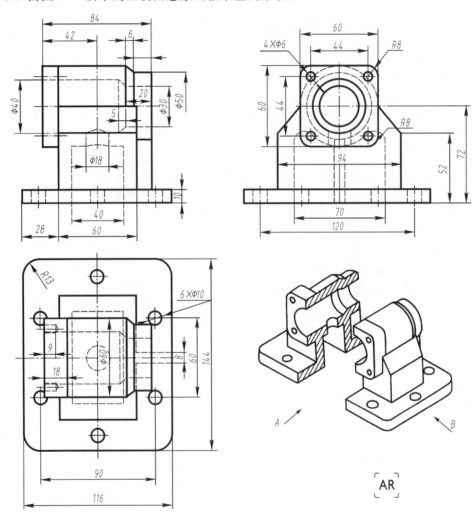

图 6-55　轴承座三视图

先进行粗略地读图,对这个轴承座进行形体分析,想出它的大致形状、结构。由图可知,这个轴承座是左右对称的零件,其主体为安放轴的筒体,左面有方形凸缘,底部有安装板,筒体与安装板之间由具有空腔的支架连接。然后再细致地逐步读懂各个部分的结构形状及尺寸。

筒体的直径大端为 $\phi60$,小端为 $\phi50$。装配轴的圆柱孔直径为 $\phi40$ 和 $\phi30$,其外壁和内壁的大、小端都有圆锥面过渡;筒体下壁有一个 $\phi18$ 通孔与支架的空腔相通。左面的方形凸缘的尺寸为 60×60,厚 18,四个圆角半径为 R8。角上都有直径为 $\phi6$、深 9 的圆柱形盲孔,孔的轴线间的距离在长和高两个方向都为 44。凸缘的四个侧面与主体圆筒的外圆柱面相切。凸缘后面的上半部与主体圆筒相接,下半部与支架相接。

底部安装板的尺寸为 144×116,厚度为 10。四个角都是半径为 R13 的圆角。板上有六个相同的 ϕ10 通孔,图中也注明了这些孔的定位尺寸。

连接筒体与底板的支架由左、右、前、后四个壁面构成。内部空腔是一个下部在底板上开口的矩形腔。空腔顶壁就是主体圆筒上带有 ϕ18 通孔的下壁。顶壁前、后两侧用 R8 的圆柱面与空腔的前、后壁面相切。此外,在支架的右壁与圆筒、底板相接处有一块平行于侧面的肋。

综合上述分析,就可想象出这个轴承座的各个组成部分的形状,再根据它们之间的相对位置,就可想象出轴承座的整体形状,如图 6-55 所示。

(2)选择轴承座表达方案。

首先选择主视图,通常选择最能反映零件内、外结构的形状特征和位置特征方向作为主视图的投影方向,该轴承座初步有 A、B 两个主视投影方向,如图 6-55 所示。选 A 作为主视投影方向,能较好地反映轴承座的形状特征,但其内部结构和位置特征反映不够清楚;如果选 B 作为主视投影方向,则能较好地反映其位置特征,且为了使轴承孔和支架内腔表达得更

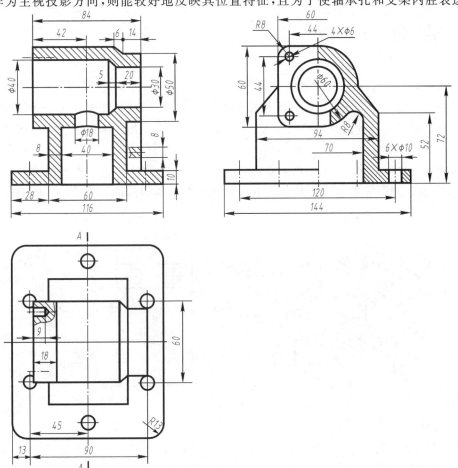

图 6-56　轴承座表达方案

清楚,所以选 B 作为主视投影方向并改画成全剖视图。由于剖切平面按纵向剖切肋,所以被剖切到的肋不画剖面线而用粗实线与筒体、支架和底板分界,并采用重合断面表示出肋板的断面形状。

其他视图选择,因为该轴承座前、后对称,所以左视图采用 A—A 半剖视图,这样既保留外形,又可清晰地表达出被凸缘遮住的筒体以及支架内腔。由于主视图中,已清楚地表达了筒体的小端,而且图中添加的肋板重合断面已显示了肋板的厚度,在左视图中都可省略表示筒体小端和肋板的虚线。

由于主、左两个视图所改成的剖视图已将这个轴承座的内部形状表达清楚了,所以俯视图只要画出外形,仅局部剖开了一个直径为 $\phi6$ 的盲孔即可。轴承座的表达方案如图 6-56 所示。

(3)重新标注尺寸。

根据正确、完整、清晰地标注尺寸的要求,按已经改绘的图形,适当地调整图 6-55 中所标注的尺寸,如筒体上孔 $\phi18$,肋板厚度 8,方形凸缘四角处的 R8 和盲孔 $4\times\phi6$,以及底板上的通孔 $6\times\phi10$ 等。

6.6 第三角画法介绍

GB/T 14692—2008《技术制图 投影法》规定,必要时(如按合同规定等)绘制技术图样允许使用第三角画法。随着国际技术交流和国际贸易日益增长,在实际工作中经常会遇到要阅读和绘制第三角画法的图样的情况,因而也应该对第三角画法有所了解。本节对第三角投影画法作一介绍。

采用第三角画法时,将机件置于第三分角内,即投影面处于观察者与机件之间进行投射,然后按规定展开投影面。在 V 面形成由前向后投射所得到的前视图;在 H 面上形成由

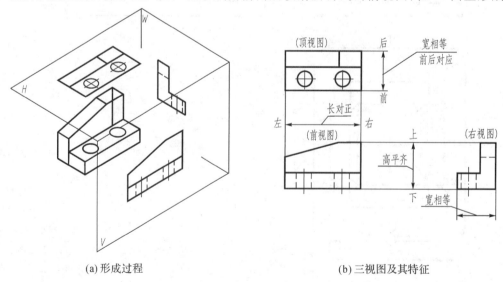

(a) 形成过程   (b) 三视图及其特征

图 6-57 采用第三角画法的三视图

上向下投射所得到的顶视图;在 W 面上形成由右向左投射所得到的右视图。令 V 面保持正立位置不动,将 H 面、W 面分别绕它们与 V 面的交线向上、向右转 $90°$,使这三个面展成同一平面,得到机件的三视图,如图 6-57 所示。采用第三角画法的三视图满足正投影的投影规律:前、顶视图长对正;前、右视图高平齐;顶、右视图宽相等,且前后对应。

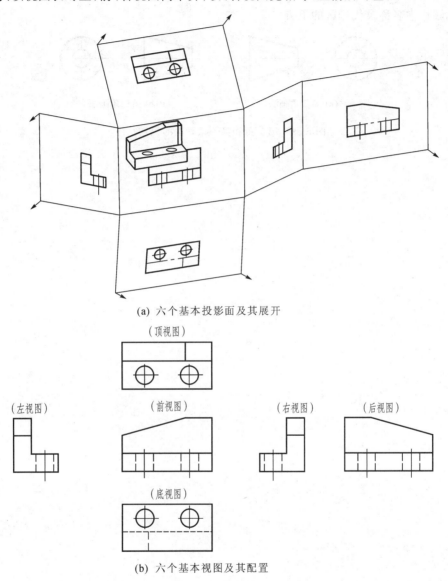

(a) 六个基本投影面及其展开

(b) 六个基本视图及其配置

图 6-58　采用第三角画法的六个基本视图

如图 6-58 所示,除了在图 6-57 中已画出的 V,H,W 三个基本投影面外,还可以再增加与它们相平行的三个基本投影面。在这些投影面上分别得到一个视图,除了前视图、顶视图、右视图以外,还有由左向右投射所得到的左视图,由下向上投射所得到的仰视图,以及由后向前投射所得到的后视图。然后,仍令 V 面保持正立位置不动,将诸投影面按图 6-58 所示展成同一平面。展开后各视图的配置关系如图 6-58 所示。同一图样内按图 6-58 配置视图时,一律不标注视图名称。

按 GB/T 14692—2008 规定,采用第三角画法时,必须在图样中画出如图 6-59(a)所示的第三角画法的识别符号。应注意当采用第一角画法时,在画样中一般不画出第一角画法的识别符号,在必要时才画出如图 6-59(b)所示的第一角画法的识别符号,投影符号一般放置在标题栏中名称及代号区的下方。

(a) 第三角画法   (b) 第一角画法

图 6-59 第三角和第一角画法的识别符号

第7章 标准件和常用件

　　各种机器设备中,除一般的零件外,还大量使用螺钉、螺母、垫圈、键、销、滚动轴承、齿轮、弹簧等零部件进行紧固、连接、支承、传动及减振。由于这些零部件的用途十分广泛,而且用量又大,国家有关部门批准并发布了各种标准件和常用件的相关标准。

　　对于结构、尺寸均已进行标准化的,称为标准件,如螺栓、双头螺柱、螺钉、螺母、垫圈、键、销、滚动轴承等;对于仅将部分结构和参数进行标准化、系列化的,称为常用件,如齿轮、弹簧和花键等。

　　使用标准件和常用件可以提高零部件的互换性,利于装配和维修;便于大批量生产,降低成本;便于设计选用,以避免设计人员的重复劳动和提高绘图效率。

　　本章主要介绍标准件和常用件的有关基本知识、规定画法、代号与标记方法,以及有关标准的查阅方法,为下一阶段绘制和阅读零件图和装配图打下基础。

7.1　螺纹的规定画法和标注

7.1.1　螺纹的形成与加工

1.螺纹的形成

　　螺纹在零件上的应用十分广泛,它是在圆柱或圆锥表面上,沿着螺旋线所形成的具有相同剖面的连续凸起和沟槽。如图7-1所示,在零件外表面上的螺纹称为外螺纹,在零件内表面上的螺纹称为内螺纹。

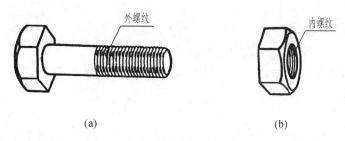

(a)　　　　　　　　　　　　　　　(b)

图 7-1　外螺纹和内螺纹

2.螺纹的加工

加工螺纹的方法很多,一般采用以下几种方法:

(1) 车床加工。图7-2(a)、(b)所示为在车床上加工外螺纹和内螺纹,加工时工件作等

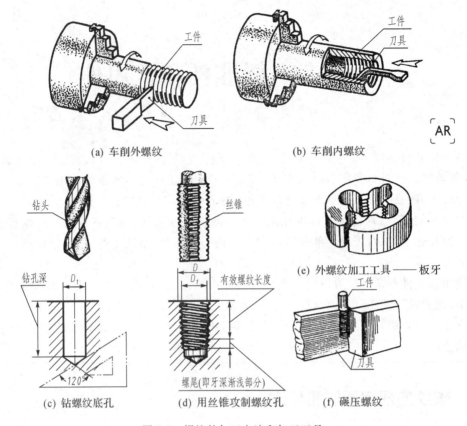

(a) 车削外螺纹   (b) 车削内螺纹

图 7-2 螺纹的加工方法和加工工具

速的旋转运动,刀具则沿着工件轴向作等速直线运动,使刀尖在工件表面切制出螺纹来。

(2) 专用工具加工。在许多零件上加工内螺纹(螺纹孔)时,一般应先用钻头钻出底孔,再用丝锥攻出螺纹。图 7-2(c)、(d)所示为加工螺纹盲孔,钻孔时在孔底形成一个锥坑,锥顶角与钻头顶部相同,按 120°画出。加工外螺纹时,通常用专用工具——板牙套在圆柱表面进行旋制加工,如图 7-2(e)所示。该种方法可以用钻床加工,也可在装配现场手工加工。

(3) 碾压螺纹。图 7-2(f)为碾压螺纹的加工示意图。

7.1.2 螺纹的基本要素

螺纹的结构和尺寸由牙型、直径、螺距、线数及旋向等要素确定,当上述五要素均相同时,内外螺纹可以旋合。

1. 牙型

在通过螺纹轴线的剖面上,螺纹的牙齿轮廓形状称为牙型。它由牙顶、牙底和两牙侧构成,形成一定的牙型角。常见的螺纹牙型有三角形、梯形、锯齿形和矩形等,如表 7-1 所示。螺纹的牙型不同,其用途也不同。

2. 直径

螺纹的直径有大径、小径和中径之分,外螺纹分别用符号 d、d_1 和 d_2 表示;而内螺纹则

用 D、D_1 和 D_2 表示,如图 7-3 所示。

通常用螺纹大径来表示螺纹的规格大小,故螺纹大径又称为公称直径;而用螺纹中径来控制精度。

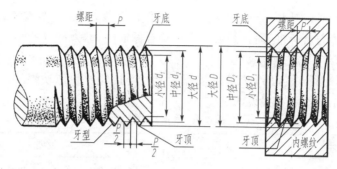

图 7-3　螺纹直径

3. 线数 n

在同一圆柱(或圆锥)表面上形成的螺纹条数称为螺纹线数,用 n 表示。螺纹有单线和多线之分:沿一条螺旋线所形成的螺纹,称为单线螺纹,如图 7-4(a)所示;沿两条或两条以上,且在轴向等距分布的螺旋线所形成的螺纹,称为多线螺纹,如图 7-4(b)所示。

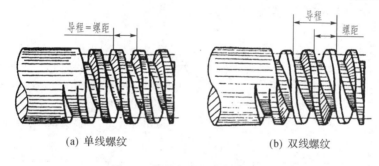

(a) 单线螺纹　　　　　　　　(b) 双线螺纹

图 7-4　螺纹的线数、螺距与导程

4. 螺距 P 和导程 P_h

相邻两牙在中径上对应两点之间的轴向距离称为螺距,用 P 表示。同一条螺旋线上的相邻两牙在中径上对应两点之间的轴向距离称为导程,用 P_h 表示。如图 7-5 所示。螺距、导程、线数的关系为

对于单线:　　　　　　$P_h = P$

对于多线:　　　　　　$P_h = nP$

5. 旋向

螺纹旋向分为右旋(RH)和左旋(LH)两种。

如图 7-5 所示,顺时针旋转时旋入的螺纹为右旋螺纹,逆时针旋转时旋入的螺纹为左旋螺纹。判断方法为,将外螺纹竖直放置,右高左低即为右旋,而左高右低即为左旋。工程上多用右旋螺纹。因此规定在螺纹标记中"RH"不标注。

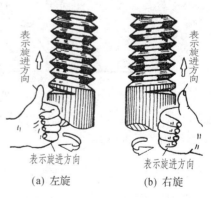

(a) 左旋　　　(b) 右旋

图 7-5　螺纹的旋向

7.1.3 螺纹的分类

国家标准对螺纹的牙型、直径和螺距三要素作出了规定,凡三要素符合标准的螺纹,称为标准螺纹。牙型符合标准,而直径或螺距不符合标准的,称为特殊螺纹。牙型不符合标准的,称为非标准螺纹(如方牙螺纹)。

螺纹种类不仅可按牙型分,也可以按用途分为连接螺纹和传动螺纹两类。表 7-1 列举了常用标准螺纹的分类和有关说明。

表 7-1 常用标准螺纹

种类			牙型符号	牙型图	说明
连接螺纹	普通螺纹	粗牙 细牙	M	三角形牙型 60°	最常用的连接螺纹,在相同的大径下,细牙螺纹较粗牙螺纹的螺距小。 作一般连接多用粗牙,而细牙则适于薄壁连接。
	管螺纹	55°密封管螺纹	R_P R_1 R_C R_2	三角形牙型 55°	包括圆柱内螺纹与圆锥外螺纹(R_P/R_1)、圆锥内螺纹与圆锥外螺纹(R_C/R_2)两种连接形式。 适用于管道、管接头、阀门等处的连接。必要时允许在螺纹副内添加密封物,以保证连接的密封性。
		55°非密封管螺纹	G	三角形牙型 55°	该螺纹本身不具密封性,若要求具有密封性,可采用其他方法。 适用于管道、管接头、旋塞、阀门等处的连接。
传动螺纹	梯形螺纹		Tr	梯形牙型 30°	用于传递运动和动力,如机床丝杠、尾架丝杠等。
	锯齿形螺纹		B	锯齿形牙型 3° 30°	用于传递单向压力,如千斤顶螺杆等。

连接螺纹除上述普通螺纹和管螺纹外还有许多种,诸如公制锥螺纹(ZM)、60°圆锥管螺纹(NPT)、小螺纹(S),以及各种行业专用螺纹等。传动螺纹除上述两种外,还有矩形螺纹,该螺纹为非标准螺纹。

7.1.4　螺纹的规定画法和标记

1. 螺纹的规定画法

对于螺纹的视图,若按其真实的投影来画十分麻烦。为了简化作图,在《机械制图　螺纹及螺纹紧固件表示法》(GB/T 4459.1—1995)中规定了在机械图样中表示螺纹的画法。

基本规定:在非圆投影视图上,螺纹的牙顶用粗实线表示,牙底用细实线表示,倒角或倒圆部分均应画出。在圆投影的视图上,表示牙顶的粗实线圆要画完整,而表示牙底的细实线圆只画 3/4 圈,表示轴或孔上的倒角圆省略不画。螺纹的终止线用粗实线表示。

(1) 外螺纹的画法。外螺纹不论牙型如何,其图线均应按标准的规定绘制(如图 7-6 所示),在图中表现为外粗内细。画图时小径尺寸可以近似地取 $d_1 \approx 0.85d$。

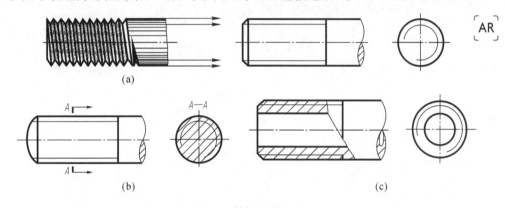

图 7-6　外螺纹的画法

(2) 内螺纹的画法。内螺纹不论牙型如何,其图线也应按标准的规定绘制(如图 7-7 所示),在图中表现为内粗外细。剖视图中剖面线应画到表示牙顶圆投影的粗实线为止。

绘制螺纹盲孔时,应使钻孔深度大于螺纹深度,且孔底顶角为 120°,如图 7-7(b)所示。

当螺纹孔为不可见时,其所有图线均用虚线绘制,如图 7-7(c)所示。

(3) 内、外螺纹连接的画法。在剖视图中,内、外螺纹旋合的部分应按外螺纹的画法绘制,其余部分仍按各自的画法表示,如图 7-8 所示。若为传动螺纹,在啮合处常采用局部剖视表示出几个牙型。

应注意,表示内、外螺纹大径的细实线和粗实线,以及表示内、外螺纹小径的粗实线和细实线必须分别对齐。

(4) 螺纹牙型的表示法。标准螺纹的牙型图一般不必绘制,而对于需要表示或表示非标准螺纹时,通常采用局部剖或局部放大图的方法绘制出几个牙型,如图 7-9 所示。

(5) 螺纹表示法的其他规定。

1) 部分螺孔的表示方法。表示部分螺孔时,在投影为圆的视图中,螺纹的牙底线也应适当空出一段距离,如图 7-10 所示。

2) 螺尾的表示方法。在加工部分长度的螺纹时,由于刀具临近螺纹终止时需要退离工件,而出现吃刀深度逐渐变浅的部分,称为螺尾。通常画螺纹时不画螺尾。当需要表达螺纹收尾时,螺尾部分的牙底线用与轴线成 30°的细实线绘制,如图 7-11 所示。

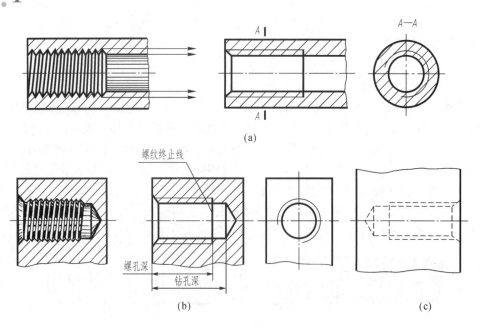

图 7-7 内螺纹的画法

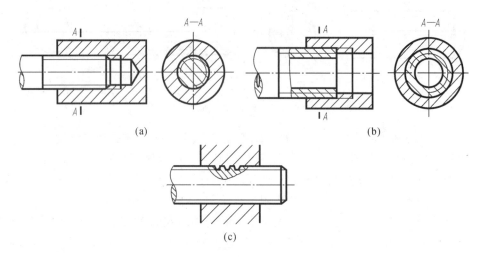

图 7-8 螺纹连接的画法

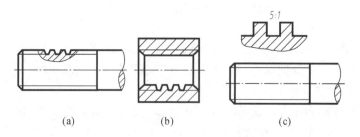

图 7-9 螺纹牙型的表示法

从图 7-11 中可以看出,螺纹终止线是画在有效螺纹终止处,而非画在螺纹尾部的末端。图中所注的螺纹长度 $l(L)$,指不包括螺尾的有效螺纹长度。

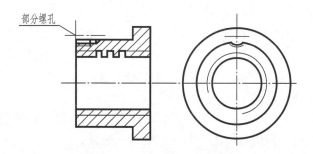

图 7-10　部分螺孔的表示方法

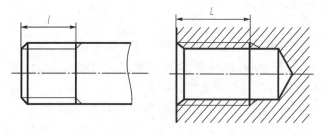

图 7-11　螺尾的表示方法

3）螺孔相贯线的表示方法。在零件上经常会出现螺纹孔相贯的情况。用剖视图表示螺纹孔相贯时，只在钻孔处（牙顶圆）画出粗实线的相贯线，如图 7-12 所示。

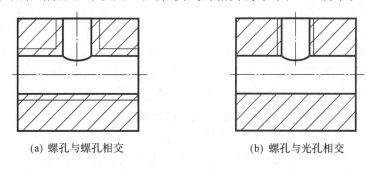

(a) 螺孔与螺孔相交　　　　　　　　(b) 螺孔与光孔相交

图 7-12　螺孔相贯线的表示方法

4）圆锥螺纹的表示方法。圆锥螺纹及锥管螺纹的画法如图 7-13 所示，其非圆投影与普通螺纹画法相同，而圆投影则仅画先看见端的牙底线圆和可见的牙顶线圆。

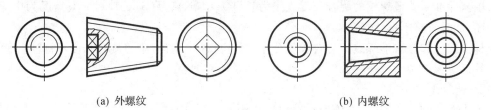

(a) 外螺纹　　　　　　　　　　　　(b) 内螺纹

图 7-13　圆锥螺纹的表示方法

2. 螺纹的规定标记方法

由上可知，各种不同螺纹的画法都是相同的，从图形当中无法区分出螺纹的种类，因此必须通过标注予以明确。

螺纹的规定标记在国家标准中已作出了相应的规定。具体可参阅普通螺纹(GB/T 192—2003、GB/T 193—2003、GB/T 196—2003 及 GB/T 197—2018)、55°密封管螺纹(GB/T 7306.1～2—2000)、55°非密封管螺纹(GB/T 7307—2001)、梯形螺纹(GB/T 5796.1～4—2005)、锯齿形螺纹(GB/T 13576.1～4—2008)。

(1)标准螺纹的标记。完整的螺纹标记由螺纹特征代号、尺寸代号、公差带代号及其他有必要作进一步说明的个别信息组成。其标记格式一般为:

| 螺纹特征代号 | 尺寸代号 | 公差带代号 | (螺纹旋合长度) | 旋向代号 |

1)螺纹特征代号(见表7-1)

2)尺寸代号

单线螺纹的尺寸代号为"公称直径×螺距",对于粗牙普通螺纹一般省略标注螺距项。例如,公称直径为 8mm、螺距为 1mm 的单线细牙普通螺纹标记为:M8×1;公称直径为 8mm、螺距为1.25mm的单线粗牙普通螺纹标记为:M8。

多线螺纹的尺寸代号为"公称直径×Ph 导程 P 螺距",如果需要进一步表明螺纹的线数,可在后面增加括号说明(使用英文进行说明)。例如公称直径为 14mm、螺距为 2mm、导程为 6mm 的三线普通螺纹标记为:

M14×Ph6P2—7H—L—LH 或 M14×Ph6P2(three starts)—7H—L—LH

管螺纹的尺寸代号应书写成整数或分数形式(见表7-2)。

3)公差带代号

普通螺纹的公差带代号包含中径公差带代号和顶径公差带代号。中径公差带代号在前,顶径公差带代号在后。各直径的公差带代号由表示公差等级的数值和表示公差带位置的字母(内螺纹用大写字母,外螺纹用小写字母)组成。若中径和顶径公差带代号不同,应分别注出代号;若中径和顶径公差带代号相同,则只需标注一个代号。

注:普通螺纹公称直径大于或等于 1.6mm 时,外螺纹和内螺纹的公差带代号 6g,6H 省略不标。

梯形螺纹和锯齿形螺纹的公差带代号指中径公差带代号,其标记方法与普通螺纹类似。

55°密封管螺纹和55°非密封管螺纹无公差带代号项,但55°非密封外管螺纹应标注公差等级代号 A 或 B。

4)螺纹旋合长度

国家标准对普通螺纹的旋合长度规定为长(L)、中(N)、短(S)三种。一般情况为中等旋合长度,此时省略不标注"N"。

梯形螺纹和锯齿形螺纹的旋合长度分中(N)和长(L)两种,中等旋合长度不标注。

管螺纹无此项。

5)旋向代号

对于右旋螺纹不标注,左旋螺纹则应加注旋向代号"LH"。

常见标准螺纹的标记和标注示例见表7-2。

表 7-2 常用标准螺纹的标记和标注示例

螺纹种类		标记示例	标注示例	说 明
普通螺纹		M30×2—5g6g —S—LH	*M30×2—5g6g—S—LH*	表示公称直径为 30mm 的细牙普通外螺纹,其螺距为 2mm,旋向为左旋,中径公差带代号为 5g,顶径公差带代号为 6g,短旋合长度。
		M20—7H	*M20—7H*	表示公称直径为 20mm 的粗牙普通内螺纹,其螺距为 2.5mm,旋向为右旋,中径公差带代号和顶径公差带代号均为 7H,中等旋合长度。
55° 密封管螺纹	圆柱内螺纹	$R_P 1LH$	*$R_p 1LH$*	表示尺寸代号为 1,55°螺纹密封的圆柱内管螺纹,旋向为左旋。
	圆锥内螺纹	$R_c 1/2$	*$R_c 1/2$*	表示尺寸代号为 1/2,55°螺纹密封的圆锥内管螺纹。
	圆锥外螺纹	$R_2 1/2$	*$R_2 1/2$*	表示尺寸代号为 1/2,55°螺纹密封的,与圆锥内管螺纹配合的圆锥外管螺纹。 注:R_2 为与圆柱内螺纹配合的圆锥外螺纹。
55° 非密封管螺纹	内螺纹	G1	*G1*	表示尺寸代号为 1,55°非螺纹密封的内管螺纹。
	外螺纹	G3/4B	*G3/4B*	表示尺寸代号为 3/4,55°非螺纹密封的 B 级外管螺纹。

续表

螺纹种类		标记示例	标注示例	说　明
梯形螺纹	单线	Tr40×7—7e	*Tr40×7—7e*	表示公称直径为40mm的单线梯形外螺纹,其螺距为7mm,旋向为右旋,中径公差带代号为7e,中等旋合长度。
	多线	Tr40×Ph14 P7—8e—L—LH	*Tr40×Ph14P7—8e—L—LH*	表示公称直径为40mm的双线梯形外螺纹,其螺距为7mm,导程为14mm,旋向为左旋,中径公差带代号8e,长旋合长度。
锯齿形螺纹		B90×12—7e—LH	*B90×12—7e—LH*	表示公称直径为90mm的单线锯齿形外螺纹,其螺距为12mm,旋向为左旋,中径公差带代号为7e,中等旋合长度。

(2) 螺纹副的标注。对于普通螺纹、梯形螺纹、锯齿形螺纹的螺纹副,其配合公差带代号用斜线分开,左边表示内螺纹的公差带代号,右边表示外螺纹的公差带代号,例如 M14×1.5—6H/6f,Tr40×Ph14P7—7H/7e,标注示例见图7-14。

55°密封管螺纹的螺纹副有两种形式,标记时将其螺纹特征代号用斜线分开,左边表示内螺纹,右边表示外螺纹,尺寸代号只书写一次,例如 $R_P/R_1 1/2$,$Rc/R_2 1/2$。

55°非密封管螺纹的螺纹副,仅需标注外螺纹的标记代号。

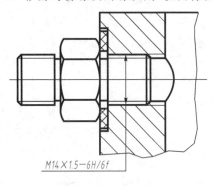

M14×1.5—6H/6f

图 7-14　螺纹副的标注

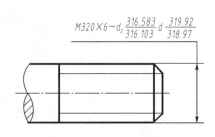

$M320×6-d_2 \frac{316.583}{316.103} d \frac{319.92}{318.97}$

图 7-15　特殊螺纹的标注

(3) 特殊螺纹和非标准螺纹的标注。对于特殊螺纹的标注,应在螺纹代号之前加注"特"字,必要时应注出极限尺寸(如图7-15所示)。

对于非标准螺纹,通常应画出螺纹的牙型,并注出所需要的尺寸和有关要求,如图7-16所示。

对于三要素均符合标准,但其极限偏差不符合标准的螺纹,如图 7-17 所示。

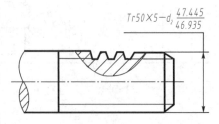

$Tr50×5-d_2 \frac{47.445}{46.935}$

图 7-16　非标准螺纹的标注(一)

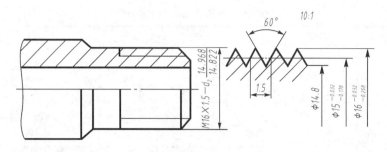

图 7-17　非标准螺纹的标注(二)

7.2　常用螺纹紧固件的规定画法和标注

　　工程上应用最广泛的可拆连接方式是螺纹紧固件连接。螺纹紧固件的种类很多,国家标准中对各种螺纹紧固件的结构形式、尺寸大小、表示方法和表面质量等均作出了相应的规定。常用的螺纹紧固件有螺栓、螺柱、螺钉、螺母、垫圈等,如图 7-18 所示,使用时一般无须画出它们的零件图。

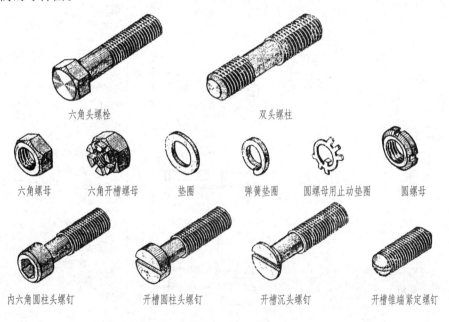

六角头螺栓　　　　　　　　双头螺柱

六角螺母　　六角开槽螺母　　垫圈　　弹簧垫圈　　圆螺母用止动垫圈　　圆螺母

内六角圆柱头螺钉　　开槽圆柱头螺钉　　开槽沉头螺钉　　开槽锥端紧定螺钉

图 7-18　常见的螺纹紧固件

7.2.1　常用螺纹紧固件及其标记(GB/T 1237—2000)

　　表 7-3 列出了常用的几种紧固件的名称、标准代号、图例及标记方法。

表 7-3　常用紧固件及其标记

序号	名称	标准代号	图例和标注	标记示例
1	六角头螺栓	GB/T 5782—2016	M12 50	螺纹规格 $d=$ M12，公称长度 $l=50$，性能等级为 8.8 级，表面氧化、杆身半螺纹，产品等级为 A 级的六角头螺栓： 螺栓　GB/T 5782 M12×50
2	双头螺柱	GB/T 897—1988 GB/T 898—1988 GB/T 899—1988 GB/T 900—1988	50　M12	两端均为粗牙普通螺纹，螺纹规格 $d=$ M12，公称长度 $l=50$，性能等级为 4.8 级，不经表面处理、A 型、$b_m=1.5d$ 的双头螺柱： 螺柱 GB/T 899 AM12×50
3	内六角圆柱头螺钉	GB/T 70.1—2008	M10 45	螺纹规格 $d=$ M10，公称长度 $l=45$，性能等级为 8.8 级，表面氧化的内六角圆柱头螺钉： 螺钉　GB/T 70.1 M10×45
4	开槽圆柱头螺钉	GB/T 65—2016	M10 45	螺纹规格 $d=$ M10，公称长度 $l=45$，性能等级为 4.8 级，不经表面处理的开槽圆柱头螺钉： 螺钉　GB/T 65 M10×45
5	开槽盘头螺钉	GB/T 67—2016	M10 45	螺纹规格 $d=$ M10，公称长度 $l=45$，性能等级为 4.8 级，不经表面处理的开槽盘头螺钉： 螺钉　GB/T 67 M10×45
6	开槽沉头螺钉	GB/T 68—2016	M10 50	螺纹规格 $d=$ M10，公称长度 $l=50$，性能等级为 4.8 级，不经表面处理的开槽沉头螺钉： 螺钉　GB/T 68 M10×45
7	开槽锥端紧定螺钉	GB/T 71—2018	M8 40	螺纹规格 $d=$ M8，公称长度 $l=40$，性能等级为 14H 级，表面氧化的开槽锥端紧定螺钉： 螺钉　GB/T 71　M8×40

序号	名称	标准代号	图例和标注	标记示例
8	开槽长圆柱端紧定螺钉	GB/T 75—2018	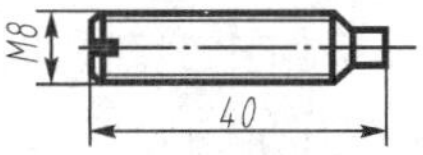	螺纹规格 d＝M8，公称长度 l＝40，性能等级为 14H 级，表面氧化的开槽长圆柱端紧定螺钉： 螺钉　GB/T 75 M8×40
9	1 型六角螺母	GB/T 6170—2015	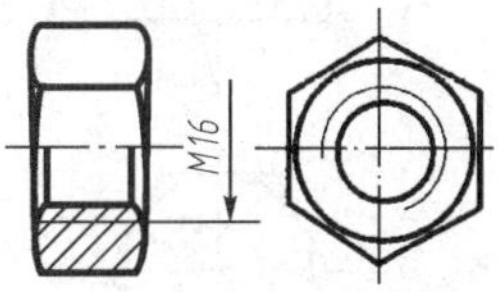	螺纹规格 D＝M16，性能等级为 8 级，不经表面处理、产品等级为 A 级的 1 型六角螺母： 螺母　GB/T 6170 M16
10	1 型六角开槽螺母	GB/T 6178—1986	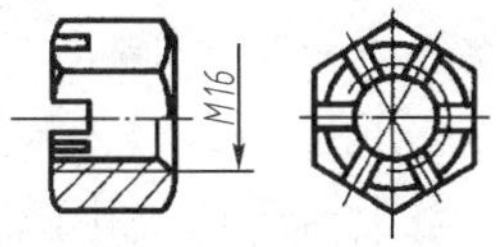	螺纹规格 D＝M16，性能等级为 8 级，表面氧化、A 级的 1 型开槽螺母： 螺母　GB/T 6178 M16
11	平垫圈	GB/T 97.1—2002	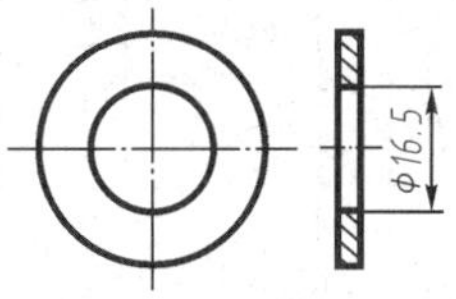	标准系列、规格 16mm，性能等级为 140HV 级，不经表面处理的平垫圈： 垫圈　GB/T 97.1 16
12	标准型弹簧垫圈	GB/T 93—1987	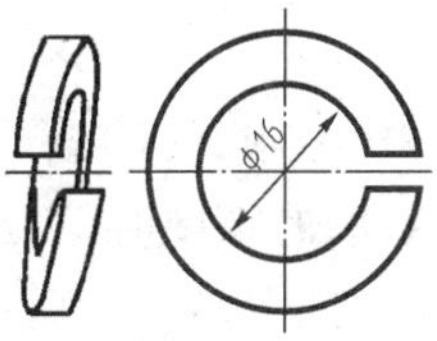	规格 16mm、材料为 65Mn、表面氧化的标准型弹簧垫圈： 垫圈　GB/T 93 16

由上表可总结出一般螺纹紧固件的标记格式为：

| 紧固件名称 | 标准代号 | 形式代号 | 规格代号 | -性能代号 |

注：当只有一种形式及性能要求时，不标注相应代号。具体的标记格式在标准中均有标注示例。

7.2.2　常用螺纹紧固件的画法

对于已经标准化了的螺纹紧固件，虽然一般不需要单独绘制其零件图，但在装配图中会有很多时候需要画它，因此，还必须掌握紧固件的画法。通常，螺纹紧固件的绘制方法按照其尺寸来源的不同,分为比例画法和查表画法两种。但目前在许多 CAD 软件中,紧固件等标准零件可以直接从图库调用,使用非常方便。

1. 比例画法

为了提高画图速度,在知道了紧固件的规格(直径 d,D)后,就可以按照一定的比例关系来画图,这种方法称为比例画法。采用比例画法时,紧固件的有效长度按被连接件的厚度决定,并且按照实际长度画出,如图 7-19 所示。

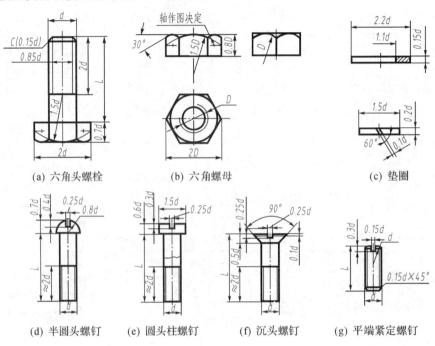

(a) 六角头螺栓   (b) 六角螺母   (c) 垫圈

(d) 半圆头螺钉   (e) 圆头柱螺钉   (f) 沉头螺钉   (g) 平端紧定螺钉

图 7-19 常用螺纹紧固件的比例画法

2. 查表画法

根据紧固件的标记,在标准中(见附录三)查得各有关尺寸后进行作图。例如需要绘制下列六角头螺栓、六角螺母和平垫圈的视图时,可从附录的相应标准中查得其主要尺寸。

(1)螺栓 GB/T 5782 M12×50。由 GB/T 5782—2016 中查得:螺栓直径 $d=12$,螺纹长度 $b=30$,螺栓杆部长 $l=50$,六角头的对角距 $e_{min}=20.03$,对边距 $s=18$,厚度 $k=7.5$。

(2)螺母 GB/T 6170 M12。由 GB/T 6170—2015 中查得:螺纹规格 $D=12$,六角头的对角距 $e_{min}=20.03$,对边距 $s=18$,厚度 $m=10.8$。

(3)垫圈 GB/T 97.1 12。由 GB/T 97.1—2002 中查得:规格为 12 的垫圈的内径 $d_1=13$,外径 $d_2=24$,厚度 $h=2.5$。

根据上述尺寸,即可绘制出它们的视图,如图 7-20 所示。

7.2.3 螺纹紧固件的连接画法(GB/T 4459.1—1995)

通常螺纹紧固件的连接形式分为螺栓连接、螺柱连接和螺钉连接三类。

绘图时应遵守下列基本规定:

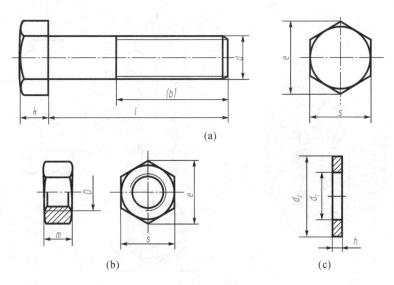

图 7-20　螺栓、螺母、垫圈的视图

（1）零件的接触表面只画一条轮廓线，而凡不接触的相邻表面（无论间隙多小）应画出两条轮廓线。

（2）在剖视图、断面图中，相邻两零件的剖面线应画成不同方向或同向而不同间距，加以区别。同一零件在各个剖视、断面图中，其剖面线方向和间距必须相同。

（3）当剖切平面通过紧固件的轴线时，这些零件都按不剖绘制。

1. 螺栓连接

螺栓连接一般适用于两个不太厚并允许钻成通孔的零件连接，可承受较大的力，由螺栓、螺母和垫圈配套使用，如图 7-21（a）所示。连接前，先在两个被连接件上钻出通孔，通孔的直径一般取 $1.1d$；将螺栓从一端穿入孔中，然后在另一端加上垫圈、拧紧螺母，如图 7-21（b）所示。

从图中可以看出，螺栓的长度 l 应符合下列关系：

$$l = \delta_1 + \delta_2 + h + m + a$$

式中：δ_1，δ_2——被连接件的厚度；

　　　h——垫圈厚度，$h = 0.15d$；

　　　m——螺母厚度，$m = 0.8d$；

　　　a——螺栓伸出长度，$a = (0.2 \sim 0.3)d$。

选择螺栓规格时，先按上式计算出长度，再查标准选取最接近的标准值。

画螺栓连接图时注意：螺栓上的螺纹终止线应画出，表示螺母还有拧紧的余地，而两个被连接件之间无间隙存在。

2. 螺柱连接

螺柱连接一般适用于两个被连接件中有一个零件较厚或不允许钻成通孔时采用；螺柱连接可承受较大的力，允许频繁拆卸。它由螺柱、螺母和垫圈配套使用，如图 7-22（a）所示。连接前，先在较厚零件上加工出螺孔，在另一较薄零件上加工出通孔（通孔直径取 $1.1d$），如图 7-22（b）所示；然后将双头螺柱的旋入端旋紧在螺孔内，如图 7-22（c）所示；再在螺柱的另

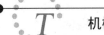

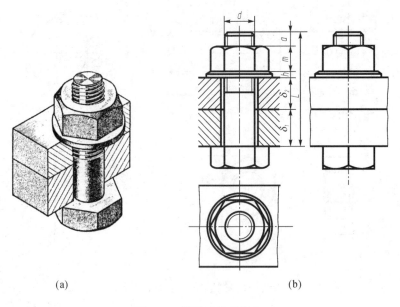

(a)   (b)

图 7-21　螺栓连接的画法

一端套上带孔的薄零件，加上垫圈、拧紧螺母，如图 7-22(d)所示。

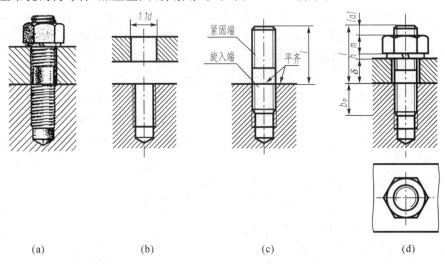

(a)   (b)   (c)   (d)

图 7-22　双头螺柱连接的画法

从图中可以看出，螺柱的长度 l 应符合：

$$l = \delta + h + m + a$$

式中：δ——薄零件的厚度；

　　　h——垫圈厚度，$h = 0.2d$；

　　　m——螺母厚度，$m = 0.8d$；

　　　a——螺栓伸出长度，$a = (0.2 \sim 0.3)d$。

选择螺柱规格时，先按上式计算出长度，再查标准选取最接近的标准值。

绘制螺柱连接时应注意以下几点：

（1）螺柱的旋入端 b_m 与被连接件的材料有关（见附表 3-2）：

$b_m=1d$　　　　　（用于钢、青铜、硬铝）

$b_m=1.25d$ 或 $1.5d$（用于铸铁）

$b_m=2d$　　　　　（用于铝合金、有色金属较软材料）

（2）螺柱旋入端的螺纹终止线应与结合面平齐，表示旋入端全部旋入螺孔内，已足够拧紧。

（3）零件上螺孔的深度应大于旋入端的螺纹长度 b_m，通常取螺孔深为 $b_m+0.5d$，钻孔深为 b_m+d。

（4）弹簧垫圈用作防松，其外径比普通平垫圈小，一般取 $1.5d$。表示开槽的两条斜线允许用一条加粗线代替。

在装配图中，螺栓连接和螺柱连接常采用如图 7-23 所示的简化画法，将螺杆部分的倒角，以及螺母和六角头上因倒角而产生的截交线省略不画，有时也将钻孔深度省去不画。

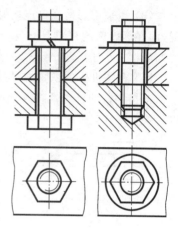

图 7-23　简化画法

3. 螺钉连接

螺钉按用途分为连接螺钉和紧定螺钉两类。

连接螺钉一般用于受力不大而又不需经常拆卸的零件连接中。它的两个被连接件，较厚的零件加工出螺孔，较薄的零件加工出通孔；将螺钉穿过通孔拧入螺孔当中，靠螺钉头部的压紧使两个零件连接起来，如图7-24 所示。这种连接方法拧入端的画法与螺柱连接相类似。

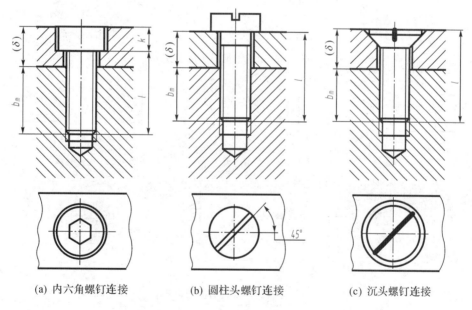

(a) 内六角螺钉连接　　　(b) 圆柱头螺钉连接　　　(c) 沉头螺钉连接

图 7-24　螺钉连接的画法

螺钉的公称长度 l，可先按下列公式计算后，再查标准选取标准值：

$$l=\delta+b_m-k'$$

式中：δ——沉孔零件的厚度；

b_m——螺纹的拧入深度,可根据零件的材料确定;

k'——沉孔的深度,可在 GB/T 152.4—1988 中选取。

画螺钉连接时应注意以下几点:

(1)螺钉的螺纹终止线不能与结合面平齐,应画在结合面的上方(光孔零件内),表示螺钉还有拧紧余地,以保证连接紧固。

(2)螺钉头部与沉孔、螺钉杆部与通孔之间分别应有间隙,应画出两条轮廓线。但对于沉头螺钉,则应注意锥面处只画一条轮廓线。

(3)当采用开槽螺钉连接时,一字槽的画法为:在非圆视图上槽位于螺钉头部的中间位置,而在圆投影的视图上槽应与水平成 45°绘制,如果需要绘制左视图,一字槽也画在中间位置。当槽宽小于等于 2mm 时,可涂黑表示。

(4)在圆投影的视图中,螺钉头部及其槽的倒角投影一般省略不画。

连接螺钉的种类很多,一般按照螺钉的头部和扳拧形式来划分,图 7-25 所示为常见的螺钉头部形式,图 7-26 所示为常见的螺钉扳拧形式。

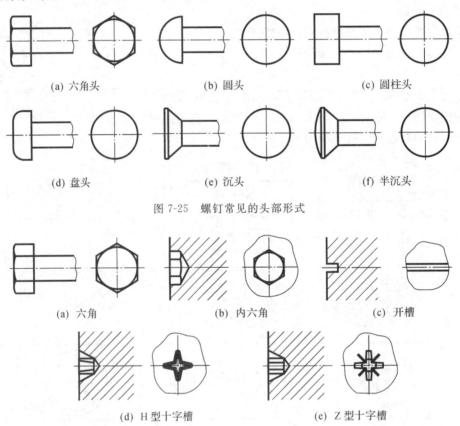

(a) 六角头　　　　　　(b) 圆头　　　　　　(c) 圆柱头

(d) 盘头　　　　　　(e) 沉头　　　　　　(f) 半沉头

图 7-25　螺钉常见的头部形式

(a) 六角　　　　　　(b) 内六角　　　　　　(c) 开槽

(d) H 型十字槽　　　　　　(e) Z 型十字槽

图 7-26　螺钉常见的扳拧形式

紧定螺钉用来固定两零件的相对位置。如图 7-27 所示,要想将轴和轮固定在一起,可先在轮毂的适当位置处加工出螺孔,然后将轮和轴装配起来,以螺孔导入钻出锥坑,最后拧入紧定螺钉,使轮和轴的相对位置固定,保证在运动时不致产生轴向移动。

紧定螺钉的种类也比较多,一般按照螺钉的末端形式来划分,常见的紧定螺钉末端形式有倒角端、平端、圆柱端、锥端等。

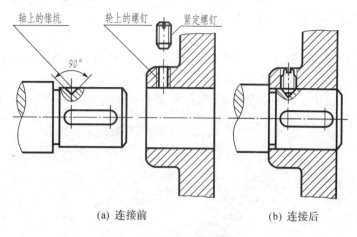

(a) 连接前　　　　　　　　　　(b) 连接后

图 7-27　紧定螺钉连接的画法

7.3　齿轮的几何要素和规定画法

7.3.1　齿轮的作用与种类

　　齿轮是用来传递动力和运动的零件,可以变换速度和改变运动方向,是机器中应用最广泛的传动零件之一。

　　齿轮传动的种类很多,常见的有以下四种(如图 7-28 所示):

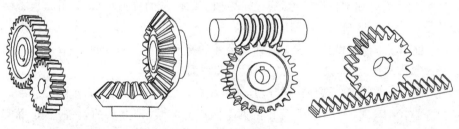

(a) 圆柱齿轮传动　　(b) 圆锥齿轮传动　　(c) 蜗杆蜗轮传动　　　(d) 齿轮齿条传动

图 7-28　齿轮传动

　　(1)圆柱齿轮传动——用于平行两轴之间的传动。

　　(2)圆锥齿轮传动——用于两相交轴之间的传动。

　　(3)蜗杆蜗轮传动——用于两交叉轴之间的传动。

　　(4)齿轮齿条传动——用于直线运动和旋转运动之间的转换。

　　齿轮可分为轮齿和轮体两个部分。轮体由齿盘、幅板(条)和轮毂组成。轮齿有标准齿和非标准齿之分,具有标准齿的齿轮称为标准齿轮。轮齿的齿廓曲线有渐开线、圆弧和摆线三种,本节主要介绍渐开线齿形的标准齿轮的有关规定。

7.3.2 直齿圆柱齿轮

圆柱齿轮的外形为圆柱形,它的传动形式有外啮合传动和内啮合传动两种,轮齿有直齿、斜齿、人字齿等。下面重点讨论直齿圆柱齿轮。

1.直齿圆柱齿轮轮齿的各部分名称、代号及主要参数(见图 7-29)

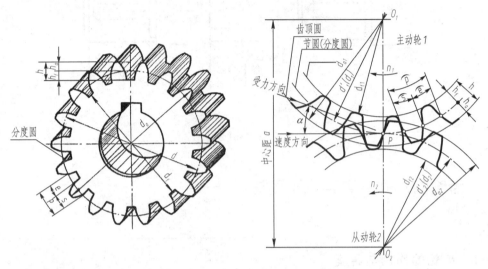

图 7-29 直齿圆柱齿轮各部分名称和代号

(1)齿顶圆 d_a。在圆柱齿轮上,通过轮齿顶部的圆柱面称为齿顶圆柱面,齿顶圆柱面与端平面的交线称为齿顶圆,其直径用 d_a 表示。

(2)齿根圆 d_f。在圆柱齿轮上,通过轮齿根部的圆柱面称为齿根圆柱面,齿根圆柱面与端平面的交线称为齿根圆,其直径用 d_f 表示。

(3)分度圆 d。齿轮设计和加工时计算尺寸的基准圆称为分度圆,用 d 表示其直径。它位于齿顶圆和齿根圆之间,是一个约定的假想圆柱面。

(4)节圆 d'。两齿轮啮合时,位于连心线 O_1O_2 上的两齿接触点 p 称为节点。分别以 O_1、O_2 为圆心,O_1P、O_2P 为半径所作出的两个圆称为节圆(即节点的轨迹)。正确安装的标准齿轮的节圆与分度圆重合,即 $d' = d$。

(5)齿高 h。轮齿在齿顶圆与齿根圆之间的径向距离为齿高。齿高分为齿顶高和齿根高两段($h = h_a + h_f$)。

齿顶高指齿顶圆与分度圆之间的径向距离,用 h_a 表示。

齿根高指分度圆与齿根圆之间的径向距离,用 h_f 表示。

(6)齿距 p。分度圆上相邻两齿廓对应两点之间的弧长称为齿距。对于标准齿轮,分度圆上齿厚 s 与槽宽 e 相等,故有以下关系式:

$$p = s + e = 2s = 2e$$

或 $$s = e = p/2$$

(7)齿数 z。齿轮上轮齿的总数称为齿数,用 z 表示,它是齿轮计算的主要参数之一。

(8) 模数 m。在齿轮上有多少个齿(齿数 z),就会有多少个齿距(p),因此分度圆的周长为

$$\pi d = pz$$

所以　　　　　$d = pz/\pi$

令　　　　　$p/\pi = m$

则　　　　　$d = mz$

式中 m 称为齿轮的模数,它以毫米为单位。模数是设计、制造齿轮的一个重要参数,为了简化和统一齿轮的轮齿规格,提高齿轮的互换性,以及便于齿轮的加工、修配,减少齿轮刀具的规格品种,国家标准对齿轮的模数作出了统一规定,见表 7-4。

表 7-4　圆柱齿轮的模数(GB/T 1357—2008)　　　　　(mm)

第一系列	1,1.25,1.5,2,2.5,3,4,5,6,8,10,12,16,20,25,32,40
第二系列	1.75,2.25,2.75,(3.25),3.5,(3.75),4.5,5.5,6.5,7,9,(11),14,18,22

注:1. 选用圆柱齿轮模数时,应优先选用第一系列,其次选用第二系列,括号内的尽可能不用。

　　2. 对于斜齿圆柱齿轮模数是指法向模数 m_n。

(9) 压力角和齿形角 α。如图 7-29 所示,轮齿在分度圆上啮合点 P 的受力方向(渐开线的法线方向)与该点的瞬时速度方向(分度圆的切线方向)所夹的锐角 α 称为压力角,标准规定压力角 $\alpha = 20°$。

齿形角指加工齿轮用的基本齿条的法向压力角。故齿形角也为 $20°$,也用 α 表示。

(10) 中心距 a。两圆柱齿轮轴线之间的距离称为中心距。

2. 直齿圆柱齿轮基本尺寸的计算

齿轮轮齿各部分的尺寸都是根据模数来确定的。标准直齿圆柱齿轮的各基本尺寸计算公式见表 7-5。

表 7-5　标准直齿圆柱齿轮各基本尺寸的计算公式

基本参数模数 m 和齿数 z,根据设计确定			
序号	名　称	符号	计算公式
1	齿距	p	$p = \pi m$
2	齿顶高	h_a	$h_a = m$
3	齿根高	h_f	$h_f = 1.25m$
4	齿高	h	$h = 2.25m$
5	分度圆直径	d	$d = mz$
6	齿顶圆直径	d_a	$d_a = m(z+2)$
7	齿根圆直径	d_f	$d_f = m(z-2.5)$
8	中心距	a	$p = \frac{1}{2}m(z_1 + z_2)$

3. 直齿圆柱齿轮的画法

（1）单个直齿圆柱齿轮的画法。齿轮的轮齿部分应按 GB/T 4459.2—2003 的规定绘制（见图 7-30）。

1）齿顶圆和齿顶线用粗实线绘制。

2）分度圆和分度线用细点画线绘制，并且分度线应超出齿轮两端面 2～3mm。

3）齿根圆和齿根线用细实线绘制或省略不画；在剖视图中，齿根线用粗实线绘制，并且不可省略。

4）在剖视图中，当剖切平面通过齿轮的轴线时，轮齿一律按不剖处理。

5）表示齿轮一般用两个视图，或者用一个视图和一个局部视图。通常将非圆的剖视图或半剖视图作为主视图，并将轴线水平放置。

除轮齿部分外，其余轮体的结构均按真实投影绘制，其结构和尺寸由设计要求确定。

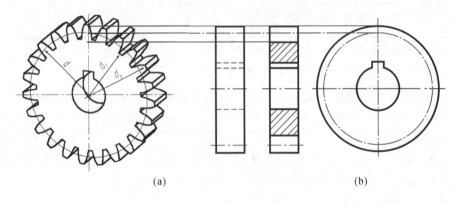

(a)   (b)

图 7-30　直齿圆柱齿轮的画法

（2）两直齿圆柱齿轮啮合的画法。两齿轮啮合时，除啮合区外，其余部分均按单个齿轮绘制。啮合区按以下规定绘制：

1）在垂直于圆柱齿轮轴线的投影面的视图中，啮合区内的齿顶圆均用粗实线绘制或省略不画，见图 7-31(a)、(b)。

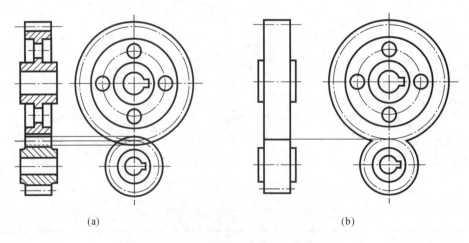

(a)   (b)

图 7-31　直齿圆柱齿轮啮合的画法

2）在平行于圆柱齿轮轴线的投影面的视图中，啮合区的齿顶线不需画出，节线用粗实线绘制，其他处的节线用细点画线绘制，见图 7-31（b）。

3）在剖视图中，当剖切平面通过两啮合齿轮的轴线时，在啮合区内，将一个齿轮的轮齿用粗实线画出，另一个齿轮的轮齿被遮挡的部分用虚线绘制，也可省略不画；一齿轮的齿顶线与另一齿轮的齿根线之间应留有间隙，见图 7-31（a）。

4. 斜齿圆柱齿轮简介

斜齿圆柱齿轮与直齿圆柱齿轮的区别在于其轮齿排列方向与齿轮轴线间有一个倾斜角 β（螺旋角）（见图 7-32），其画法与直齿圆柱齿轮的画法类似，仅需在其非圆外形视图上画出三条互相平行，并与水平成 β 角的细实线（表示齿线的方向），如图 7-33 所示。

由于轮齿倾斜，轮齿端面齿形与轮齿法向截面的齿形不同，因此斜齿轮有端面齿距 p_t 和法向齿距 p_n，与之相对应的也就有端面模数 m_t 和法向模数 m_n，故此斜齿轮的尺寸计算与直齿圆柱齿轮的尺寸计算有所不同，绘制零件图时应查阅相应标准。

图 7-32　斜齿圆柱齿轮

例 7-1　已知一直齿圆柱齿轮的模数为 3mm，齿数为 26，并已知该齿轮轮齿之外的结构和尺寸，试绘制齿轮零件图。

解　（1）计算各主要尺寸。

$h_a = m = 3$（mm）

$h_f = 1.25m = 1.25 \times 3 = 3.75$（mm）

$h = h_a + h_f = 6.75$（mm）

$d = mz = 3 \times 26 = 78$（mm）

$d_a = m(z+2) = 3 \times (26+2) = 84$（mm）

$d_f = m(z-2.5) = 3 \times (26-2.5) = 70.5$（mm）

（2）绘制齿轮零件图（见图 7-34）。

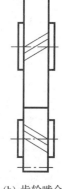

（a）单个齿轮　　（b）齿轮啮合

图 7-33　斜齿圆柱齿轮的画法

7.3.3　直齿圆锥齿轮

1. 直齿圆锥齿轮各部分的名称、代号

直齿圆锥齿轮通常用于交角为 90°的两轴之间的传动。图 7-35 所示为锥齿轮的各部分名称及代号。

2. 直齿圆锥齿轮基本尺寸的计算

由于锥齿轮的轮齿分布在圆锥表面，故其轮齿的厚度和高度都沿着齿宽方向逐渐地变化，因此锥齿轮的模数是变化的。为了计算和制造方便，规定锥齿轮的大端端面模数为标准模数（见表 7-6），以它作为计算其他各部分尺寸的基本参数（见表 7-7）。

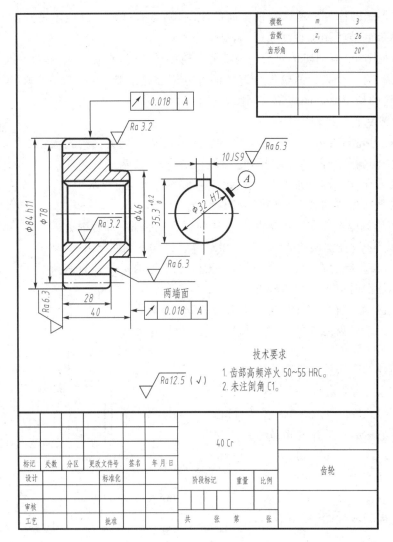

模数	m	3
齿数	z_i	26
齿形角	α	20°

图 7-34 直齿圆柱齿轮零件图

注:在齿轮零件图中,齿顶圆直径和分度圆直径必须直接注出,而齿根圆直径不需标注;在零件图的右上角应画出参数表,并注写模数、齿数、齿形角、精度等级等基本参数。

表 7-6 锥齿轮大端端面模数(摘自 GB/T 12368—1990)   (mm)

1	1.125	1.25	1.375	1.5	1.75	2	2.25	2.5	2.75
3	3.25	3.5	3.75	4	4.5	5	5.5	6	6.5
7	8	9	10	11	12	14	16	18	20
22	25	28	30	32	36	40	45	50	

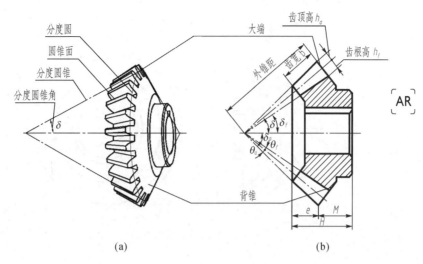

图 7-35 直齿圆锥齿轮各部分名称和代号

表 7-7 直齿锥齿轮各部分尺寸的计算公式

序号	名称	代号	公　式
1	模数	m	大端端面模数,取标准值
2	齿数	z	z_1 为小齿轮齿数,z_2 为大齿轮齿数
3	齿形角	α	$\alpha=20°$
4	分度圆锥角	δ	$\tan\delta_1=z_1/z_2$　$\delta_2=90°-\delta_1$
5	齿顶高	h_a	$h_a=m_e$
6	齿根高	h_f	$h_f=1.2m$
7	齿高	h	$h=2.2m$
8	分度圆直径	d	$d=mz$
9	齿顶圆直径	d_a	$d_a=m(z+2\cos\delta)$
10	齿根圆直径	d_f	$d_f=m(z-2.4\cos\delta)$
11	顶锥角	δ_a	$\delta_a=\delta+\theta_a$
12	根锥角	δ_f	$\delta_f=\delta-\theta_f$
13	齿宽	b	$b\leqslant R/3$

注:以上各尺寸均是大端尺寸。

3. 直齿圆锥齿轮的画法

(1) 单个锥齿轮的画法(见图 7-36)。在投影为非圆的视图中,通常采用剖视图,轮齿按不剖处理,用粗实线绘制齿顶线和齿根线,用点画线绘制分度线,并超出端面 2～3mm。

1) 在圆投影的视图中,用粗实线绘制大端和小端的齿顶圆,用点画线绘制大端的分度圆,小端分度圆不画,齿根圆省略不画。该视图也可采用仅画表达键槽轴孔的局部视图。

2) 单个锥齿轮的画图步骤见图 7-37。

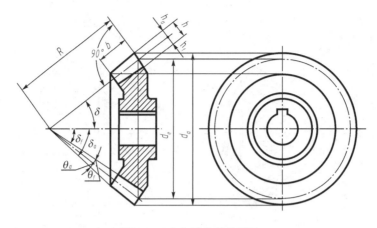

图 7-36　直齿锥齿轮的画法

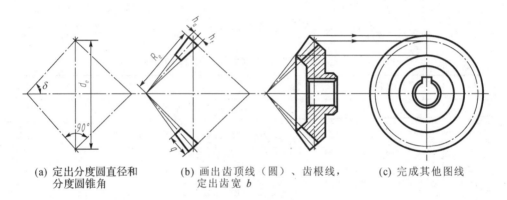

(a) 定出分度圆直径和
分度圆锥角

(b) 画出齿顶线（圆）、齿根线，
定出齿宽 b

(c) 完成其他图线

图 7-37　单个锥齿轮的画图步骤

　　（2）锥齿轮啮合的画法。一对准确安装的标准锥齿轮啮合时，它们的分度圆锥应相切，其啮合区的画法与圆柱齿轮类似，见图 7-38。锥齿轮啮合的画图步骤见图 7-39。

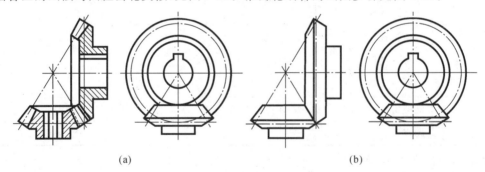

(a)

(b)

图 7-38　锥齿轮啮合的画法

7.3.4　蜗杆蜗轮

　　蜗杆蜗轮用来传递空间两交叉轴(交叉角多为直角)之间的回转传动。一般蜗杆主动，蜗轮从动，用于减速机构，传动比通常可达 40～50。

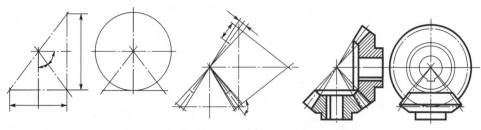

(a) 定出节圆和节锥角　(b) 画出齿顶线（圆）、齿根线，　(c) 完成其他图线
　　　　　　　　　　　　　定出齿宽 b

图 7-39　锥齿轮啮合的画图步骤

在蜗杆蜗轮传动中，最常用的蜗杆为圆柱形阿基米德蜗杆，这种蜗杆的轴向齿廓是直线，轴向断面为等腰梯形，与梯形螺纹相似。蜗杆的齿数称为头数，相当于螺纹的线数，常有单头和双头之分。蜗轮相当于斜齿圆柱齿轮，其轮齿分布在圆环面上，使轮齿包住蜗杆。

1. 蜗杆蜗轮的各部分尺寸、参数及其计算

蜗杆蜗轮的基本几何尺寸见图 7-40。

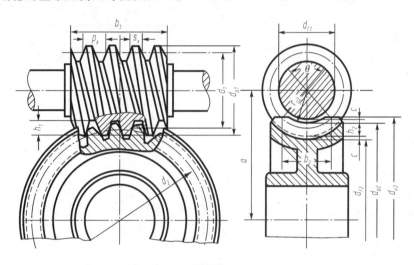

图 7-40　蜗杆蜗轮的基本几何尺寸

蜗杆模数是指蜗杆的轴向模数，蜗杆的轴向模数 m_x 与蜗轮的端面模数 m_t 相等（$m_x = m_t = m$），其是蜗杆蜗轮传动的重要参数，规定为标准模数，见表 7-8。蜗杆直径系数 q 是蜗杆蜗轮传动特有的重要参数，是蜗杆分度圆直径和模数的比值，$q = d_1/m$，蜗杆的模数和分度圆直径都是标准值，直径系数是导出值，模数一定时，q 越大，蜗杆的刚度和强度就相应越大，具体见表 7-9。

表 7-8　蜗杆蜗轮的模数（摘自 GB/T 10088—2018）　　　　　(mm)

第一系列	0.1	0.12	0.16	0.2	0.25	0.3	0.4	0.5	0.6	0.8 1	1.25
	1.6	2	2.5	3.15	4	5	6.3	8	10	12.5	16
	20	25	31.5	40							
第二系列	0.7	0.9	1.5	3	3.5	4.5	5.5	6	7	12	14

表 7-9　蜗杆直径系数(摘自 GB/T 10085—2018)

模数 m	1	1.25	1.6	2	2.5	3.15	4	5
直径 系数 q	18	16 17.92	12.5 17.5	9 11.2 14 17.75	8.96 11.2 14.2 18	8.889 11.27 14.286 17.778	7.875 10 12.5 17.75	8 10 12.6 18

模数 m	6.3	8	10	12.5	16	20	25
直径 系数 q	7.936 10 12.698 17.778	7.875 10 12.5 17.5	7.1 9 11.2 16	7.2 8.96 11.2 16	7 8.75 11.25 15.625	7 8 11.2 15.75	7.2 8 11.2 16

蜗杆蜗轮各部分尺寸和参数的计算见表 7-10。

表 7-10　蜗杆蜗轮各部分尺寸的计算公式(GB/T 10085—2018)

序号	名称	代号	公式
1	模数	m	按规定选取
2	蜗杆头数	z_1	
3	蜗杆轴向齿距	p_x	$p_x = \pi m$
4	蜗杆导程角	γ	$\tan\gamma = m z_1/d_1 = z/q$
5	蜗杆直径系数	q	$q = d_1/m$
6	蜗杆分度圆直径	d_1	$d_1 = mq$
7	蜗杆齿顶高	h_{a_1}	$h_{a_1} = m$
8	蜗杆齿根高	h_{f_1}	$h_{f_1} = 1.2m$
9	蜗杆齿高	h	$h = 2.2m$
10	蜗杆齿顶圆直径	d_{a_1}	$d_{a_1} = d_1 + 2h_{a_1}$
11	蜗杆齿根圆直径	d_{f_1}	$d_{f_1} = d_1 - 2h_{f_1}$
12	蜗杆导程	p_z	$p_z = \pi m z_1$
13	蜗轮齿数	z_2	
14	蜗轮分度圆直径	d_2	$d_2 = m z_2$
15	蜗轮喉圆直径	d_{a_2}	$d_{a_2} = d_2 + 2h_{a_2}$
16	蜗轮齿根圆直径	d_{f_2}	$d_{f_2} = d_2 - 2h_{f_2}$
17	中心距	a	$a = m(q + z_2)/2$

2. 蜗杆蜗轮的画法

(1)蜗杆的画法。蜗杆一般用一个视图表示,齿顶线、齿根线和分度线的画法与圆柱齿轮相同,齿形可用局部剖视图或局部放大图表示,如图 7-41 所示。图中细实线的齿根线可以省略。

(2)蜗轮的画法。蜗轮的画法与圆柱齿轮相似,如图 7-42 所示。

(3)蜗杆蜗轮啮合的画法。蜗杆蜗轮啮合的画法有外形图和剖视图两种形式,在蜗轮投影为圆的视图中,蜗轮的节圆与蜗杆的节线应相切,如图 7-43 所示。

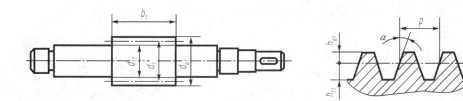

图 7-41　蜗杆的画法

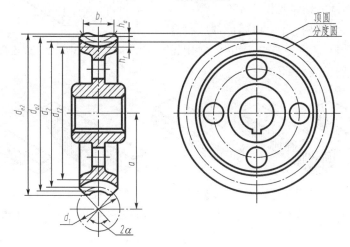

图 7-42　蜗轮的画法

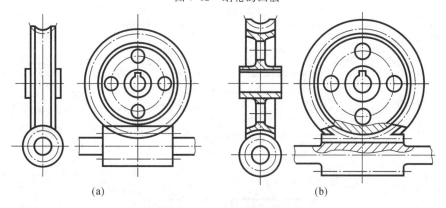

(a)　　　　　　　　　　　　　　(b)

图 7-43　蜗杆蜗轮啮合的画法

7.4　键 和 销

7.4.1　键连接

1. 键

键主要用于轴与轴上零件(如齿轮、带轮等)间的周向连接,使轴和传动件不产生相对转动,保证两者同步旋转、传递转矩和旋转运动。如图 7-44 所示,为了使齿轮随轴一起转动,在轮毂孔和轴上分别加工出键槽,用键将轴和轮连接起来进行转动。

(1)常用键的型式和标记。键的种类很多,常用的有普通型平键、普通型半圆键和钩头型楔键。普通型平键的应用最广,按照键槽的结构又可分为 A 型(圆头)、B 型(方头)和 C 型(单圆头)三种。常用键的结构见图 7-45。

键是标准件,其结构、尺寸和标记都应符合标准的相关规定,键宽的公差带为 h8。常用键的型式和标记示例见表 7-11。

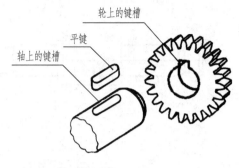

图 7-44 键连接

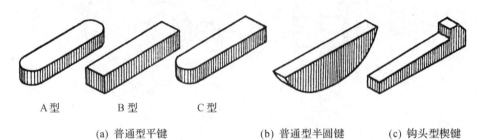

A 型   B 型   C 型

(a) 普通型平键   (b) 普通型半圆键   (c) 钩头型楔键

图 7-45 常用的几种键

表 7-11 常用键的型式和标记示例

名称	标准号	图例	标记示例
普通型平键	GB/T 1096—2003		$b=8mm$,$h=7mm$,$L=25mm$ 的普通 A 型平键: GB/T 1096 键 $8\times7\times25$ 注:普通 B,C 型平键应在规格前加注型式代号。
普通型半圆键	GB/T 1099.1—2003		$b=6mm$,$h=10mm$,$D=25mm$ 的普通型半圆键: GB/T 1099.1 键 $6\times10\times25$
钩头型楔键	GB/T 1565—2003		$b=18mm$,$h=11mm$,$L=100mm$ 的钩头型楔键: GB/T 1565 键 18×100

（2）键槽的画法和尺寸标注。键槽的型式和尺寸由相应键的选用而定，也应符合标准规定（GB/T 1095—2003，见附表 4-1）。设计或测绘时，键槽的宽度、深度和键的宽度、高度尺寸，可在标准中查出，新标准没有规定轴公称直径 d，按键的功能决定，然后进行强度计算，键的长度按轮毂长度从标准中选择，并按传递的转矩进行验算。

键槽的画法和标注方法见图 7-46 和图 7-47。

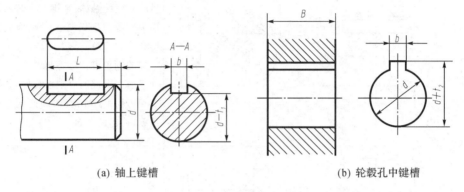

(a) 轴上键槽　　　　　　　　　　　　　(b) 轮毂孔中键槽

图 7-46　普通型平键键槽的画法及尺寸标注

例 7-2　设图 7-46 中的轴径为 $d＝25\text{mm}$，轮毂宽 $B＝22\text{mm}$，键槽宽 $b＝8\text{mm}$。试确定普通平键连接中键槽的尺寸。

解　查附表 4-1，根据平键的键槽宽 $b＝8$ 查得键尺寸为 $8×7$；并查出键槽深度 $t_1＝4$，$t_2＝3.3$；取键槽长 $L＝18$。

计算　　$d－t_1＝25－4＝21$

　　　　$d＋t_2＝25＋3.3＝28.3$

在图中标注尺寸（应按正常连接注出极限偏差）

轴上　　　$b＝8\text{N9}$

　　　　$d－t_1＝21_{-0.2}^{\ 0}$　　　　　$L＝18$

轮毂中　　$b＝8\text{JS9}$

　　　　$d＋t_1＝28.3_{\ 0}^{+0.2}$

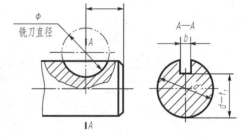

图 7-47　普通型半圆键键槽的画法及尺寸标注

（3）键连接的画法。普通型平键和普通型半圆键连接的作用原理相似，均是用键的两个侧面传递扭矩。普通型半圆键常用于载荷不大的传动轴上。

钩头型楔键的顶面为一个 1∶100 的斜面，装配时将键沿轴向打入键槽内，利用键的顶面及底面与键槽之间的挤压力使轴上零件固定。

画键连接图形时，在反映键长方向的剖视图中，轴一般采用局部剖视，键按不剖处理。常用键连接的画法见表 7-12。

2. 花键

花键是一种常用的标准结构，用于载荷大、定心精度要求高的连接上。其结构和尺寸都已进行了标准化。

花键的齿形有矩形、三角形、渐开线等，常用的是矩形花键（GB/T 1144—2001）和直齿

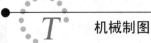

渐开线花键(GB/T 3478.1—2008)。

表 7-12 常用键连接的画法

名称	键连接画法	说明
普通型平键		键的两侧面接触,下面与轴上键槽的底面接触(表示键完全装入键槽中),键的顶面与轮毂键槽底面留有一定间隙。 键的倒角可省略不画。 普通型平键的对中性良好,装拆方便,适用于高精度、高速或承受变载、冲击的场合。
普通型半圆键		键的两侧面接触,顶面与轮毂键槽底面留有一定间隙。 半圆键装配方便,适用于圆锥形轴伸的连接。
钩头型楔键		键的顶面与轮毂接触,底面与轴接触,键的两侧面为较松的间隙配合。 绘图时键与槽的四面同时接触。 用于精度要求不高、转速较低时传递较大的、双向的或有振动的转矩。

(1) 花键的画法与标注。花键的画法应符合标准的规定(见表 7-13)。

在绘制外花键时,应注意与外螺纹的区别。

外花键长度 L 的注法见图 7-48,一般按图 7-48(a)标注。

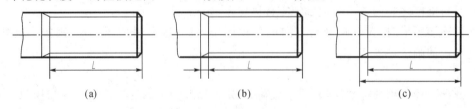

(a)   (b)   (c)

图 7-48 外花键的长度标注方法

表 7-13　花键的画法及尺寸标注(GB/T 4459.3—2000)

名称		画法与尺寸标注	说明
矩形花键	外花键		在非圆投影的视图中,大径 D 用粗实线绘制,小径 d 用细实线绘制。 　在断面图中画出部分齿形或全部齿形。 　工作长度 L 的终止线和尾部末端用细实线绘制,并与轴线垂直,尾部则画成与轴线成30°的斜线。 　在包含轴线的局部剖视图中,小径用粗实线绘制。
	内花键		在剖视图中,大径 D 和小径 d 均用粗实线绘制。 　在垂直于轴线的视图中,可画出部分齿形或全部齿形。
	渐开线花键		分度圆和分度线用细点画线绘制。 　其余画法与矩形花键相同。 　尺寸标注与矩形花键相同。

（2）花键连接的画法。在装配图中,花键连接一般用剖视图表示,其连接部分按外花键绘制。矩形花键的连接画法见图 7-49,直齿渐开线花键的连接画法见图 7-50。

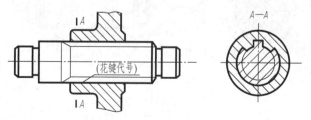

图 7-49　矩形花键的连接画法

（3）花键标记的注法。花键的标记应注写在指引线的基准线上,并且指引线应从大径引出。花键在图中的标注格式见图 7-51 所示。

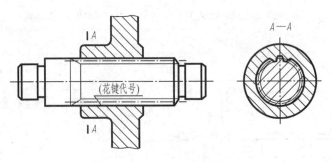

图 7-50　直齿渐开线花键的连接画法

渐开线花键：

| 图形符号 | 花键种类代号 | 齿数 Z × | 模数 m × | 30R × | 公差等级，配合类别 | 标准代号 |

其中：花键种类代号——EXT 表示外花键

INT 表示内花键

INT/EXT 表示花键副

$30R$——表示 30°圆齿根

矩形花键：

| 图形符号 | 齿数 | × | 小径 d | 小径公差带代号 | × | 大径 D | 大径公差带代号 | × | 齿宽 B |

| 齿宽公差带代号 | 标准代号 |

其中：公差带代号的字母，大写表示内花键，小写表示外花键；花键副将内外花键的公差带代号用"/"分开，左边为内花键，右边为外花键，也可书写成分数形式。

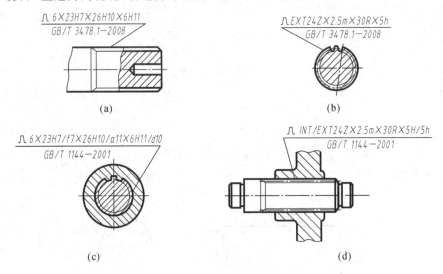

(a)　(b)

(c)　(d)

图 7-51　花键的标注方法

7.4.2　销连接

销在机器设备中主要用于定位、连接和锁定、防松。常用的有圆柱销、圆锥销和开口销三种，它们都是标准件，规格和尺寸可从有关标准中查得（见附表 4-2 至 4-4）。

1. 销及其标记

表 7-14 列出了几种常用销的形式、标准代号及标记。

表 7-14　常用销及其标记示例

名称	标准号	图例	标记	说明
圆锥销	GB/T 117—2000	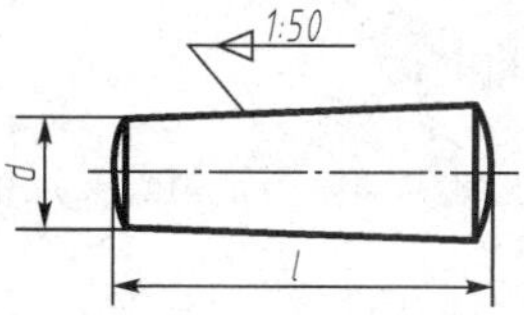 1:50 d l	公称直径 $d=$ 10mm，长度 $l=60$mm，材料为 35 钢，热处理硬度 28～38HRC，表面氧化处理的 A 型圆锥销： 销 GB/T 117 10×60	圆锥销按表面加工要求不同，分为 A，B 两种型式。 圆锥销的公称直径指小端直径。
内螺纹圆锥销	GB/T 118—2000	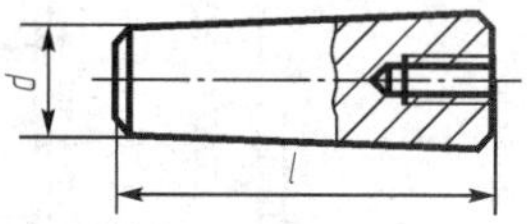 d l	公称直径 $d=$ 6mm，长度 $l=30$mm，材料为 35 钢，热处理硬度 28～38HRC，表面氧化处理的 B 型内螺纹圆锥销： 销 GB/T 118 B6×30	圆锥销按表面加工要求不同，分为 A，B 两种型式。 用于不穿通孔处。
圆柱销	GB/T 119.1—2000	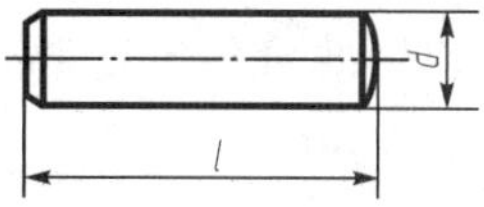 d l	公称直径 $d=$ 8mm，公差为 m6，长度 $l=30$mm，材料为钢，表面不经处理的圆柱销： 销 GB/T 119.1 8 m6×30	圆柱销按配合性质不同区分。
内螺纹圆柱销	GB/T 120.1—2000	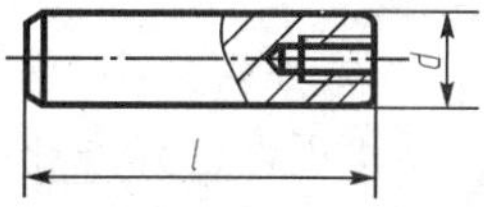 d l	公称直径 $d=6$mm，公差为 m6，长度 $l=$ 30mm，材料为钢，不经淬火，不经表面处理的内螺纹圆柱销： 销 GB/T 120.1 6×30	内螺纹为拆卸用，用于不穿通孔处。
开口销	GB/T 91—2000	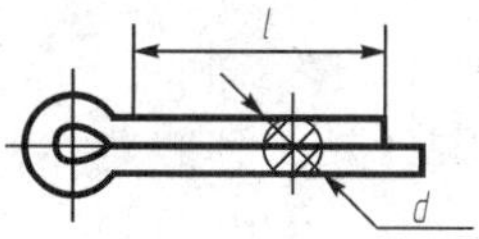 l d	公称直径 $d=5$mm，长度 $l=40$mm，材料为低碳钢，不经表面处理的开口销： 销 GB/T 91 5×40	公称直径指与之相配的销孔直径，故开口销公称直径都大于其实际直径。

2. 销连接的画法

圆柱销和圆锥销可作零件间连接和定位之用，一般装配要求较高，销孔要在被连接零件装配后同时加工。锥销孔应采用旁注法标注尺寸。

圆柱销连接的画法见图 7-52，圆锥销连接的画法见图 7-53。

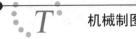

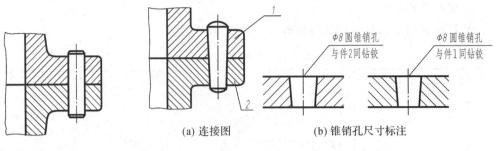

图 7-52　圆柱销连接　　　　　图 7-53　圆锥销连接及锥销孔尺寸标注

锥销孔加工时,先按公称直径(小端直径)钻孔,再选用定值铰刀扩铰成锥孔,如图 7-54 所示。

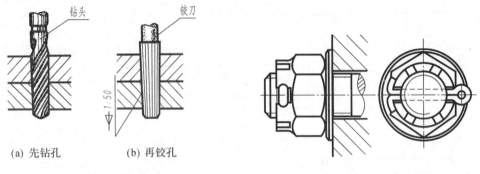

图 7-54　锥销孔加工　　　　　图 7-55　用开口销锁紧防松

开口销常用在螺纹连接的锁紧装置中,以防止螺母的松脱。图 7-55 所示为带销孔螺杆和槽形螺母用开口销锁紧防松的连接图。

7.5　滚动轴承

滚动轴承是用来支承旋转轴的组件,它具有摩擦阻力小、动能损耗小、结构紧凑等优点,在机器中广泛应用。滚动轴承的结构型式及尺寸规格已标准化。

7.5.1　滚动轴承的结构和分类(GB/T 271—2017)

滚动轴承的种类很多,但结构基本相似,一般由外圈、内圈、滚动体和保持架四部分组成,如图 7-56 所示。内圈套在轴上,随轴一起转动。外圈装在机座孔中,一般固定不动或偶作少许转动。滚动体装在内、外圈之间的滚道中,可以做成球、圆柱、圆锥或滚针形状。保持架用来均匀隔开滚动体。

滚动轴承按其所能承受的载荷方向或公称接触角的不同,分为:

(1)向心轴承——主要用于承受径向载荷的滚动轴承,其公称接触角从 0°到 45°。按公称接触角不同,又分为:

1)径向接触轴承——公称接触角为 0°的向心轴承,如深沟球轴承。

2)角接触向心轴承——公称接触角为 0°到 45°的向心轴承。

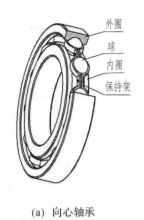

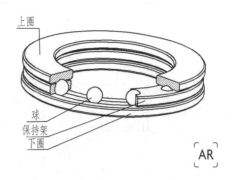

| (a) 向心轴承 | (b) 推力轴承 |

图 7-56　滚动轴承的结构

（2）推力轴承——主要用于承受轴向载荷的滚动轴承，其公称接触角为 45°到 90°。按公称接触角的不同，又分为：

1）轴向接触轴承——公称接触角为 90°的推力轴承。

2）角接触推力轴承——公称接触角大于 45°但小于 90°的推力轴承。

滚动轴承按滚动体的种类，可分为球轴承和滚子轴承。

7.5.2　滚动轴承的代号（GB/T 272—2017）

滚动轴承的代号由前置代号、基本代号和后置代号三部分组成（依次排列），分别表明轴承的结构、尺寸、公差等级、技术性能等特征。

1. 基本代号

滚动轴承的基本代号由轴承类型代号、尺寸系列代号和内径代号构成。

（1）轴承类型代号。轴承的类型代号用阿拉伯数字或大写拉丁字母表示，表 7-15 所示为部分常见轴承的类型代号。

表 7-15　轴承的类型代号

代号	0	1	2	3	4	5	6	7	8	N	U	QJ	C
轴承类型	双列角接触球轴承	调心球轴承	推力调心滚子轴承	圆锥滚子轴承	双列深沟球轴承	推力球轴承	深沟球轴承	推力角接触球轴承	推力圆柱滚子轴承	圆柱滚子轴承	外球面球轴承	四点接触球轴承	长弧面滚子轴承

（2）尺寸系列代号。尺寸系列代号用两位阿拉伯数字表示，前一位是轴承的宽（高）度系列代号，后一位是直径系列代号。尺寸系列代号的主要作用是区别内径相同而宽（高）度和外径不同的轴承。

常用的轴承类型、尺寸系列代号及其轴承代号见表 7-16。

（3）内径代号。滚动轴承的内径代号也用数字表示，见表 7-17 所示。其他参数符号可查阅 GB/T 7811—2015。

表 7-16 常用轴承的类型代号、尺寸系列代号及轴承系列代号

轴承类型	简图	类型代号	尺寸系列代号	轴承系列代号	标准号
圆锥滚子轴承		3	02	302	GB/T 297—2015
			03	303	
			13	313	
			20	320	
			22	322	
			23	323	
			29	329	
			30	330	
			31	331	
			32	332	
推力球轴承		5	11	511	GB/T 301—2015
			12	512	
			13	513	
			14	514	
深沟球轴承		6	17	617	GB/T 276—2013
			37	637	
			18	618	
			19	619	
			(1) 0	60	
			(0) 2	62	
			(0) 3	63	
			(0) 4	64	
角接触球轴承		7	18	718	GB/T 292—2007
			19	719	
			(1)0	70	
			(0) 2	72	
			(0) 3	73	
			(0) 4	74	

注：表中括号内的数字表示在组合代号中省略。

表 7-17 滚动轴承的内径代号及其示例

轴承公称内径/mm		内径代号	示例
0.6 到 10（非整数）		用公称内径毫米数直接表示，在其与尺寸系列代号之间用"/"分开。	深沟球轴承 618/2.5 $d=2.5$mm
1 到 9（整数）		用公称内径毫米数直接表示，对深沟及角接触球轴承 7、8、9 直径系列，内径与尺寸系列代号之间用斜线分开。	深沟球轴承 625，618/5 $d=5$mm
10 到 17	10	00	深沟球轴承 6200 $d=10$mm
	12	01	
	15	02	
	17	03	
20 到 480 （22、28、32 除外）		公称内径除以 5 的商数，若商数为个位数，需在商数左边加"0"。	圆锥滚子轴承 30308 $d=40$mm
≥500 以及 22、28、32		用公称内径毫米数直接表示，但在与尺寸系列代号之间用斜线分开。	调心滚子轴承 230/500 $d=500$mm 深沟球轴承 62/22 $d=22$mm

2. 前置、后置代号

前置、后置代号是轴承在结构形状、尺寸、公差、技术要求等有所改变时,在其基本代号左右添加的补充代号。

前置代号和后置代号含义可查阅 GB/T 272—2017。

轴承基本代号举例:

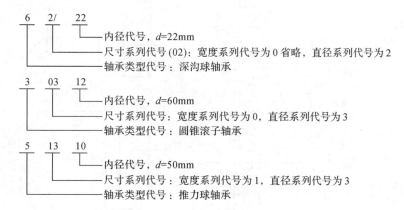

$$6 \quad 2/ \quad 22$$
　　　内径代号,d=22mm
　　　尺寸系列代号(02):宽度系列代号为 0 省略,直径系列代号为 2
　　　轴承类型代号:深沟球轴承

$$3 \quad 03 \quad 12$$
　　　内径代号,d=60mm
　　　尺寸系列代号:宽度系列代号为 0,直径系列代号为 3
　　　轴承类型代号:圆锥滚子轴承

$$5 \quad 13 \quad 10$$
　　　内径代号,d=50mm
　　　尺寸系列代号:宽度系列代号为 1,直径系列代号为 3
　　　轴承类型代号:推力球轴承

7.5.3　滚动轴承的画法(GB/T 4459.7—2017)

滚动轴承是标准组件,使用时必须按要求选用。当需要绘制滚动轴承的图形时,应按标准规定,可根据不同的场合采用不同的方法画图,但在同一图样中一般只采用一种画法。

滚动轴承的画法有通用画法、特征画法和规定画法。

1. 通用画法

在剖视图中,当不需要确切地表示滚动轴承的外形轮廓、载荷特性和结构特征时,可采用矩形线框及十字符号的通用画法绘制,如图 7-57 所示。当需要表示滚动轴承的外形时,则应画出其剖面轮廓,并在轮廓中央画出正立的十字形符号,如图 7-58 所示。

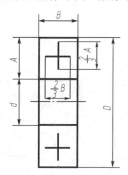

图 7-57　通用画法及其尺寸比例

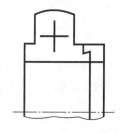

图 7-58　画出外形轮廓的通用画法

2. 特征画法

当需要比较形象地表示出滚动轴承的结构特征时,可采用特征画法。此时在矩形线框内画出结构和载荷特性要素的符号,如表 7-18 中所示,图中线框内长的粗实线表示轴承滚动体的滚动轴线(不可调心轴承用直线,调心轴承用弧线),短的粗实线表示滚动体的列数和位置(单列画一条短粗线,双列画两根短粗线)。特征画法应绘制在轴的两侧。

表 7-18　轴承的特征画法和规定画法

名称和标准号	主要数据	画法		
		规定画法	特征画法	装配画法
深沟球轴承 GB/T 276—2013	D d B	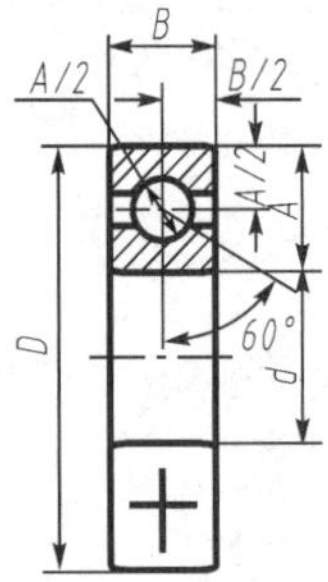	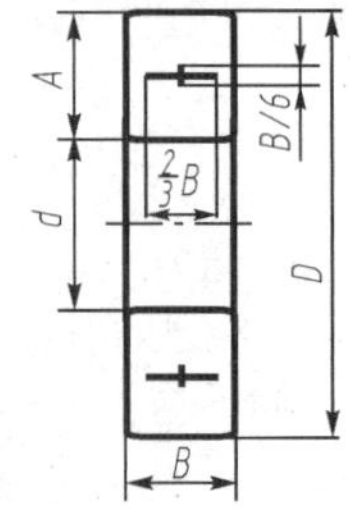	
圆锥滚子轴承 GB/T 297—2015	D d B T C	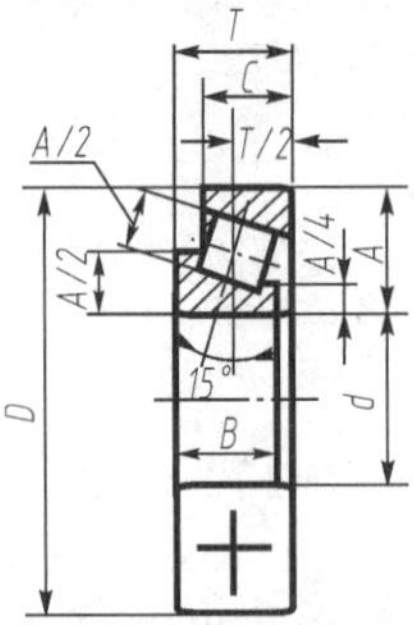	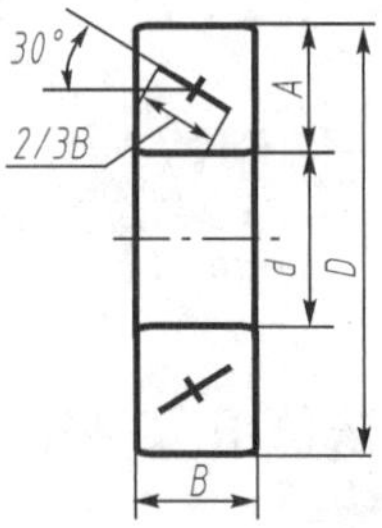	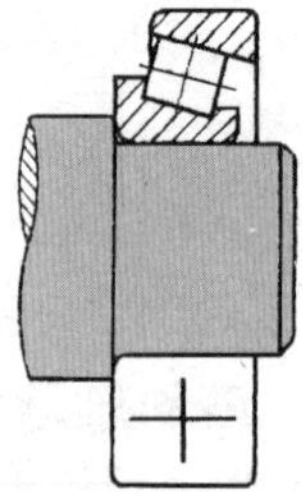
推力球轴承 GB/T 301—2015	D d T	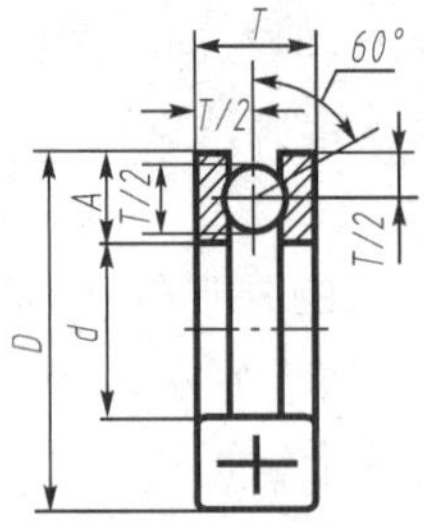	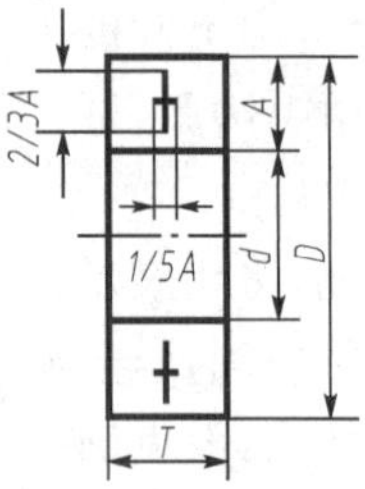	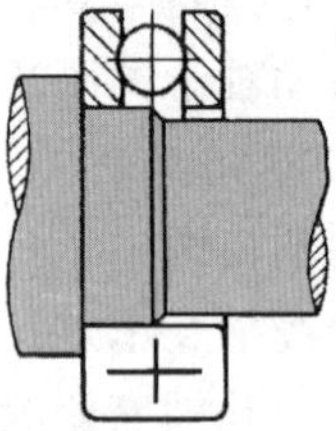

在垂直于滚动轴承轴线的视图上,无论滚动体的形状如何,以及尺寸如何,均可按图 7-59 所示的方法绘制。

3. 规定画法

在装配图中,或在滚动轴承的产品图样、样本、标准、用户手册和使用说明书中,必要时可采用表 7-18 所示的规定画法绘制。

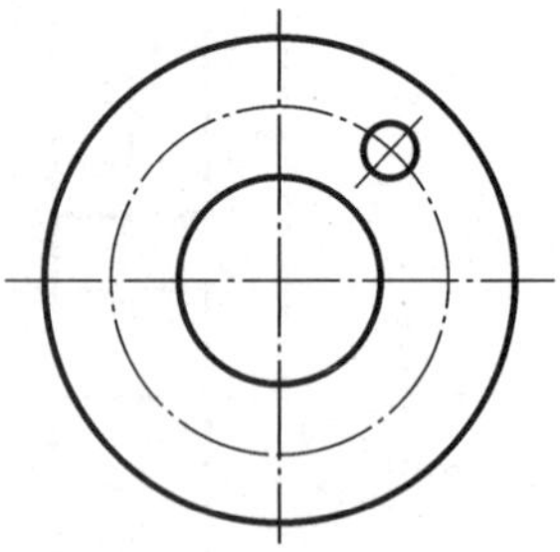

图 7-59　滚动轴承轴线垂直于投影面的特征画法

7.6　弹　簧

7.6.1　弹簧的应用和分类

弹簧是机械中常用的一种零件,它具有功、能转换的特性,可用于减振、夹紧、测力、复位、调节、储存能量等场合。

弹簧的种类很多,常见的有圆柱螺旋弹簧、圆锥螺旋弹簧、板弹簧、平面涡卷弹簧等,如图 7-60 所示。其中圆柱螺旋弹簧最为常见,它又分为压缩弹簧(Y 型)、拉伸弹簧(L 型)和扭转弹簧(N 型)三种。本节主要介绍圆柱螺旋压缩弹簧的尺寸计算和画法。

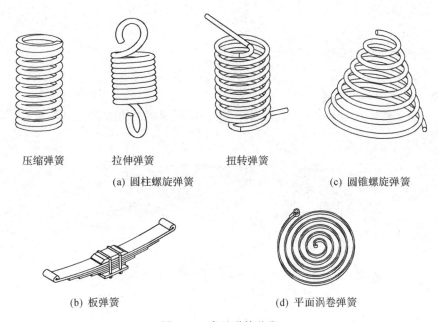

压缩弹簧　　　　拉伸弹簧　　　　　扭转弹簧

(a) 圆柱螺旋弹簧　　　　　　　　　(c) 圆锥螺旋弹簧

(b) 板弹簧　　　　　　　　　(d) 平面涡卷弹簧

图 7-60　常见弹簧种类

7.6.2　圆柱螺旋压缩弹簧各部分的名称及尺寸计算(GB/T 2089—2009)

圆柱螺旋压缩弹簧的各部分尺寸见图 7-61。

(1) 弹簧丝直径 d:制造弹簧所用金属丝的直径。

(2) 弹簧直径。

1)弹簧中径 D_2:弹簧的平均直径,

$$D_2 = (D_1 + D)/2$$

2)弹簧内径 D_1:弹簧的最小直径,

$$D_1 = D - 2d = D_2 - d$$

3)弹簧外径 D:弹簧的最大直径,

$$D = D_1 + 2d = D_2 + d$$

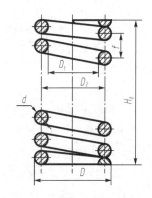

(3) 节距 t:相邻两有效圈上对应点间的轴向距离。

图 7-61　压缩弹簧的尺寸

(4) 有效圈数 n。为了使压缩弹簧工作平稳、端面受力均匀,保证轴线垂直于支承端面,制造时需将弹簧的两端并紧且磨平。这部分圈数仅起支承作用,称为支承圈数(N_Z)。支承圈数有1.5圈、2 圈和 2.5 圈三种,一般多为 2.5 圈。其余保持相等节距的圈数,称为有效圈数(n)。支承圈数和有效圈数之和称为总圈数(n_1),即

$$n_1 = N_Z + n$$

(5) 自由高度 H_0。自由高度指未受载荷时的弹簧高度(或长度),

$$H_0 = nt + (N_Z - 0.5)d$$

（6）展开长度 L。展开长度指制造弹簧时所需金属丝的长度，

$$L \approx n_1 \sqrt{(\pi D_2)^2 + t^2}$$

（7）旋向。螺旋弹簧分为右旋和左旋两种。判断时将弹簧垂直放置，右侧高即为右旋，左边高即为左旋。

7.6.3 弹簧的画法（GB/T 4459.4—2003）

1. 螺旋弹簧的规定画法

弹簧的真实投影比较复杂，为了提高作图效率，国家标准将弹簧的画法进行了简化，如图 7-62 所示。

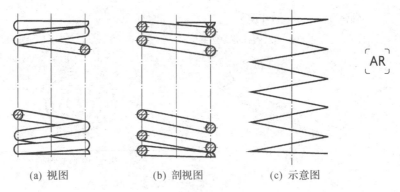

| (a) 视图 | (b) 剖视图 | (c) 示意图 |

图 7-62 圆柱螺旋压缩弹簧的画法

画图时可根据实际情况采用以上一种画法，并应注意以下几点：

（1）在平行于螺旋弹簧轴线的投影面的视图中，其各圈的轮廓应画成直线。

（2）螺旋弹簧均可画成右旋，对必须保证的旋向要求应在"技术要求"中注明。

（3）有效圈数在四圈以上的螺旋弹簧中间部分可以省略。可在每一端只画 1～2 圈（支承圈除外），中间各圈只需用通过簧丝断面中心的细点画线连起来，且允许适当缩短图形长度。

2. 装配图中弹簧的简化画法

（1）在装配图中，弹簧后面被挡住的结构一般不画出，可见部分应从弹簧的外轮廓线或从弹簧钢丝剖面的中心线画起，如图 7-63（a）所示。

（2）弹簧钢丝的直径较小时（在图形上等于或小于 2mm），允许用示意图表示，如图 7-63（b）所示；当弹簧被剖切时，也可采用涂黑表示，如图 7-63（d）所示。

（3）在装配图中，被剖切后的簧丝的截面尺寸在图形上等于或小于 2mm，并且弹簧内部还有零件，为了便于表达，可用图 7-63（c）的示意图形式表示。

7.6.4 圆柱螺旋压缩弹簧的作图步骤

下面以一个实例来介绍圆柱螺旋压缩弹簧的作图步骤。

例 7-3 已知一普通圆柱螺旋压缩弹簧，其中径 $D_2 = 38$mm，弹簧丝直径 $d = 6$mm，节距 $t = 11.8$mm，有效圈数 $n = 7.5$，支承圈数 $N_z = 2.5$，右旋，试绘制该弹簧的剖视图。

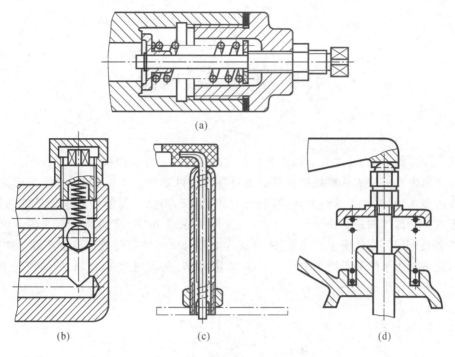

图 7-63　装配图中弹簧的画法

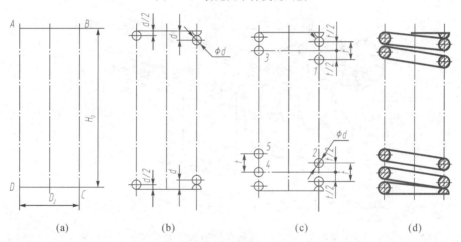

图 7-64　圆柱螺旋压缩弹簧的作图步骤

解　计算弹簧外径

$$D = D_2 + d = 38 + 6 = 44 (\text{mm})$$

计算自由高度

$$H_0 = nt + (N_Z - 0.5)d = 7.5 \times 11.8 + (2.5 - 0.5) \times 6 = 100.5 (\text{mm})$$

作图（见图 7-64）

(1) 根据自由高度 H_0 和弹簧中径 D_2 作矩形 $ABCD$；

(2) 根据弹簧丝直径 d，在矩形的上、下两端面画出支承圈部分的四个圆和两个半圆；

(3) 根据节距 t 和弹簧丝直径 d，画有效圈数部分的五个圆；

(4) 按右旋方向作相应圆的公切线，画弹簧丝的剖面线。

第8章 零件图

表达零件结构形状、尺寸大小和技术要求的图样称为零件工作图，简称零件图。它是设计部门提交给生产部门的重要技术文件。零件图要反映出设计者的意图，表达出机器或部件对零件的要求，同时要考虑到结构和制造的可能性与合理性，是制造和检验零件的依据。一台机器或一个部件都是由若干个零件按一定的装配关系和技术要求装配起来的。制造机器或部件必须先按照零件图生产出零件，再按装配要求将零件装配成机器或部件。如图8-1所示的齿轮泵是用于供油系统中的一个部件，它由泵体、泵盖、主动齿轮轴、从动齿轮轴和连接用标准件等零件组成。

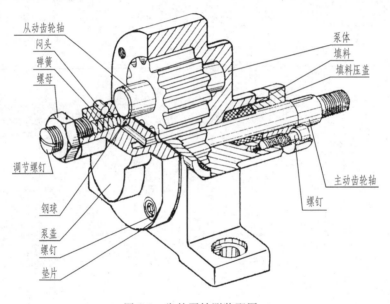

图 8-1　齿轮泵轴测装配图

8.1 零件图的内容

图8-2是齿轮泵中的主动齿轮轴零件图，由图可知一张完整的零件图应包括下列基本内容：

1. 一组视图

根据零件的结构特点，选用适当的剖视、断面、局部放大和简化画法等表达方法，用一组视图来表达零件的内外形状和结构。

2. 完整的尺寸

零件图中必须正确、完整、清晰、合理地标注出反映零件各部位形状大小及其相对位置的尺寸,且能满足设计意图,宜于制造生产,便于检验。

3. 技术要求

零件图上还需用一些规定的代(符)号、数字、字母或文字准确而简明地表示零件在制造和检验时,在技术指标上应达到的要求,如表面粗糙度、尺寸公差、形位公差、热处理及表面处理等。

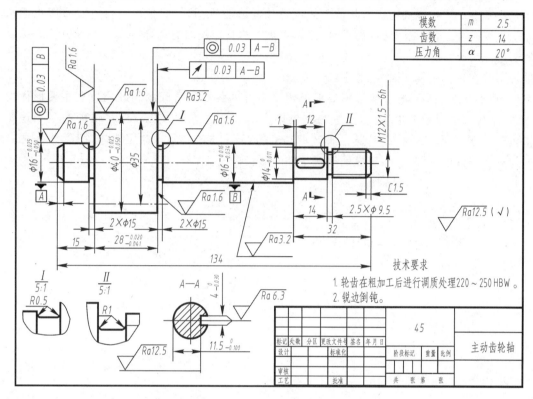

图 8-2　主动齿轮轴零件图

4. 标题栏

标题栏在零件图的右下角,用以填写零件的名称、数量、材料、作图比例、图号及设计、审核、批准人员的签名、日期等。标题栏格式如图 1-3 所示。

8.2　零件图的视图选择和尺寸标注

8.2.1　零件视图选择的原则和步骤

零件图的视图选择过程包括零件结构的形体分析、主视图选择、其他视图的选择。选择视图的原则是:在完整、清晰地表达零件内、外形状和结构的前提下,尽可能减少图形数量,以方便画图和看图。

1. 零件结构形体分析

机械零件的结构是由其在机器中的作用和其他零件的装配关系及工艺要求等因素决定

的。零件的结构形状及其工作位置或加工时安装位置不同,视图选择方法也将不同。因此,在零件图视图选择之前,应对零件进行形体分析和结构分析,明确结构特征,了解工作和加工情况,以便选择合适的视图确切地表达零件的结构形状。

2.主视图的选择

主视图是表达零件结构形状的一组图形中的核心视图,一般情况下,画图、看图也通常先从主视图开始,主视图选择得是否合理,直接影响其他视图的选择以及读图的方便和图幅的利用。因此,在对零件进行形体分析,明确结构特征后,首先须选择好主视图,然后确定其他视图。在选择主视图时,要考虑以下原则:

(1)形状特征最明显。主视图要能将组成零件的各形体之间的相互位置和主要形体的形状、结构表达得最清楚,在确定主视图投影方向和选择表达方法时应尽可能满足上述要求,使其反映的形状特征最明显。如图8-3所示的轴和图8-4所示的尾架体,按箭头A的方向投影所得到的视图,能最明显地反映零件的形状特征。

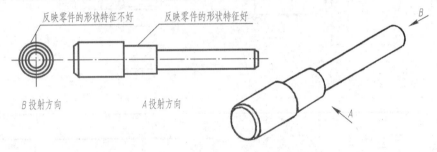

图8-3　零件主视图投影方向选择(一)

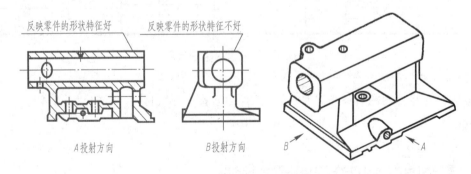

图8-4　零件主视图投影方向选择(二)

(2)以加工位置确定主视图。加工位置是指零件在机床上加工时的装夹位置,为了使加工制造者便于看图和检测尺寸,应按照零件在主要加工工序中的装夹位置选取主视图。对于轴套类、轮盘类零件,其主要加工工序是车削或磨削。在车床或磨床上装夹时以轴线定位,三爪或四爪卡盘夹紧,所以该类零件主视图的选择常将轴线水平放置。如图8-5(b)所示的轴是按图8-5(a)所示在车床上的加工位置选择主视图的。

(3)以工作位置确定主视图。工作位置是指零件装配在机器或部件中工作时的位置。按照工作位置选取主视图,容易想象零件在机器或部件中的作用,也便于把零件图和装配图对照起来看图。对于拨叉机架类、箱体类零件,因需经多道工序加工,各工序加工位置往往不同,难以区分主次,故适合于以工作位置确定主视图。如图 8-5(c)所示的尾架体主视图是按工作位置画出的。

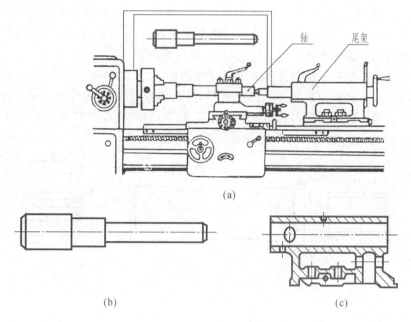

(a)

(b)   (c)

图 8-5 按零件加工或安放位置选择主视图

3.其他视图的选择

主视图确定后,应根据零件结构形状的复杂性,主视图所已表达的程度,确定是否需要或需要多少个其他视图(包括采用的表达方法),其选择原则是:配合主视图,在完整、清晰地表达出零件结构形状的前提下,尽可能减少视图的数量。所以,选择其他视图时应注意以下几点:

(1)所选的每个视图都应有明确的表达目的和重点。对零件的内外形状、主体和局部形状的表达,每个视图都应各有侧重。

(2)针对零件的内部结构选择适当的剖视图和断面图,并明确剖视图和断面图的意义,使其发挥最大的作用。

(3)对尚未表达清楚的局部形状和细小结构,补充必要的局部视图和局部放大图。

8.2.2 典型零件视图选择方法

根据零件的结构形状、用途及加工制造方面特点的相似性,通常将零件分为轴套、轮盘、叉架和箱体等四类典型零件。

1.轴套类零件的视图选择

轴套类零件包括各种用途的轴和套,其基本形状是同轴回转体,并且主要在车床上加工。轴通常用来支承传动零件(如带轮、齿轮等)和传递动力。套一般装在轴上或机体孔中,用于定位、支承、导向或保护传动零件。

由于轴套类零件结构形状比较简单,一般有大小不同的同轴回转体(圆柱、圆锥)组成,

具有轴向尺寸大于径向尺寸的特点,因此其视图选择也具有共性。

(1)主视图选择。轴套类零件一般按加工位置将轴线水平放置来绘制主视图,这样也基本上符合轴的工作位置,同时也反映了零件的形状特征。形状简单且较长的零件可采用折断画法,实心轴上个别部位的内部结构可用局部剖视表达,空心套可用适当的剖视表达。轴上的键槽、孔可朝前或朝上,以明显表示其位置和形状。

(2)其他视图选择。因轴套类零件属回转体结构,可通过主视图的直径尺寸符号"φ"明确形体特征,一般不必再选其他基本视图(结构复杂的轴例外)。基本视图尚未表达清楚的局部结构(如键槽、退刀槽、孔等),可采用移出断面、局部剖视或局部放大图等补充表达,如图 8-6 所示。

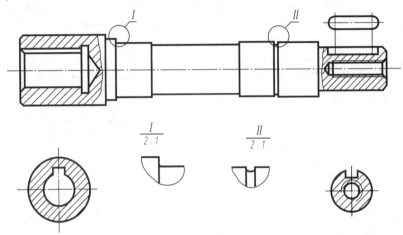

图 8-6　轴类零件的视图选择举例

2.轮盘类零件的视图选择

轮盘类零件包括各种用途的轮和盘盖零件,其毛坯大多为铸造或锻件。轮一般用键、销与轴连接,用以传递扭矩。盘盖可起支承、定位和密封等作用。轮常见的有手轮、带轮、链轮、齿轮、飞轮等,盘盖有圆、方和各种形状的法兰盘、端盖等。轮盘类零件主体部分多为回转体,径向尺寸大于轴向尺寸。其上常有均布的孔、肋、槽或耳板、齿等结构,透盖上常有密封槽。轮一般由轮毂、轮辐和轮缘三部分组成,较小的轮也有制成实体式的。

(1)主视图选择。轮盘类零件的主要回转面和端面都在车床上加工,故与轴套类零件相同,也按加工位置将其轴线水平放置绘制主视图。主视图的投影方向应反映结构形状特征,通常选择投影非圆的视图作为主视图,且采用各种剖视方法侧重反映内部结构。

(2)其他视图选择。通常轮盘类零件需两个基本视图,当投影为圆的视图图形对称时,可只画一半或略大于一半,有时可用局部视图表达。基本视图尚未表达清楚的结构,可用断面图或局部视图表达,必要时可采用局部放大图表达,如图 8-7 所示。

3.叉架类零件的视图选择

叉架类零件包括各种用途的拨叉杆和支架。拨叉杆零件多为运动件,通常起传动、连接、调节或制动等作用。支架零件通常起支承、连接作用。叉架类零件的毛坯大多为铸件和锻件。

叉架类零件结构比较复杂,形状不规则,且拨叉零件常有弯曲或倾斜结构,加工过程中

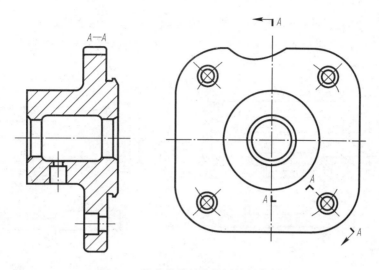

图 8-7　轮盘类零件的视图选择举例

各工序位置不同,给视图选择带来一定的困难。

(1)主视图选择。根据叉架类零件的结构特点,一般按工作位置画主视图,当工作位置是倾斜的或不固定时,可将其摆正画主视图。主视图中常采用局部剖视表达主体形状或内部局部结构。

(2)其他视图选择。由于零件结构相对复杂,通常需两个或两个以上的基本视图,且各视图大多采用局部剖视兼顾内外形状的表达。如零件上有倾斜结构,常采用斜视图、断面图等予以表达,如图 8-8 所示。

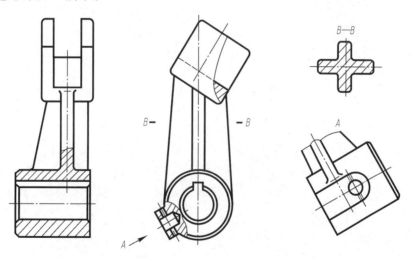

图 8-8　叉架类零件的视图选择举例

4.箱体类零件的视图选择

箱体类零件是机器的主体,起着支承、定位和安装其他零件等作用。其结构形状比较复杂,尤其是内腔结构。箱体零件毛坯一般为铸件,加工部位较多,因此加工工序也复杂。

(1)主视图选择。箱体类零件一般按工作位置画主视图,且主视图采用各种剖视及其不同的剖切方法表达主要结构,投影方向应反映形状特征。

（2）其他视图的选择。由于箱体类零件内外结构都比较复杂，通常需多个基本视图表达，各个视图也常需采用适当的剖切方法。对于基本视图难以表达清楚的局部结构，可选用局部视图或断面图等予以表达，如图8-9所示。

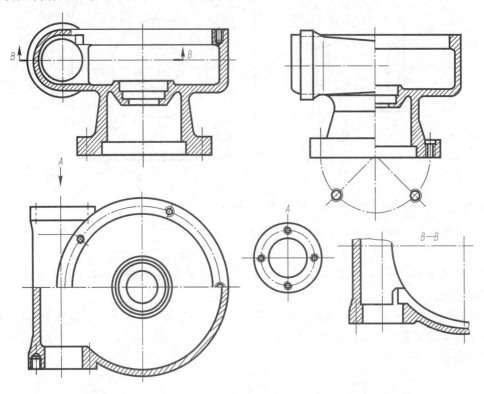

图 8-9　箱体类零件的视图选择举例

5.零件视图选择举例

图 8-10 所示为齿轮泵的主要零件泵体，由图 8-10 可知泵体的作用。

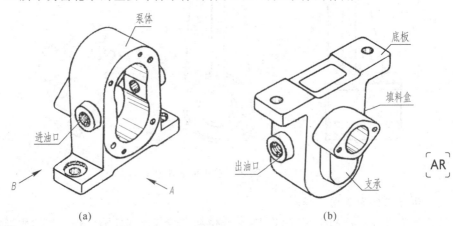

图 8-10　泵体零件轴测图

泵体为箱体类零件，按工作位置画主视图，A 向较 B 向更能反映泵体的形状特征，故选

择 A 向为主视图投影方向。如图 8-11 所示的泵体表达方案共用了两个基本视图(主视图和左视图),两个其他视图(向视图"B"、局部视图"C")。其中主视图采用了三处局部剖视,因剖切位置明显,未加标注;左视图采用了复合剖切方法画成的剖视图 A—A;B 视图为仰视投射方向的向视图;C 视图为后视方向的局部视图。此方案视图数量较少,没有出现重复表达的内容,也没有虚线出现,因此比较合理。

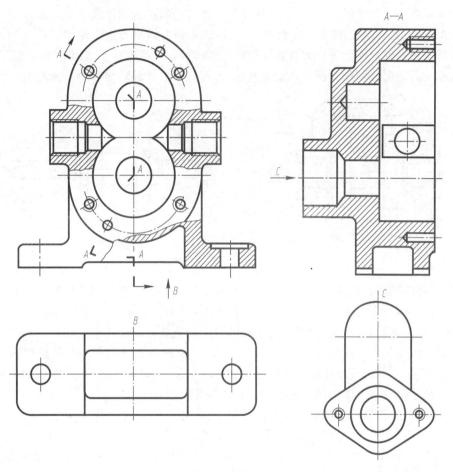

图 8-11　泵体表达方案

8.2.3　零件图中的尺寸标注

零件图中的尺寸标注是零件图的主要内容之一,其标注过程既要符合尺寸标注的有关规定,又要达到正确、完整、清晰和合理的要求。如何使尺寸标注正确、完整、清晰已在平面图形的尺寸标注和组合体的尺寸标注中详细介绍,这里重点讨论尺寸标注的合理性问题。

所谓尺寸标注的合理是指标注的尺寸既满足零件的设计要求,又便于加工、测量和检验。为了做到尺寸标注符合零件设计和加工工艺要求,必须对零件结构进行形体分析和对加工工艺过程进行了解,在此基础上合理选择尺寸基准和标注形式。可见要合理标注尺寸,许多知识仍需通过后续专业课程学习和生产实践来掌握。

1.尺寸基准的选择

尺寸基准是指零件在设计、制造和检验时的计量起点。根据基准的作用不同,其可分为设计基准、工艺基准和测量基准。

设计基准——设计时确定零件在机器中的位置所依据的点、线、面。

工艺基准——加工制造时确定零件在机床或夹具中的位置所依据的点、线、面。

测量基准——测量过程中,使用量具计量尺寸时的起点所依据的点、线、面。

如图 8-12 所示,齿轮轴安装在箱体中,根据轴线和右轴肩确定齿轮轴在机器中的位置,因此该轴线和右轴肩端面分别为齿轮轴径向和轴向的设计基准。加工过程中大部分工序是以轴线和左右端面分别作为径向和轴向基准的,因此该零件的轴线和左右端面为工艺基准。

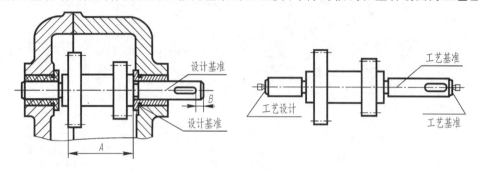

图 8-12 设计基准和工艺基准

每个零件都有长、宽、高三个方向的尺寸,每个尺寸都有基准。因此,每个方向至少有一个尺寸基准。同一方向上可以有多个尺寸基准,但其中必定有一个是主要的,称为主要基准,其余的称为辅助基准。辅助基准与主要基准之间应有联系尺寸相关联。

从设计基准出发标注尺寸,能反映设计要求,保证零件在机器中的工作性能;从工艺基准出发标注尺寸,能把尺寸标注与零件加工制造联系起来,保证工艺要求,方便加工和测量。因此标注尺寸时应尽可能将设计基准和工艺基准统一起来。

主要基准应与设计基准和工艺基准重合,工艺基准应与设计基准重合,这一原则称为"基准重合原则"。符合"基准重合原则"既能满足设计要求,又能满足工艺要求。一般情况下,工艺基准与设计基准是可以做到统一的,当两者不能做到统一时,要按设计要求标注尺寸,在满足设计要求的前提下,力求满足工艺要求。

可作为设计基准或工艺基准的点、线、面主要有对称平面、主要加工面、装配定位结合面、回转体轴线等。应根据零件的设计要求、工艺要求和结构特点,结合实际情况合理选择尺寸基准。

2.尺寸标注的形式

由于零件的结构设计、工艺要求不同,尺寸的基准选择也不尽相同,零件图上的尺寸标注一般有下列三种形式:

(1)链状形式。零件同一方向的几个尺寸依次首尾相接,后一个尺寸以前一个尺寸的终点为起点(基准),注写成链状,称为链状形式,如图 8-13 所示。链状形式可保证所注各段尺寸的精度要求,但由于基准依次推移,使各段尺寸的位置误差相互影响。

从图 8-13 中可以看出,加工制造该零件时,以 C 为基准加工测量尺寸 c,以 B 为基准加工测量尺寸 b,以 A 为基准加工测量尺寸 a,这样每段尺寸的误差均不受其他尺寸的影响,容易保证每段尺寸的精度,但是每段尺寸的位置由于基准不统一,则受前几个尺寸的误差影响,其位置误差为前几个尺寸误差之和,造成位置误差积累。如尺寸 a 到右端面的位置尺寸(即端面 A 到端面 C 的距离)受尺寸 b 和尺寸 c 的误差影响,其端面 A 到端面 C 的最大距离为 $(c+0.1)+(b+0.1)=(c+b)+0.2$;端面 A 到端面 C 的最小距离为 $(c-0.1)+(b-0.1)=(c+b)-0.2$,距离误差为 ±0.2,即 a 尺寸的位置误差为 b、c 尺寸位置误差之和。因此,当阶梯状零件对总长精度要求不高而对各段长度的尺寸精度要求较高时,或零件中各孔中心距的尺寸精度要求较高时,均可采用这种注法。

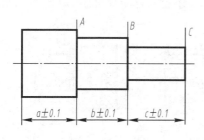

图 8-13　链状式尺寸注法

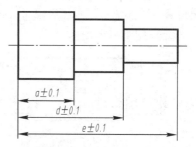

图 8-14　坐标式尺寸注法

(2)坐标形式。零件同一方向的几个尺寸由同一基准出发进行标注,称为坐标形式,如图 8-14 所示。坐标形式所注各段尺寸的尺寸精度只取决于本段尺寸加工误差,故能保证所注尺寸的精度要求,各段尺寸精度互不影响,不产生位置误差积累。因此,当需要从同一基准定出一组精确的尺寸时,常采用这种注法。

(3)综合形式。零件同一方向的尺寸标注既有链状式又有坐标式,是这两种形式的综合,故称为综合形式,如图 8-15 所示。综合形式具有链状形式和坐标形式的优点,既能保证一些精确尺寸,又能减少阶梯状零件中尺寸误差的积累。所以标注零件图中的尺寸时,用得最多的是综合式注法。

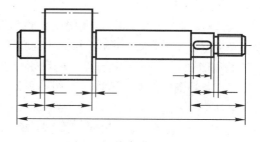

图 8-15　综合式尺寸注法

3.尺寸标注步骤及注意事项

对于形体结构复杂的零件,完整、清晰、合理地标注出整体尺寸并不容易,必须遵循科学的方法和步骤。通常零件图尺寸标注按下列步骤进行:

(1)分析零件。分析零件的结构形状,明确各部位结构的设计意图,了解与其他零件之间的联系方式及加工方法。

(2)选择尺寸基准。首先根据基准选择原则,确定重要定位尺寸的基准,即主要尺寸基准应与设计基准重合。其次是选择一般定位尺寸的基准,即辅助基准应与工艺基准重合。

(3)标注主要尺寸。尺寸基准确定后,先标注出零件主要部位的定形和定位尺寸,且重要尺寸必须从设计基准出发直接注出。

(4)标注其余尺寸。按工艺要求标注其余尺寸,非加工尺寸按形体分析法标注。注意同一方向主要基准与辅助基准之间的联系尺寸应直接注出。

(5)检查调整。最后,检查调整,补遗删多,完成尺寸标注。

在零件图尺寸标注过程中不仅应遵循上述步骤,同时还要注意下列事项:

(1)重要尺寸必须直接注出。零件图上的重要尺寸必须直接注出,以保证设计要求。如零件上反映该零件所属机器或部件规格性能尺寸、零件间的配合尺寸、有装配要求的尺寸以及保证机器或部件正确安装的尺寸等,图上都应直接注出。

(2)不应注成封闭的尺寸链。封闭的尺寸链指首尾相接,形成一个封闭圈的一组尺寸。图 8-13 中链状尺寸形式已注出尺寸 a,b,c,如果再注出总长 d,这四个尺寸就构成封闭尺寸链。每个尺寸为尺寸链中的组成环。根据尺寸标注形式对尺寸误差的分析,尺寸链中任一环的尺寸误差,都等于其他各环尺寸误差之和。因此,标注成封闭尺寸链,要同时满足各组成环的尺寸精度是不可能的。

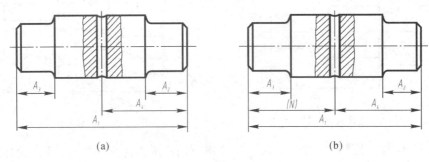

(a)   (b)

图 8-16　封闭环尺寸不标注

标注尺寸时,应在尺寸链中选一个不重要的环不标注尺寸,该环称为开口环。如图 8-13 至图 8-16 中长度方向的未注尺寸段。开口环的尺寸误差等于其他各环尺寸误差之和。因为它不重要,在加工中最后形成,使误差积累到这个开口环上去,该环尺寸精度得不到保证对设计要求没有影响,从而保证了其他各组成环的尺寸精度。

图 8-16 所示的小轴,其长度方向尺寸一般的注法如图 8-16(a)所示。

出于某种需要有时也可以注出闭环尺寸,但必须加括号,称为参考尺寸,加工时不作严格测量和检验,如图 8-16(b)中的(N)。

(3)应按加工顺序标注尺寸。按加工顺序标注尺寸符合加工过程,方便加工、测量,从而保证工艺要求。轴套类零件的一般尺寸或零件阶梯孔等都按加工顺序标注尺寸。表 8-1 表示齿轮轴在车床上的加工顺序。车削加工后还要铣削轴上的键槽。从加工顺序的分析中可以看出,图 8-17 对该齿轮轴的尺寸标注法是符合加工要求的。图中除了齿轮宽度 28 这一主要尺寸从设计基准直接注出外,其余轴向尺寸因结构上没有特殊要求,故均按加工顺序标注。

(4)不同工种加工的尺寸应尽量分开。如图 8-17 齿轮轴上的键槽是在铣床上加工的,标注键槽尺寸应与其他车削加工尺寸分开。图中将键槽长度尺寸及其定位尺寸注在主视图的上方,车削加工的各段长度尺寸注在下方,键槽的宽度和深度集中标注在断面图上,这样配置尺寸清晰易找,加工时看图方便。

表 8-1 齿轮轴在车床上的加工顺序

序号	说　明	图　例
1	车齿轮轴的两端面,使长度为 134,并打中心孔。	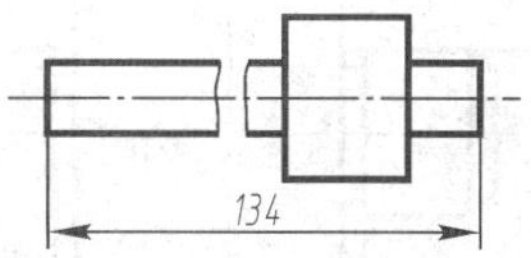
2	车齿轮轴齿顶圆到 φ40,车外圆到 φ16,长度为 15,并切槽、倒角。	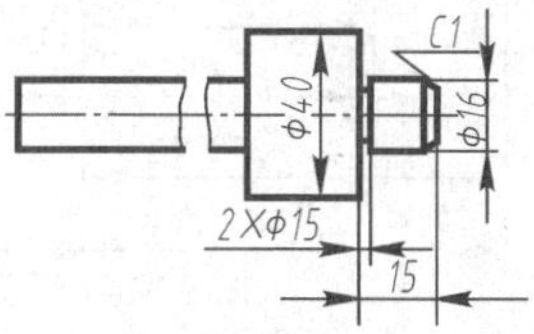
3	调头,车外圆到 φ16,并保证齿轮宽度为 28。	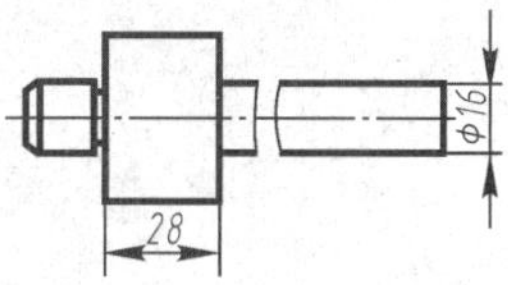
4	车外圆到 φ14,长度为 32。	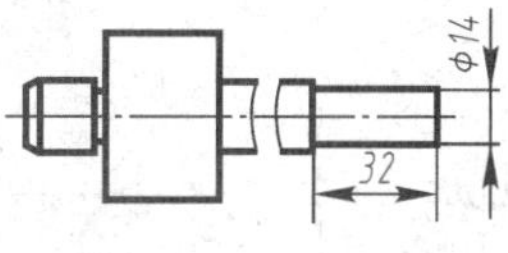
5	车外圆到 φ12,并控制 φ14 的长度为 14。	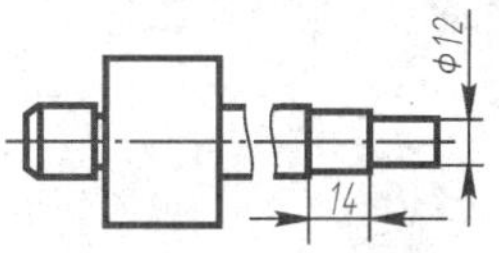
6	切槽、倒角、车螺纹。	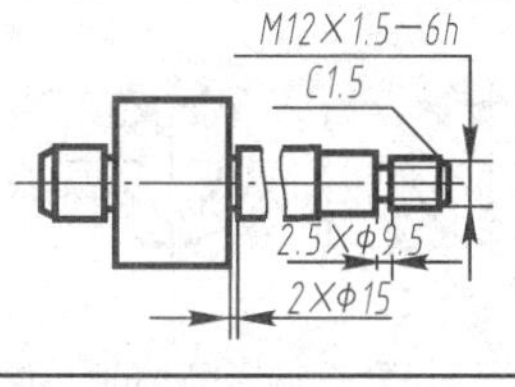

(5)标注尺寸应尽量方便测量。在没有结构上或其他重要的要求时,标注尺寸应尽量考虑测量方便。如图 8-18(a)所示的一些图例是由设计基准注出中心至某面的尺寸,但不易测量。考虑对设计要求影响不大,按图 8-18(b)的注法则便于测量。在满足设计要求的前提下,所注尺寸应尽量做到使用普通量具就能测量,以减少专用量具的设计和制造。

(6)加工面与不加工面只能有一个联系尺寸。标注铸件、锻件的不加工面(毛面)的尺寸时,如果在同一方向上有若干个毛面,一般只能有一个毛坯面与加工面有联系尺寸,而其他毛坯面以该毛面为基准进行标注,如图 8-19 所示。因为毛坯面制造误差大,如果有多个毛坯面以加工面为统一基准进行标注,则加工这个基准面时,往往不能同时保证达到这些尺寸的要求。

零件上常见孔的尺寸注法见表 8-2。

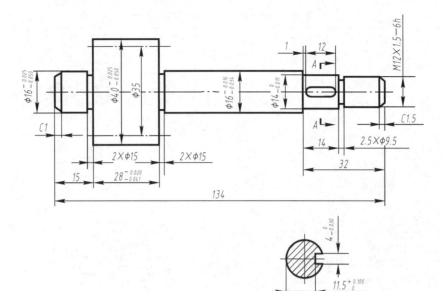

图 8-17　齿轮轴的尺寸标注

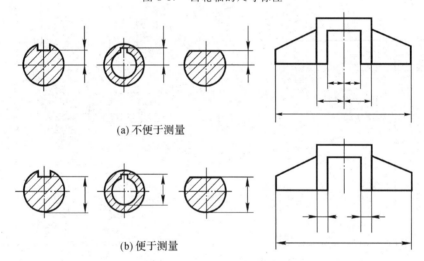

(a) 不便于测量

(b) 便于测量

图 8-18　标注尺寸要便于测量

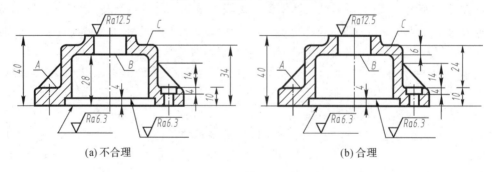

(a) 不合理

(b) 合理

图 8-19　毛面与加工面间的尺寸注法

表 8-2　零件上常见孔的尺寸注法

类型	旁 注 法		普通注法	说 明
光孔	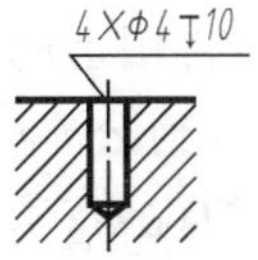 4×φ4▼10	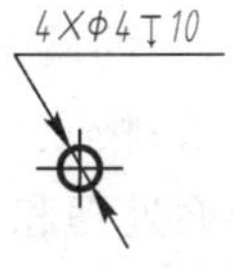 4×φ4▼10	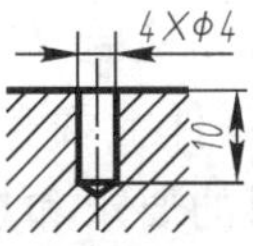 4×φ4	4 孔,直径 φ4,深 10▼;表示深度的符号。
	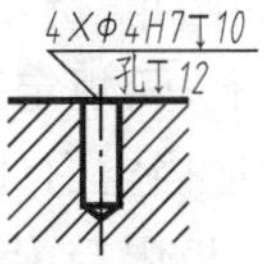 4×φ4H7▼10 孔▼12	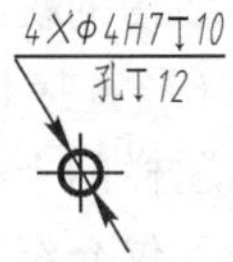 4×φ4H7▼10 孔▼12	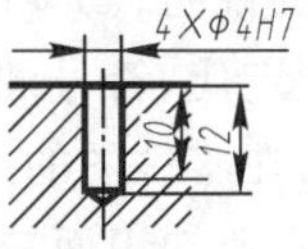 4×φ4H7	4 孔,钻孔深 12,精加工后为 φ4H7,深度 10。
螺孔	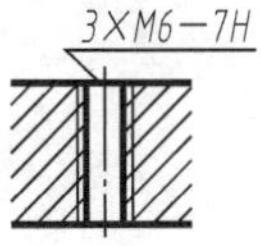 3×M6-7H	 3×M6-7H	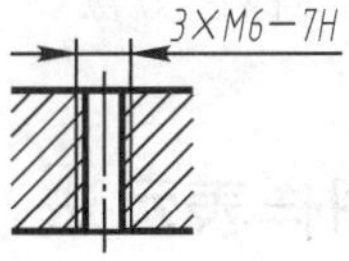 3×M6-7H	3 螺孔 M6,精度 7H。
	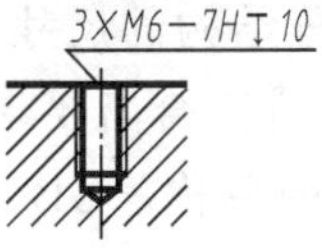 3×M6-7H▼10	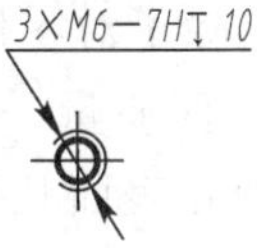 3×M6-7H▼10	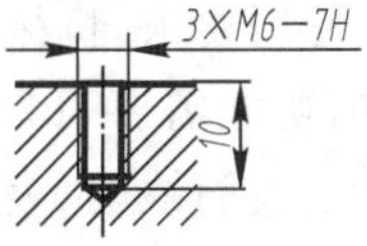 3×M6-7H	3 螺孔 M6,精度 7H,螺纹深度 10。
	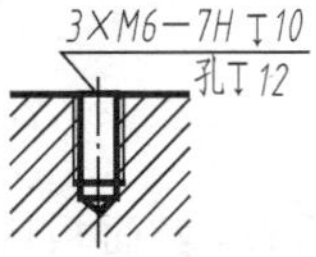 3×M6-7H▼10 孔▼12	 3×M6-7H▼10 孔▼12	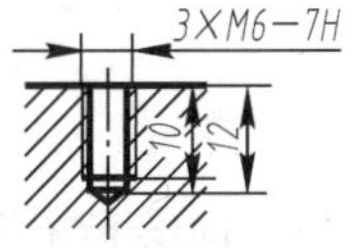 3×M6-7H	3 螺孔 M6,精度 7H,螺纹深 10,钻孔深 12。
沉孔	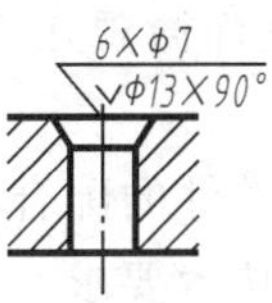 6×φ7 ∨φ13×90°	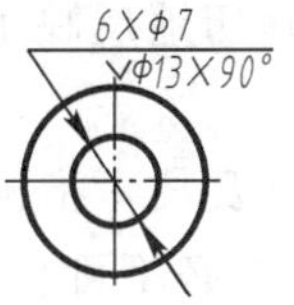 6×φ7 ∨φ13×90°	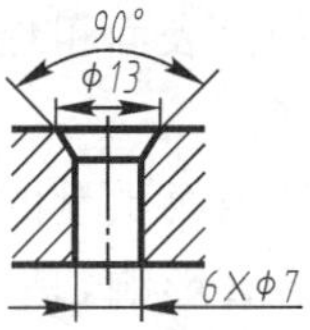 90° φ13 6×φ7	6 孔,直径 φ7,沉孔锥顶角 90°,大口直径 φ13。∨:表示埋头孔的符号。
	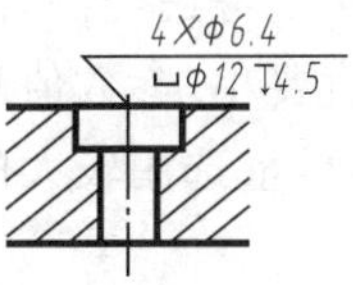 4×φ6.4 ⊔φ12▼4.5	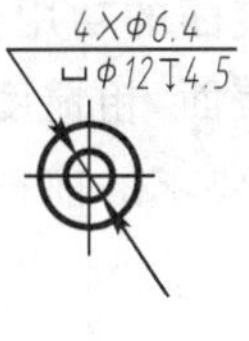 4×φ6.4 ⊔φ12▼4.5	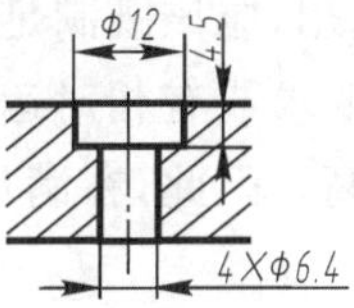 φ12 4.5 4×φ6.4	4 孔,直径 φ6.4,柱形沉孔直径 φ12,深 4.5。⊔:表示沉孔或锪平的符号。
	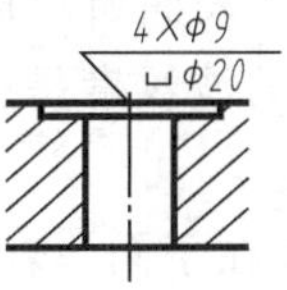 4×φ9 ⊔φ20	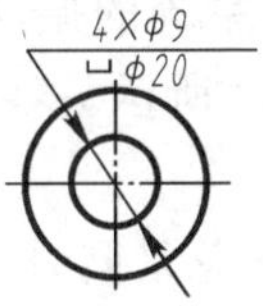 4×φ9 ⊔φ20	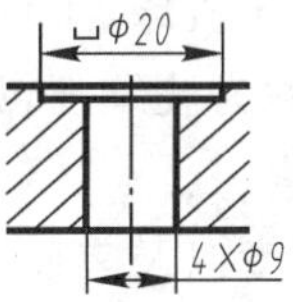 ⊔φ20 4×φ9	4 孔,直径 φ9,锪平直径 φ20,锪平深度一般不注,锪去毛面为止。

在零件图中,除了用视图表达出零件的结构形状和用尺寸标明零件各组成部分的大小及位置关系外,技术要求也是一项重要内容,它主要反映对零件的技术性能和质量的要求。零件图的技术要求是指制造和检验该零件时应达到的质量要求。零件图上的技术要求一般有以下几个方面的内容:①零件上各表面结构要求;极限与配合;②几何公差(形状、方向、位置和跳动公差);③零件材料的要求和热处理、表面处理和表面修饰的说明;④零件的特殊加工、检查、试验及其他必要的说明;⑤零件上某些结构的统一要求,如圆角、倒角尺寸等。

技术要求中,凡已有规定代、符号的,用代、符号直接标注在图上;无规定代、符号的,则可用文字或数字说明,书写在零件图的右下角标题栏的上方或左方适当空白处。

由于技术要求涉及的专业知识面较广,本课程仅介绍表面结构、极限与配合和几何公差的基本概念及其在图样上的标注方法。

8.3 表面结构的图样表示法

为保证零件装配后的使用要求,机械图样上除了对零件各部分结构的尺寸、形状和位置给出公差要求外,还应根据功能需要对零件的表面质量——表面结构给出要求。表面结构是表面粗糙度、表面波纹度、表面缺陷、表面纹理和表面几何形状的总称。GB/T 131—2006(产品几何技术规范(GPS)技术产品文件中表面结构的表示法)对表面结构的各项要求在图样上的表示法作了具体规定。

1. 基本概念及术语

(1)表面粗糙度

零件经过机械加工后的表面会留有许多高低不平的凸峰和凹谷,表面粗糙度就是指加工表面具有较小间距和谷峰所组成的微观几何形状特性,即表面的微观不平度(按相邻两波的峰或谷间距在 1mm 以下)。表面粗糙度较确切地反映了工件表面微观几何形状的概念,它是指表面粗糙不平的程度。

表面粗糙度是评定零件表面质量的一项重要技术指标,对于零件的配合性、耐磨性、抗腐蚀性以及密封性等都有显著影响,是零件图中必不可少的一项技术要求。表面粗糙度与加工方法、刀刃形状和走刀量等各种因素都有密切关系。

零件表面粗糙度的选用,应该既满足零件表面的功用要求,又要考虑经济合理。一般情况下,凡是零件上有配合要求或有相对运动的表面,粗糙度参数值要小,参数值越小,表面质量越高,但加工成本也越高。因此,在满足使用要求的前提下,应尽量选用较大的参数值,以降低成本。

(2)表面波纹度

在机械加工过程中,由于机床、工件和刀具系统的振动,在工件表面所形成的间距比粗糙度大得多的表面不平度称为波纹度,如图 8-20 所示。零件表面的波纹度是影响零件使用寿命和引起振动的重要因素。

表面粗糙度、表面波纹度以及表面几何形状总是同时生成并存在于同一表面的。

(3)表面结构参数

零件表面结构的状况可由轮廓参数(GB/T 3505—2009)、图形参数(GB/T 18618—

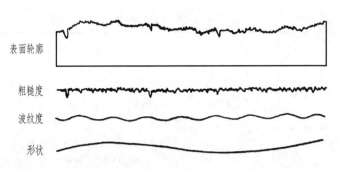

图 8-20　粗糙度、波纹度和形状误差的综合影响的表面轮廓

2009)、支承率曲线参数(GB/T 18778.2—2003 和 GB/T 18778.3—2006)三大类参数加以评定,其结构参数已经标准化并与完整符号一起使用。其中轮廓参数是我国机械图样中目前最常用的评定参数,它包括 R 轮廓或粗糙度轮廓、表面结构轮廓 W 轮廓(波纹度轮廓)和 P 轮廓(原始轮廓),这三个表面结构轮廓构成几乎所有表面结构参数的基础。

　　本书主要介绍评定粗糙度轮廓(及轮廓)中的两个高度参数 Ra 和 Rz。

　　1)算术平均偏差 Ra 是指在一个取样长度内纵坐标值 $Z(x)$ 绝对值的算术平均值(见图 8-21)。Ra 与 Rz 的数值可参阅 GB/T 1031—2009。

　　2)轮廓的最大高度 Rz 是指在同一取样长度内,最大轮廓峰高和最大轮廓谷深之和的高度(见图 8-21)。

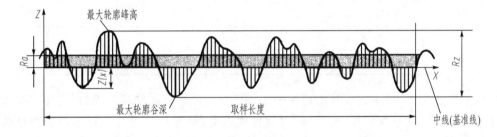

图 8-21　轮廓的算术平均偏差 Ra 和轮廓最大高度Rz

　　同时,要注意如下两点:

　　1)表面结构参数标注的写法已经改变。参数代号现在为大小写斜体(如 Ra 和 Rz),下角标如 R_a 和 R_z 不再使用。

　　2)几乎所有的表面结构代号和参数名称已经改变(GB/T 3505—2009《产品几何技术规范(GPS)表面结构 轮廓法术语、定义及表面结构参数》)。原来的表面粗糙度参数 R_z(十点高度)已经不再被认可为标准代号。新的 Rz 为原 R_y 的定义,原 R_y 的符号不再使用。

　　2. 标注表面结构的图形符号

　　标注表面结构要求时的图形符号种类、名称、尺寸及其含义见表 8-3。

表 8-3 表面结构符号

符号名称	符 号	含 义
基本图形符号	H_1、H_2、d'尺寸 见表8-4	未指定工艺方法的表面,当通过一个注释解释时可单独使用。
扩展图形符号		用去除材料方法获得的表面;仅当其含义是"被加工并去除材料的表面"时可单独使用。
		不去除材料的表面,也可用于表示保持上道工序形成的表面,不管这种状况是通过去除材料或不去除材料形成的。
完整图形符号		在以上各种符号的长边上加一横线,以便注写对表面结构的各种要求。

表 8-4 图形符号和附加标注的尺寸

数字和字母高度 h	2.5	3.5	5	7	10	14	20
符号线宽 d' 字母线宽 d	0.25	0.35	0.5	0.7	1	1.4	2
高度 H_1	3.5	5	7	10	14	20	28
高度 H_2(最小值)	7.5	10.5	15	21	30	42	60

当在图样某个视图上构成封闭轮廓的各表面有相同的表面结构要求时,应在完整图形符号上加一圆圈,标注在图样中工件的封闭轮廓线上,如图 8-22 所示。图示的表面结构符号是指对图形中封闭轮廓的六个面的共同要求(不包括前、后面)。如果标注会引起歧义,各表面应分别标注。

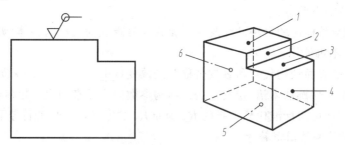

图 8-22 对周边各面有相同的表面结构要求的注法

3. 表面结构要求在图形符号中的注写位置

为了明确表面结构要求,除了标注表面结构参数和数值外,必要时应标注补充要求。补充要求包括传输带、取样长度、加工工艺、表面纹理及方向、加工余量等。为了保证表面的功能特征,应对表面结构参数规定不同要求。这些要求应根据 GB/T 131—2006 注写到

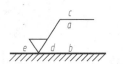

图 8-23　补充要求的注写位置

如图 8-23 所示的指定位置。

位置 a　注写表面结构的单一要求。

位置 b　注写第二表面结构要求（要注写两个或多个表面结构要求时）。

位置 c　注写加工方法、表面处理、涂层或其他加工工艺要求。如"车"、"磨"、"镀"等。

位置 d　注写所要求表面纹理和纹理的方向，如"＝"、"×"、"M"。

位置 e　注写加工余量（单位：mm）。

4. 表面结构代号

表面结构符号中注写了具体参数代号及数值等要求后即称为表面结构代号。表面结构代号的示例及含义见表 8-5。

表 8-5　表面结构代号的示例及含义

代　号	含　义
$\sqrt{Rz\ 0.4}$	表示不允许去除材料，单向上限值，默认传输带，R 轮廓，粗糙度的最大高度 0.4μm，评定长度为五个取样长度（默认），"16％规则"（默认）。
$\sqrt{Ramax\ 0.2}$	表示去除材料，单向上限值，默认传输带，R 轮廓，粗糙度最大高度的最大值 0.2μm，评定长度为五个取样长度（默认），"最大规则"。
$\sqrt{0.008-0.8/Ra\ 3.2}$	表示去除材料，单向上限值，传输带 0.008～0.8mm，R 轮廓，算术平均偏差 3.2μm，评定长度为五个取样长度（默认），"16％规则"（默认）。
$\sqrt{-0.8/Ra3\ 3.2}$	表示去除材料，单向上限值，传输带：根据 GB/T 6062，取样长度 0.8mm（λ，默认 0.0025mm），R 轮廓，算术平均偏差 3.2μm，评定长度包含三个取样长度，"16％规则"（默认）。
$\sqrt{\begin{array}{l}U\ Ramax\ 3.2\\ L\ Ra\ 0.8\end{array}}$	表示不允许去除材料，双向极限值，两极限值均使用默认传输带，R 轮廓，上限值：算术平均偏差 3.2μm，评定长度为两个取样长度（默认），"最大规则"，下限值：算术平均偏差 0.8μm，评定长度为两个取样长度（默认），"16％规则"（默认）。

5. 表面结构要求在图样中的注法

（1）表面结构一般要求对每一表面只注一次，并尽可能注在相应的尺寸及其公差的同一视图上。除非另有说明，所注写的表面结构要求是对完工零件表面的要求。

（2）表面结构的注写和读取方向与尺寸的注写和读取方向一致（见图 8-24）。表面结构要求可标注在轮廓线上，其符号应从材料外指向并接触表面（见图 8-25）。必要时，表面结构也可用带箭头或黑点的指引线引出标注（见图 8-26）。

（3）在不致引起误解时，表面结构要求可以标注在给定的尺寸线上（见图 8-27），也可标注在形位公差框格的上方（见图 8-28）。

（4）圆柱和棱柱表面的表面结构要求只标注一次（见图 8-29）。如果每个棱柱表面有不

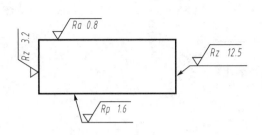

图 8-24　表面结构要求的注写方向

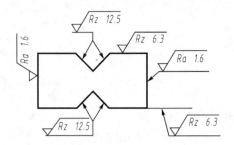

图 8-25　表面结构要求在轮廓线上的标注

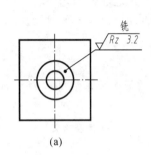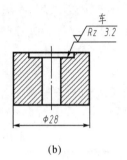

(a)　　　　　　　　(b)

图 8-26　用指引线引出标注表面结构要求

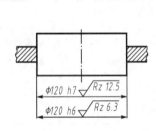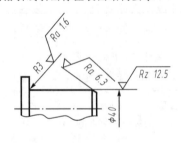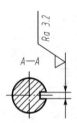

图 8-27　表面结构要求标注在尺寸线上

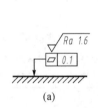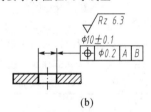

(a)　　　　　　　　　　(b)

图 8-28　表面结构要求标注在形位公差框格的上方

同的表面要求,则应分别单独标注(见图8-30)。

6．表面结构要求在图样中的简化注法

(1)有相同表面结构要求的简化注法

如果在工件的多数(包括全部)表面有相同的表面结构要求,则其表面结构要求可统一标注在图样的标题栏附近。此时,表面结构要求的符号后面应在圆括号内给出无任何其他标注的基本符号(见图8-31(a))或在圆括号内给出不同的表面结构要求(见图8-31(b))。

图中括号内给出的粗糙度参数是指定表面的粗糙度的要求(即图中标出的表面的粗糙

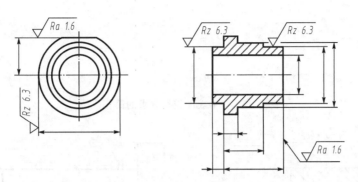

图 8-29　表面结构要求标注在圆柱特征的延长线上

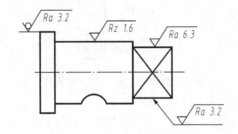

图 8-30　圆柱和棱柱的表面结构要求的注法

度的要求:$Rz1.6$ 和 $Rz6.3$),括号外是大多数表面的粗糙度的要求(即其余表面的粗糙度要求)。图示的简化标注方法可以任选其一。

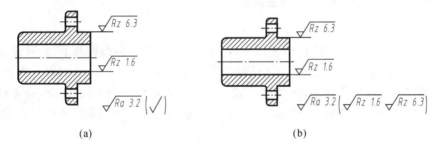

图 8-31　大多数表面有相同表面结构要求的简化注法

(2)多个表面有共同要求的注法

用带字母的完整符号的简化注法,如图 8-32 所示,用带字母的完整符号,以等式的形式,在图形或标题栏附近,对有相同表面结构要求的表面进行简化标注。

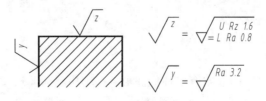

图 8-32　在图纸空间有限时的简化注法

只用表面结构符号的简化注法,如图 8-33 所示,用表面结构符号,以等式的形式给出对多个表面共同的表面结构要求。

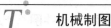

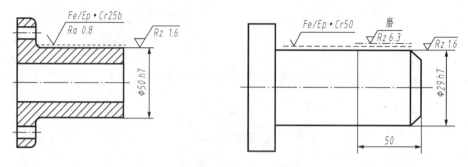

未指定工艺方法	要求去除材料	不允许去除材料

图 8-33　多个表面结构要求的简化注法

图 8-34　多种工艺获得同一表面的注法

（3）两种或多种工艺获得的同一表面的注法

由几种不同的工艺方法获得的同一表面，当需要明确每种工艺方法的表面结构要求时，可按图 8-34 所示进行标注（图中 Fe 表示基体材料为钢，Ep 表示加工工艺为电镀）。

8.4　极限与配合和几何公差标注

从一批规格相同的零（部）件中任取一件，不经修配，就能装到机器上去，并能保证使用要求，零件具有的这种性质称为互换性。现代化工业要求机器零（部）件具有互换性，既能满足各生产部门广泛的协作要求，又能进行高效率的专业化生产。极限与配合是零件图和装配图中一项重要的技术要求，也是检验产品质量的技术指标。为了满足零件的互换性，就必须制订和执行统一的标准。

本节简要介绍国家技术监督局颁布的《产品几何技术规范（GPS）　极限与配合　第 1 部分：公差、偏差和配合的基础》（GB/T 1800.1—2009）、《产品几何技术规范（GPS）极限与配合　第 2 部分：标准公差等级和孔、轴的极限偏差表》（GB/T 1800.2—2009）和《产品几何技术规范（GPS）极限与配合　公差带和配合的选择》（GB/T 1801—2009）。

8.4.1　极限与配合的标注

1.零件图中的标注

在零件图中，线性尺寸的公差有三种标注形式（GB/T 1800.1—2009）：

1）只标注上、下极限偏差。这种标注方法主要用于小批量生产或单件生产，以便加工和检验时减少辅助时间。实际中应用较多。

2）只标注公差代号。这种标注方法和采用专用量具检验零件统一起来，以适应大批量生产的需要。

3）既标注公差代号，又标注上、下极限偏差，但偏差值用括号括起来，如图 8-35 所示。

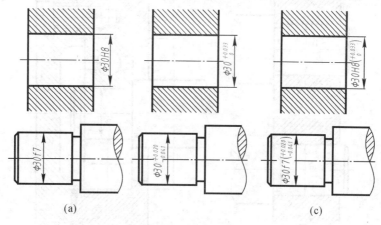

(a)　　　　　　　　　　　　　　　　(c)

图 8-35　零件图中尺寸公差的标注

标注极限与配合时应注意以下几点：

1）上、下极限偏差的字高度比尺寸数字小一号（即是尺寸数字高度的 2/3），且下极限偏差与尺寸数字在同一水平线上。

2）当公差带相对于公称尺寸对称时，即上、下极限偏差互为相反数时，可采用"±"加偏差的绝对值的注法，如 $\phi30\pm0.016$（此时偏差和尺寸数字的字高相同）。

3）上、下极限偏差的小数点位必须相同、对齐，当上极限偏差或下极限偏差为零时，用数字"0"标出，如 $\phi30^{+0.033}_{0}$。

2. 装配图中的标注

装配图上，一般只标注配合代号。配合代号用分数表示，分子为孔的公差带代号，分母为轴的公差带代号。对于轴承等标准件与非标准件的配合，则只标注非标准件的公差带代号。如轴承内圈内孔与轴的配合，只标注轴的公差带代号；外圈的外圆与箱体孔的配合，只标注箱体孔的公差带代号，如图 8-36 所示。

3. 极限与配合查表举例

例 8-1　查表确定 $\phi50H8/s7$ 中轴和孔的尺寸偏差。

解　公称尺寸 $\phi50$ 属于">40～50 尺寸段"，属于基孔制配合。轴的公差带代号为 $\phi50s7$，孔的公差带代号为 $\phi50H8$。由附表 1-2 查得轴的上极限偏差 es＝68μm，下极限偏差 ei＝43μm，孔的上极限偏差 ES＝39μm、下极限偏差 EI＝0。

例 8-2　查表确定 $\phi32N7/h6$ 轴、孔的极限偏差，画出公差带图，判断配合性质。

解　此配合为公称尺寸 $\phi32$ 的基轴制配合。轴的公差带代号为 $\phi32h6$，孔的公差带代号为 $\phi32N7$。由附表 1-3、附表 1-2 得轴的公称尺寸及极限偏差为 $\phi32^{0}_{-0.016}$，孔的公称尺寸及极限偏差为 $\phi32^{-0.008}_{-0.033}$，公差带图如图 8-37 所示。由图可知，配合性质为过渡配合，最大间隙为 8μm，最大过盈为 33μm。

8.4.2　几何公差标注

机械零件几何要素的形状、方向和位置精度是该零件的一项主要质量指标，很大程度上

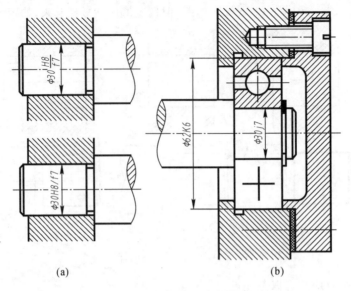

图 8-36　装配图中尺寸公差的标注

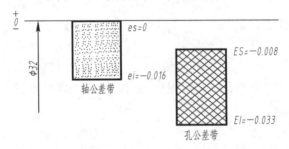

图 8-37　公差带图

影响该零件的质量和互换性,因而它也影响整个机械产品的质量。为了保证机械产品的质量和零件的互换性,应该在零件图上给出几何公差(以前称为形状和位置误差,简称形位公差),规定零件加工时产生的几何误差的允许变动范围,并按零件图上给出的几何公差来检测加工后零件的几何误差是否符合设计要求。

1. 几何公差的概念

几何公差是指实际被测要素对图样上给定的理想形状、理想方位的允许变动量。因此,形状公差是指实际单一要素的形状的允许变动量,方向或位置公差是指实际关联要素的方位对基准所允许的变动量。

《几何公差》是机械工业中一项极为重要的基础互换性标准,用以正确确定几何公差,本节主要介绍 GB/T 1182—2018《产品几何技术规范(GPS) 几何公差 形状、方向位置和跳动公差标注》。

GB/T 1182—2018 规定的几何公差的特征项目分为形状公差、方向公差、位置公差及由测量方法沿袭而来的跳动公差等四种,共有 19 项,它们的名称和符号见表 8-6。其中,形状公差没有基准要求,方向公差、位置公差和跳动公差都有基准要求。

表 8-6　几何公差的特征项目及其符号

公差类型	几何特征	符　号	公差类型	几何特征	符　号
形状公差	直线度	―	位置公差	同心度（用于中心点）	◎
	平面度	▱		同轴度（用于轴线）	◎
	圆度	○		对称度	═
	圆柱度	⌀		位置度	⊕
	线轮廓度	⌒			
	面轮廓度	⌓		线轮廓度	⌒
方向公差	平行度	∥		面轮廓度	⌓
	垂直度	⊥			
	倾斜度	∠	跳动公差	圆跳动	↗
	线轮廓度	⌒		全跳动	↗↗
	面轮廓度	⌓			

2.几何公差的代号及基准

零件要素的几何公差要求按规定的方法表示在图样上。对被测要素提出特定的几何公差要求时,采用水平绘制的矩形方框的形式给出该要求。这种矩形方框称为几何公差框格,由两格或多格组成,如图 8-38 所示。框格中的内容,从左到右第一格填写公差特征项目符号,第二格填写以毫米(mm)为单位表示的公差值和有关符号,从第三格起填写被测要素的基准所使用的字母和有关符号。

带箭头的指引线从框格的一端(左端或右端)引出,并且必须垂直于该框格,用它的箭头与被测要素相连。它引向被测要素时,允许弯折,通常只弯折一次。

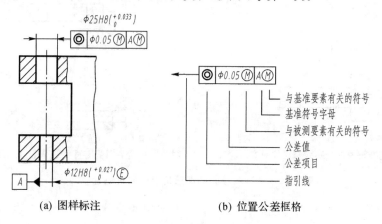

(a) 图样标注　　　　(b) 位置公差框格

图 8-38　几何公差框格中的内容填写示例

基准符号由一个带方格的英文大写字母用细实线与一个涂黑或空白三角形相连而组成,如图 8-39 所示(涂黑的和空白的基准三角形含义相同)。表示基准的字母也要标注在相应被测要素的公差框格内。基准符号引向基准要素时,其方格中的字母应水平书写。

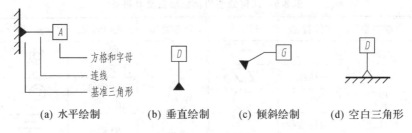

(a) 水平绘制　　(b) 垂直绘制　　(c) 倾斜绘制　　(d) 空白三角形

图 8-39　基准符号

基准三角形的放置规则如下：

①当基准要素为轮廓线或轮廓面时，基准三角形放置在要素的轮廓线或其延长线上，且与该要素的尺寸线明显错开；若受视图方向的限制，基准三角形也可以放置在以圆点由被测面引出的引出线的水平线上，如图 8-40 所示。

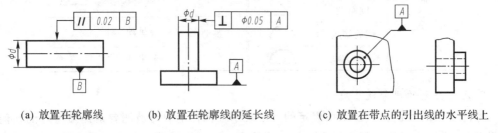

(a) 放置在轮廓线　　(b) 放置在轮廓线的延长线　　(c) 放置在带点的引出线的水平线上

图 8-40　基准符号的基准三角形放置位置(一)

②当基准要素为轴线和中心平面等导出要素(中心要素)时，应把基准符号的基准三角形放置在基准轴线或基准中心平面所对应的尺寸要素(轮廓要素)的尺寸界线上，并且基准符号的细实线应与尺寸线对齐，如图 8-41(a)所示。如果尺寸线处安排不下它的两个箭头，则保留尺寸线的一个箭头，其另一个箭头用基准符号的基准三角形代替，如图 8-41(b)所示。

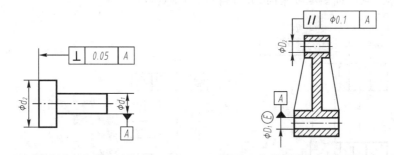

(a) 基准符号的细实线与尺寸对齐　　(b) 尺寸线的一个箭头用基准符号的基准三角形代替

图 8-41　基准符号的基准三角形的放置位置(二)

③对于由两个同类要素构成而作为一个基准使用的公共基准轴线、公共基准中心平面等公共基准，应对这两个同类要素分别标注基准符号(采用两个不同的基准字母)，并且在被测要素公差框格第三格或其以后某格中填写用短横线隔开的这两个字母，如图 8-42 所示。

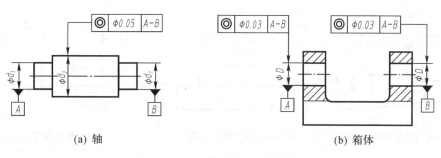

(a) 轴　　　　　　　　　　　　　　(b) 箱体

图 8-42　公共基准中心平面标注

3.几何公差在图样上的表示方法

1)被测组成要素的标注

当被测要素为组成要素(轮廓要素,即表面或表面上的线)时,指引线的箭头应指向该要素的轮廓或它的延长线,并且箭头指引线必须明显地与尺寸线错开,如图 8-40(a)所示。对于被测表面,还可以用带点的引出线把该表面引出(这个点指在该表面上),指引线的箭头指向这条引出线的水平线,如图 8-40(c)所示的被测圆表面的标注方法。

2)被测导出要素的标注

当被测要素为导出要素(中心要素,即轴线、中心直线、中心平面、球心等)时,带箭头的指引线应位于该要素所对应尺寸要素(轮廓要素)的尺寸线的延长线上,如图 8-40(b)、图 8-41和图 8-43所示。

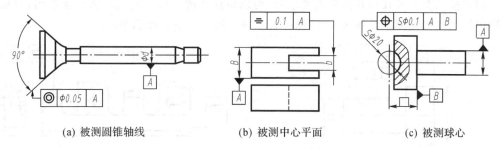

(a) 被测圆锥轴线　　　　(b) 被测中心平面　　　　(c) 被测球心

图 8-43　被测导出要素的标注

3)指引线箭头的指向

指引线的箭头应指向几何公差带的宽度方向或直径方向。当指引线的箭头指向公差带的宽度方向时,公差框格中的几何公差值只写出数字,该方向垂直于被测要素(如图 8-44(a)所示),或者与给定的方向相同(如图 8-44(b)所示)。当指引线的箭头指向圆形或圆柱形公差带的直径方向时,需要在几何公差值的数字前面标注符号"ϕ",例如图 8-44(c)所示孔心(点)的位置度的圆形公差带。当指引线的箭头指向球形公差带的直径方向时,需要在几何公差值的数字前面标注符号"$S\phi$",例如图 8-43(c)所示球心的球形公差带。

4)公共被测要素的标注方法

对于公共轴线、公共中心平面和公共平面等由几个同类要素组成的公共被测要素,应采用一个公差框格标注。这时应在公差框格内公差值的后面加注公共公差带符号 CZ,表示对这几个同类要素给出单一公差带。在该框格的一端引出一条指引线,并由该指引线分别向这几个同类要素引出连线并绘制箭头,图 8-45 所示。

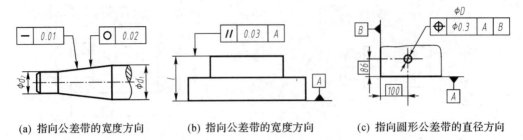

(a) 指向公差带的宽度方向　　　　(b) 指向公差带的宽度方向　　　　(c) 指向圆形公差带的直径方向

图 8-44　被测要素几何公差框格指引线箭头的指向

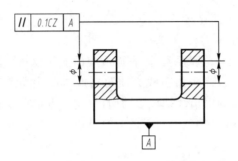

图 8-45　由两个同类要素组成的公共被测轴线标注

5）几何公差的简化标注

同一被测要素有几项几何公差要求时，可以将这几项要求的公差框格重叠绘出，只用一条指引线引向被测要素。图 8-46 的标注表示对左端面有垂直度和平面度要求。

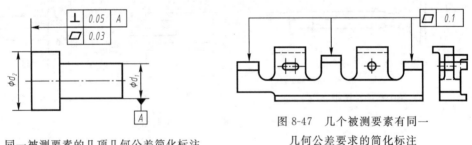

图 8-47　几个被测要素有同一
几何公差要求的简化标注

图 8-46　同一被测要素的几项几何公差简化标注

几个被测要素有同一几何公差要求时，可以只使用一个公差框格，由该框格的一端引出一条指引线，在这条指引线上绘制几条带箭头的连线，分别与这几个被测要素相连，例如图 8-47 所示，三个不要求共面的被测表面的平面度公差值均为 0.1mm。

当某项几何公差应用于结构和尺寸分别相同的几个被测要素时，可以只对其中一个要素绘制公差框格，在该框格的上方写明被测要素的个数，用阿拉伯数字和符号"×"表示（例如"3×"），例如，图 8-48 所示齿轮轴的两个轴颈的结构和尺寸分别相同，且有相同的圆柱度公差和径向圆跳动公差要求。

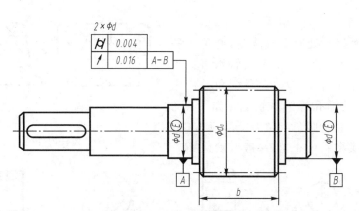

图 8-48　两个轴颈有相同几何公差带要求的简化标注

8.5　零件结构的工艺性

　　零件的结构形状设计不仅要满足使用功能要求,还必须考虑制造加工过程中的工艺性要求,否则会给加工过程带来麻烦,甚至无法制造。因此,应了解零件上常见工艺结构的作用、画法和尺寸标注。

8.5.1　铸件工艺结构

1. 铸件壁厚

　　为了防止铸件因壁厚不均匀,在铸造过程中冷却结晶速度不同,在厚壁处产生组织疏松以致缩孔、裂纹等缺陷,铸件各部位壁厚应尽量均匀。在不同壁厚处应使厚壁与薄壁逐渐过渡。如图 8-49 所示。铸件壁厚一般直接注出,等壁厚铸件有时可在技术要求中注写,如"未注明壁厚为 5mm"。

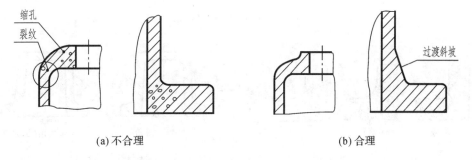

(a) 不合理　　　　　　　　　　　　　　　(b) 合理

图 8-49　铸件壁厚应均匀或逐渐变化

　　为了便于制模、造型、清砂和机械加工,铸件形状应尽量简化,外形尽可能平直,内壁应减少凸凹结构,如图 8-50 所示,其中(a)图结构不合理,(b)图结构合理。

　　铸件厚度过厚易产生裂纹、缩孔等铸造缺陷,在厚度薄使铸件强度不够时,一般采用加强筋来补偿,如图 8-51 所示。

2. 铸造圆角

铸件各表面相交处应做成圆角,避免从砂型中起模时砂型尖角落砂、浇铸时铁水将尖角处型砂冲落,同时防止冷却时铸件尖角处产生裂纹、组织疏松及缩孔等铸造缺陷。如图8-52和图8-53所示。铸造圆角半径为壁厚的 0.2～0.3 倍,可从有关资料中查出,一般取 $R3～R5$。

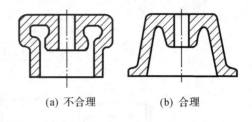

（a）不合理　　　　（b）合理

图 8-50　铸件内外结构合理性比较

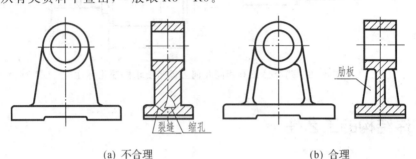

（a）不合理　　　　　　　　　　（b）合理

图 8-51　铸件壁厚的合理设计

同一铸件圆角半径大小应尽量相同。

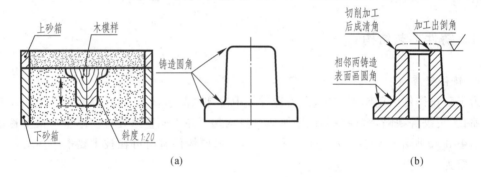

（a）　　　　　　　　　　　　　（b）

图 8-52　铸件的铸造圆角和拔模斜度

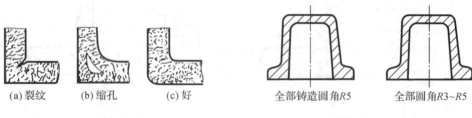

（a）裂纹　　（b）缩孔　　（c）好　　　　全部铸造圆角R5　　全部圆角R3~R5

图 8-53　铸造圆角　　　　　　图 8-54　铸造圆角半径设置及标注

铸造圆角在图样中一般应画出,各圆角半径相同或接近时,可在技术要求中统一注写,如"铸造圆角 $R3～R5$",如图8-54所示。

铸件经机械加工的表面,其毛坯上的圆角被切削掉,转角处呈清角或加工出倒角,如图8-54所示,作图时应注意正确表达。

3. 拔模斜度

为了使模型在造型过程中顺利取出，铸件在沿起模方向的内外壁上应有适当斜度，称为拔模斜度，如图 8-52 所示。拔模斜度的大小通常为 1∶10～1∶20（用角度表示为 3°～5°），通常在图样中不画出拔模斜度（如图 8-55（a）所示），而在技术要求中用文字说明。需要表示时，如在一个视图中拔模斜度已表达清楚（如图 8-55（b）所示），则其他视图允许只按小端画出，如图 8-55（c）所示。

4. 过渡线

由于铸件表面相交处有铸造圆角存在，使表面的交线变得不太明显，为了使看图时能区分不同表面，图中交线仍需画出，这种交线称为过渡线。当过渡线的投影和面的投影积聚线重合时，按面的投影绘制；否则过渡线按其理论交线投影画出，但线的两端要与其他轮廓线断开。过渡线用细实线绘制（GB/T 4457.4—2002）。

如图 8-56 所示，两外圆柱表面均为非切削表面，相贯线为过渡线。在俯视图和左视图中过渡线

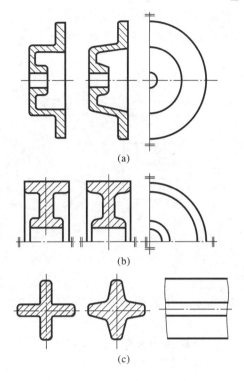

(a)

(b)

(c)

图 8-55　拔模斜度

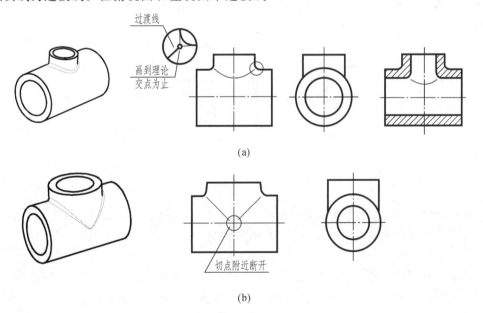

(a)

(b)

图 8-56　两曲面相交的过渡线画法

与柱面的投影重合，而在主视图中，相贯线的投影不与任何表面的投影重合，所以相贯线的两端与轮廓线断开，当两个柱面直径相等时，在相切处也应该断开。

图 8-57 为平面与平面、平面与曲面相交的过渡线画法。在图 8-57（a）中，三角形肋板的

斜面与底板上表面的交线的水平投影不与任何平面重合,所以两端断开。在图 8-57(b)中,圆柱截交线的水平投影按过渡线绘制。

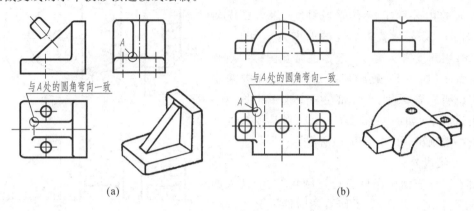

(a) (b)

图 8-57　平面与平面、平面与曲面相交的过渡线画法

8.5.2　机械加工工艺结构

1. 倒角和圆角

为了去除零件因切削加工而产生的毛刺、锐边,便于安装和操作安全,需在轴类零件或孔的端部等处加工成倒角。为避免在台肩等转折处产生应力集中而导致裂纹,需在这些部位加工出圆角。倒角一般为 45°、30°或 60°,其中 45°最为常用。倒角和圆角的画法及尺寸注法如图 8-58 所示。

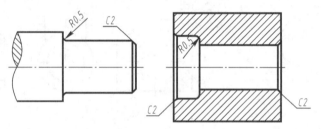

图 8-58　轴和孔的倒角及圆角

零件上的小圆角、锐边的小倒角及 45°的小倒角,在不致引起误解时允许省略不画,但必须注写尺寸或在技术要求中加以说明,如"锐边倒钝"或"全部倒角 C2"等。

2. 钻孔结构

用钻头在零件上钻孔时,应尽量使钻头回转轴线垂直于被钻孔的端面,以避免将孔钻偏或使钻头折断。如果钻孔处表面是斜面或曲面,应预先在该处设置与钻孔方向垂直的平面、凸台或凹坑等,如图 8-59 所示,图 8-59(a)符合上述工艺条件,结构合理,图 8-59(b)则不合理。

因麻花钻顶端为锥角约 120°的锥面,所以在钻不通孔(盲孔)时,孔的底部总有一个锥角约为 120°的锥坑,扩孔加工时也将在直径不等的两柱面孔之间留下 120°的锥面,其画法及尺寸注法如图 8-60 所示。

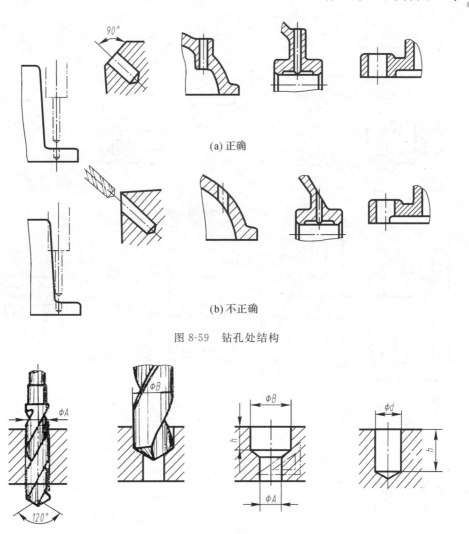

图 8-59　钻孔处结构

图 8-60　钻孔的尺寸注法

3. 退刀槽和越程槽

在切削加工过程中,为了使刀具顺利退出,有利于保证加工质量,同时保证装配时相关零件结合面接触良好,需在加工表面的台肩处先加工出退刀槽或越程槽(即工艺槽)。常见的有螺纹退刀槽、插齿空刀槽、砂轮越程槽、刨削越程槽等,其画法和尺寸注法如图 8-61 所示。退刀槽的尺寸标注形式按"槽宽×直径"或"槽宽×槽深"标注,越程槽可用局部放大图画出。图中尺寸 a,b,h 的数值从附表 6-1 中查取。

4. 凸台和凹坑

为了在装配时使零件之间局部接触良好,同时减少零件上机械加工的面积,在铸件加工部位或需和其他零件接触处常设置凸台或凹坑(或凹槽、凹腔),如图 8-62 所示。

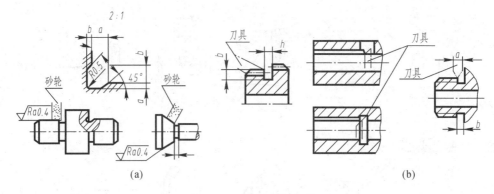

图 8-61　退刀槽与越程槽

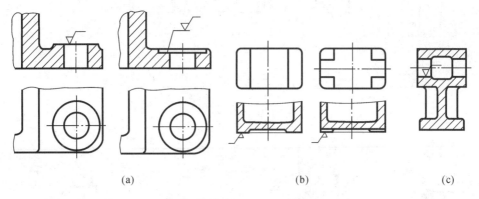

图 8-62　凸台和凹槽

8.6　读零件图

8.6.1　阅读零件图的目的及要求

在机械产品设计、制造过程中,无论从事产品设计、生产工艺管理,还是加工操作、质量检验等工作,都需阅读零件图。一张零件图的内容很多,不同工作岗位的人员看图的目的和侧重面有所不同,通常阅读零件图的主要目的和要求为:

(1)看标题栏了解零件的名称、材料、作图比例等。

(2)阅读视图了解零件各部分结构的形状、特点,结合相关专业知识,了解零件在机器或部件中的作用及零件各部分的功能。

(3)阅读尺寸了解零件各部位的大小。分析主要尺寸基准,以便确定零件加工的定位基准、测量基准等。

(4)明确制造零件的主要技术要求,如表面粗糙度、尺寸公差、形位公差、热处理及表面处理等,以便确定正确的加工方法、检测或试验。

8.6.2　阅读零件图的方法和步骤

阅读零件图必须按照正确的方法和步骤进行,从整体到局部,对内容逐项认真阅读、仔细分析,掌握零件的结构、各部位功用及大小、主要尺寸基准和各项技术要求等,同时提高看图效率。现以图 8-63 为例,介绍看图的方法和步骤。

1. 看标题栏

看一张零件图,首先从标题栏入手,标题栏内列出了零件的名称、材料、比例等信息,它可以帮助我们对零件有概括的了解。如图 8-63 所示,从标题栏的名称"座体",就能联想到它是一个起支承和密封作用的箱体形零件;从材料一栏的"HT200",知道零件的毛坯是铸件,具有铸造工艺要求的结构,如铸造圆角、拔模斜度等,这些都有助于深入看图。

2. 明确视图表达方法和各视图间的关系

在深入看图前,必须弄清为了表达这个零件的形状都采用了哪些表达方法,这些表达方法之间是如何保持投影联系的,这对下一步深入看图是至关重要的。

图 8-63 所示的座体的零件图采用了主、俯、左三个基本视图。由于零件左右是对称的,主视图画成了半剖视图,同时表达了内外结构;俯视图采用了 $A—A$ 剖视,主要表达下部肋板的结构和底板上孔的形状。

3. 分析视图,深入想象零件的形状结构

分析视图,深入想象零件的形状结构是阅读机械零件图的关键环节。看图时仍需应用前述组合体的看图基本方法,对零件进行形体分析、线面分析。先看主视图,联系其他视图。由组成零件的基本形体入手,由外及里,先大后小,从整体到局部,对照各视图之间的投影关系,逐步想象出零件的形状。此外还可以利用零件结构的功能特征,对零件进行结构分析,帮助想象零件的形状。

由座体零件图的三个视图可以看出,座体是起支承和密封作用的零件,其主体结构的基本形状如图 8-64(a)所示,它由三部分组成,上部是圆柱体,下部是长方形底板和连接这两部分的中部剖面 H 形的肋板,上部两 $\phi80H7$ 端孔为滚动轴承室,端面 $6×M8$ 螺孔为连接端盖用,底板上 $4×\phi11$ 为地脚螺栓孔,整体的形状结构如图 8-64(b)所示。

4. 看尺寸,分析尺寸基准

尺寸是零件图的重要组成部分,根据图上的尺寸,明确了零件各部分的大小。看尺寸时要分清各组成部分的定形尺寸、定位尺寸和零件的整体尺寸。特别要识别和判断哪些尺寸是零件的主要尺寸,分析零件各方向的主要尺寸基准。

如图 8-63 所示,零件的主要尺寸要结合图中所标注的公差配合代号及零件各部分的功能来识别和判断。尺寸基准要与设计基准与加工工艺相联系,各方向的尺寸基准可能不止一个,只要分析出主要的即可。

5. 看技术要求,明确零件质量要求

零件图中的技术要求是保证零件内在质量的重要指标,也是组织生产过程中需要特别重视的问题。零件图上的技术要求主要有表面结构要求、极限与配合代号、几何公差及技术要求项目下分条的文字说明。由图 8-63 可以看出,零件上部两端孔 $\phi80\ H7$ 是重要的孔,表面尺寸精确,制造时还要保证其轴线与底面的平行。

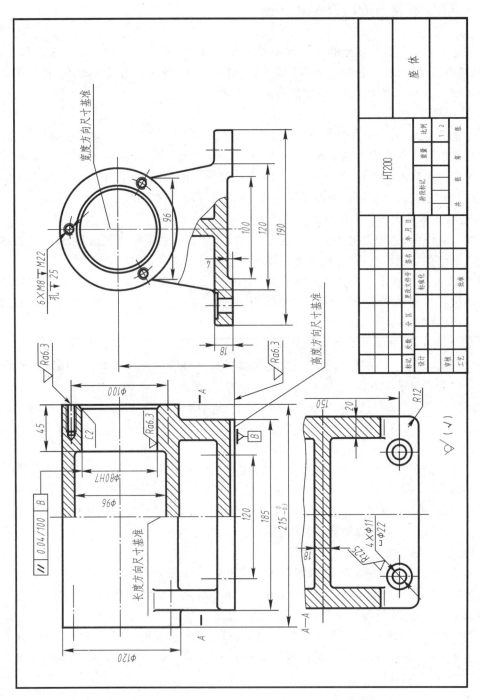

图 8-63　座体零件图

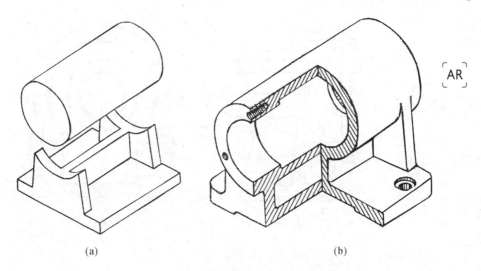

(a) 　　　　　　　　　　　　　　　　(b)

图 8-64　座体的基本形状和机结构

　　看图的最后,还应把看图时各项内容要求加以综合,以把握零件的特点,突出重要要求,以便在加工制造时采取相应的措施,保证零件达到设计要求和质量。

8.6.3　复杂形状零件的视图分析

　　当零件的形状较为复杂时,其视图表达方法必然也复杂,看图时必须认真分析清楚这些视图的表达方案。图 8-66 为图 8-65 所示的箱体零件图。视图仍以主视图、俯视图和左视图为主,但都采用了剖视,同时围绕这三个基本视图画了四个局部视图(E 向为半个仰视图)。看图时必须要明确各剖视图的剖切位置、投影方向,局部视图的投影部位、投影方向,以及各视图之间的投影联系,把这些综合起来,再仔细分析视图,才能逐步想象出零件的形状。

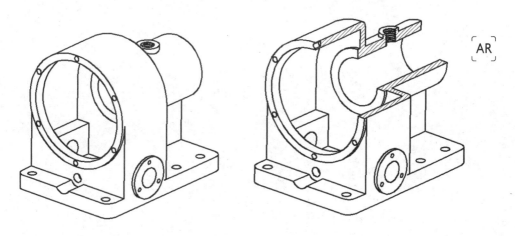

图 8-65　箱体

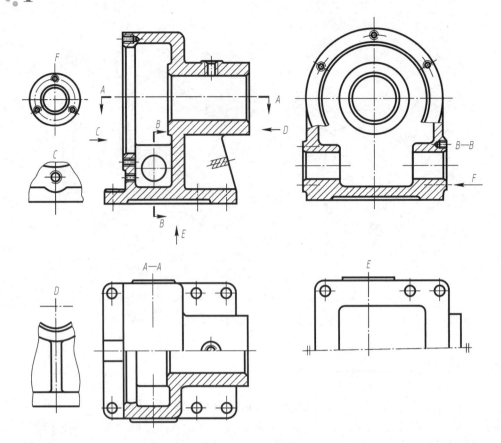

图 8-66　表达箱体结构的视图

第9章 装配图

表示产品及其组成部分的连接、装配关系及其技术要求的图样,称为装配图。它是设计部门交给生产部门重要的技术文件,在设计、装配、检验、安装调试及使用维修等工作中,都需要装配图。在设计或测绘机器时,要先绘出装配图,再根据装配图拆画零件图。装配图要反映设计者的意图,表达机器或部件的工作原理、性能要求、零件间的装配关系和主要零件的结构形状,以及在装配、检验、安装时所需要的尺寸数据和技术要求。本章主要介绍装配图的内容、视图表达方法、装配结构的合理性、尺寸注法、由零件图画装配图、看装配图和由装配图拆画零件图。

9.1 装配图的内容

图 9-1 是球阀装配轴测图,它由 13 种零件组成,是用于启闭和调节流体流量的部件。图 9-2 是该部件的装配图。由图 9-2 可以看出一张完整的装配图包括以下四方面内容:

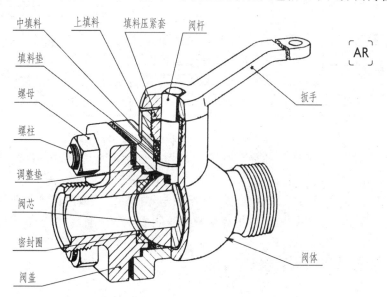

图 9-1 球阀的装配轴测图

(1)一组视图。表达机器或部件的传动路线、工作原理、各组成零件的相对位置、装配关系、连接方式和主要零件的结构形状等。

(2)必要的尺寸。只需标注出表示机器或部件的性能、装配、检验和安装所必需的一些尺寸。

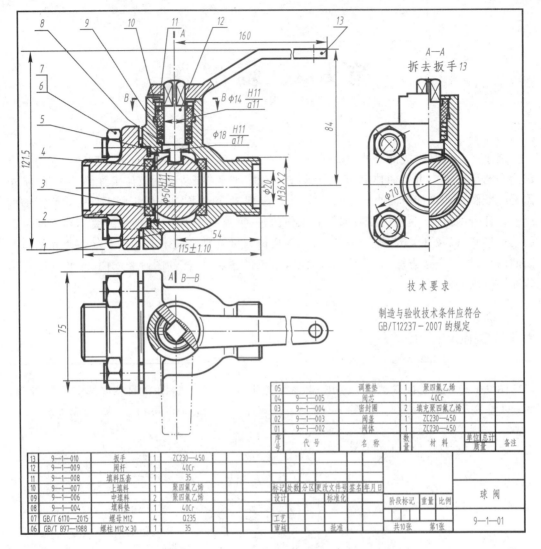

图 9-2 球阀的装配图

（3）技术要求。用数字符号或文字对机器或部件的性能、装配、检验、调整、验收以及使用方法等方面的要求进行说明。

（4）零件序号、明细栏和标题栏。装配图与零件图最明显的区别就是在装配图中对每个零件进行编号，并在标题栏上方按编号顺序绘制成零件明细栏。

9.2 装配图的视图表达方法

9.2.1 部件的基本表达方法

机器或部件的表达与零件的表达，其共同点都是要反映它们的内外结构形状，因此，第 6 章介绍过的机件的各种表达方法和选用原则，不仅适用于零件，也完全适用于机器或部件。

但是，零件图所表达的是单个零件，而装配图所表达的则是由若干零件所组成的机器或部件。两种图的要求不同,所表达的侧重面也就不同。装配图是以表达机器或部件的工作原理和主要装配关系为中心,把机器或部件的内部构造、外部形状和主要零件的结构形状表达清楚,不要求把每个零件的形状完全表达清楚,因此《机械制图》国家标准对装配图提出了一些规定画法和特殊表达方法。

9.2.2　装配图的规定画法

1. 接触面(或配合面)和非接触面的画法

(1)两零件的接触面或基本尺寸相同的轴孔配合面,只画一条线表示公共轮廓,间隙配合即使间隙较大也必须画一条线,如图 9-2 的主视图中注有 $\phi50H11/h11$,$\phi18H11/a11$,$\phi14H11/d11$ 的配合面及螺母 7 与阀盖 2 的接触面等,都只画一条线。

(2)相邻两零件的非接触面或非配合面,应画两条线,表示各自的轮廓。相邻两零件的基本尺寸不相同时,即使间隙很小也必须画两条线。如图 9-2 中阀杆 12 的榫头与阀芯 4 凹槽的非配合面,阀盖 2 与阀体 1 的非接触面等,都是画两条线,表示各自的轮廓。

2. 剖面线的画法

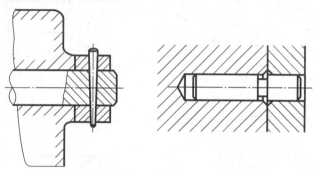

(a) 剖切部分面积较大时的画法　(b) 剖切部分不画波浪线的画法

图 9-3　装配图中剖面线的画法

(1)在剖视图或断面图中,相邻两零件的剖面线要方向不同间距不同;如果是两个以上零件相邻时,可改变第三个零件剖面线的间隔,以区分不同零件。如图 9-2、图 9-3 中剖面线的画法。

(2)在各剖视图或断面图中,同一零件的剖面线方向和间隔都必须相同。

(3)当被剖部分的图形面积较大时,可沿轮廓的周边画出等长剖面符号,如图 9-3(a)。如仅需画出剖视图中的一部分图形,其边界又不画波浪线时,则应将剖面线绘制整齐,如图 9-3(b)所示。

3. 标准件和实心件纵向剖切时的画法

在剖视图中,对于标准件(如螺栓、螺母、键、销等)和实心的轴、连杆、拉杆、手柄等零件,若纵向剖切且剖切平面通过其基本轴线(或对称平面)时,均按不剖绘制,如图 9-2 所示的主视图中的阀杆 12。当需要表明标准件或实心件的局部结构时,可用局部剖视表示,如图 9-2 所示的主视图中的扳手 13 的方孔处和图 9-3(a)中轴上的销孔处。

当剖切平面通过某些标准组件的轴线时,则该组件也可按不剖绘制,如图 9-4 所示的滑动轴承的油杯。

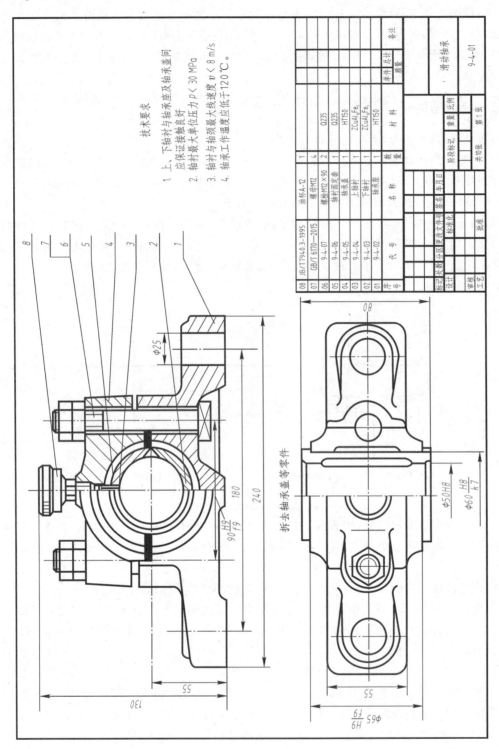

技术要求

1. 上、下轴衬与轴承座及轴承盖间应保证接触良好。
2. 轴衬最大单位压力 $p < 30$ MPa。
3. 轴衬与轴颈最大线速度 $v < 8$ m/s。
4. 轴承工作温度应低于120℃。

拆去轴承盖等零件

图9-4 滑动轴承装配图

08	JB/T1794.0.3-1995	油杯A-12	1		
07	GB/T 6170—2015	螺母M12	4	Q235	
06	9-4-07	螺栓M12×90	2	Q235	
05	9-4-06	轴衬固定套	1	HT150	
04	9-4-05	轴承盖	1	HT150	
03	9-4-04	上轴衬	1	ZCuAl₁₀Fe₃	
02	9-4-03	下轴衬	1	ZCuAl₁₀Fe₃	
01	9-4-02	轴承座	1	HT150	
序号	代号	名称	数量	材料	备注

标记	处数	分区	更改文件号	签名	年月日		单件	总计	
							质量		滑动轴承
设计			标准化			阶段标记	重量	比例	9-4-01
审核									
工艺			批准			共10张	第1张		

9.2.3　装配图的特殊画法

1.拆卸画法

在装配图中,当某个或几个零件遮住了需要表达的其他结构或装配关系,而它(们)在其他视图中又已表示清楚时,可假想将其拆去,只画出所要表达部分的视图,需说明时应在该视图上方加注"拆去××等",这种画法称为拆卸画法。如图 9-2 所示的左视图是拆去扳手 13 之后画出的,因它已在另两视图中表达清楚了。

2.沿结合面剖切画法

在装配图中,为了表达某些内部结构,可沿两零件间的结合面剖切后进行投影,称为沿结合面剖切画法。如图 9-4 所示滑动轴承装配图中的俯视图的右半部分就是拆去轴承盖上轴衬、螺栓和螺母后画出的。又如图 9-5 转子泵装配图中的右视图(A—A 剖视图),是沿泵体和泵盖的结合面(中间的垫片)处剖切后画出的。它与拆卸画法的区别在于它是剖切而不是拆去。

3.单独画出某零件的某视图的画法

在装配图中,为了表示某零件的形状,可另外单独画出该零件的某一视图,并加标注。如图 9-5 所示的转子泵中按 B 投射方向,单独画出了其中零件泵盖的视图"B",并做了相应的标注"泵盖 B",或标注零件序号××的"零件××B"。

4.假想画法

(1)运动零(部)件极限位置表示法。在装配图中,当需要表示运动零(部)件的运动范围或极限位置时,可将运动件画在一个极限位置(或中间位置)上,另一极限位置(或两极限位置)用双点画线画出该运动件的外形轮廓。如图 9-6 所示的三星齿轮机构主视图中手柄的运动极限位置画法。

(2)相邻零(部)件表示法。在装配图中,当需要表示与本部件有装配或安装关系但又不属于本部件的相邻其他零(部)件时,可用双点画线画出该相邻零(部)件的部分外形轮廓。如图 9-5 所示的主视图和图 9-6 所示的左视图 A—A 展开中的双点画线分别表示了转子泵的相邻零件机架和三星齿轮传动机构的相邻部件床头箱。

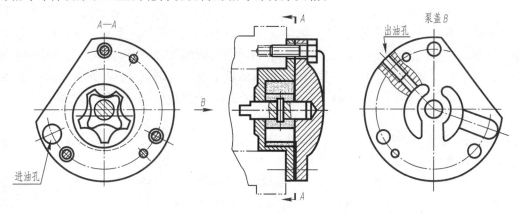

图 9-5　转子泵装配图

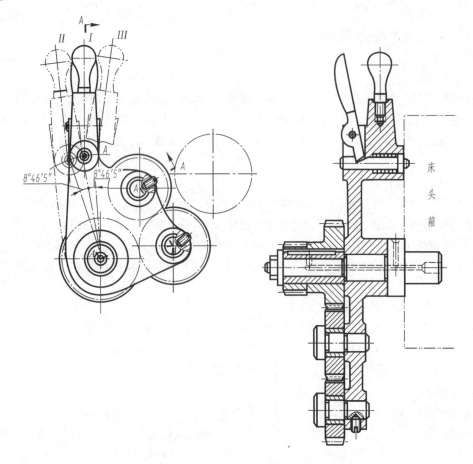

图 9-6　三星齿轮传动机构装配图

5. 展开画法

　　为表示齿轮传动顺序和装配关系,可按空间轴系传动顺序沿其各轴线剖切后依次展开在同一平面上,画出剖视图,并在剖视图上方加注"$X—X$ 展开",这种画法称为展开画法。如图 9-6 所示左视图中的 $A—A$ 展开。

6. 夸大画法

　　在装配图中,对于薄片零件、细丝弹簧或较小的斜度和锥度、微小的间隙等,当无法按实际尺寸画出,或者虽能如实画出,但不明显时,可将其夸大画出,即允许将该部分不按原绘图比例而适当放大,以使图形清晰。如图 9-5 所示的转子泵主视图中泵体与泵盖间的垫片(涂黑处),右视图 $A—A$ 中螺钉与泵体、泵盖上的光孔的非配合间隙,都采用了夸大画法。

7. 简化画法

　　(1)在装配图中,零件的工艺结构如小圆角、倒角、退刀槽等允许不画出;螺栓、螺母的倒角和因倒角而产生的曲线允许省略,如图 9-7 中所示。

　　(2)在装配图中,滚动轴承按 GB/T 4459.7—1998 规定,可采用通用画法、特征画法或规定画法,见本书 7.5(第 7 章第 5 节)。在图 9-7 中滚动轴承采用了规定(简化)画法。但同一张图样中,一般只允许采用同一种画法。

　　(3)在装配图中,若干相同的零件组(如螺纹紧固件组等),允许仅详细地画出一处,其

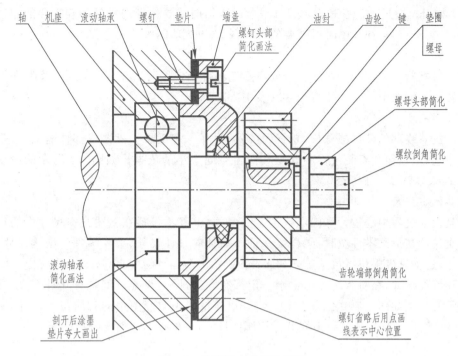

图 9-7　装配图中的简化画法

余各处以点画线表示其位置,如图 9-7 中的螺钉画法。

　　(4)在装配图中,宽度小于或等于 2mm 的狭小面积的剖面区域,允许用涂黑代替剖面符号,如图 9-7 中的垫片。如果是玻璃或其他材料而不宜涂黑时,可不画剖面符号。

9.3　装配图的尺寸标注和技术要求

9.3.1　装配图中的尺寸标注

　　在装配图中,不必注全所属零件的全部尺寸,只需注出用以说明机器或部件的性能、工作原理、装配关系和安装要求等方面的尺寸,这些必要的尺寸是根据装配图的作用确定的。一般只标注以下几类尺寸:

　　1. 性能尺寸(规格尺寸)

　　它是表示机器或部件的性能、规格的尺寸。这类尺寸在设计时就已确定,是设计机器、了解和选用机器的依据。如图 9-2 所示球阀的管口直径 $\phi20$ 以及图 9-4 所示滑动轴承的孔直径 $\phi50H8$。

　　2. 装配尺寸

　　装配尺寸包括作为装配依据的配合尺寸和重要的相对位置尺寸。

　　(1) 配合尺寸。它是表示两零件间配合性质的尺寸,一般在尺寸数字后面都注明配合代号。配合尺寸是装配和拆画零件图时确定零件尺寸偏差的依据。如图 9-2 所示的球阀中的 $\phi18H11/a11$,$\phi14H11/a11$ 等。

（2）相对位置尺寸。它是表示设计或装配机器时需要保证的零件间较重要的相对位置尺寸，也是装配、调整和校图时所需要的尺寸，如图 9-2 球阀中的尺寸 54。

3.安装尺寸

表示将机器或部件安装在地基上或与其他部件相连接时所需要的尺寸。如图 9-4 所示的滑动轴承装配图中的安装孔直径 $\phi25$ 及中心距 180。

4.外形尺寸

表示机器或部件外形的总长、总宽、总高的尺寸。它反映了机器或部件的大小，是机器或部件在包装、运输和安装过程中确定其所占空间大小的依据。如图 9-4 所示的滑动轴承的总长 240、总宽 80、总高 130。

5.其他重要尺寸

它是设计过程中经过计算确定或选定的尺寸，但又不包括在上述几类尺寸中的重要尺寸。这类尺寸在拆画零件图时，同样要保证。如轴向设计尺寸、主要零件的结构尺寸、主要定位尺寸、运动件极限位置尺寸等。如图 9-4 所示滑动轴承的中心高 55。

上述五类尺寸，在每张装配图上不一定都有，有时同一尺寸可能具有几种含义，分别属于几类尺寸。例如图 9-2 中的尺寸 115 ± 1.10 既是球阀装配图中的相对位置尺寸，又是外形尺寸（总长）。因此，装配图中究竟标注哪些尺寸，要根据具体情况分析确定。

9.3.2 装配图中的技术要求

用文字或符号在装配图中对机器或部件的性能、装配、检验、使用等方面的要求和条件的说明，这些统称为装配图中的技术要求。如图 9-2、图 9-4 中的技术要求。

性能要求指机器或部件的规格、参数、性能指标等；装配要求一般指装配方法和顺序，装配时的有关说明，装配时应保证的精确度、密封性等要求；使用要求是对机器或部件的操作、维护和保养等有关要求。此外，还有对机器或部件的涂饰、包装、运输等方面的要求及对机器或部件的通用性、互换性的要求等。

编制装配图的技术要求时，可参阅同类产品的图样，根据具体情况确定。技术要求中的文字注写应准确、简练，一般写在明细栏的上方空白处，也可另写成技术要求文件作为图样的附件。

9.4 装配图中的零、部件序号和明细栏的基本要求

为了便于看图，便于图样管理、备料和组织生产，对装配图中每种零、部件都必须编注序号，并填写明细栏。

9.4.1 零、部件序号（GB/T 4458.2—2003）

1.序号的一般规定

（1）装配图中所有零、部件均应编号。同一装配图中相同的零、部件只编注一个序号，且一般只标注一次。

（2）装配图中零、部件的序号应与明细栏中的序号一致。

（3）同一装配图中编注序号的形式应一致。

2．序号的编排方法

（1）序号的通用编注形式

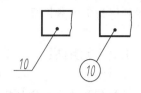

在水平的基准线（细实线）上或圆（细实线）内注写序号，序号字号比该装配图中所注尺寸数字大一号或大两号，如图9-8所示。

图9-8　序号的两种形式

（2）序号的指引线

1）装配图中所用的指引线和基准线应按 GB/T 4457.2—2003 的规定绘制成细实线。

2）指引线应自所指零部件的可见轮廓内引出，并在末端画一实心小圆点，如图9-8所示。若所指部分（很薄的零件或涂黑的断面）内不便画圆点时，可在指引线的末端画出箭头，并指向该部分的轮廓，如图9-9所示。

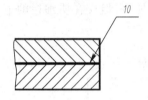

图9-9　涂黑部分指引采用箭头的方法

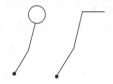

图9-10　指引线可弯折一次

3）指引线应尽可能排布均匀，且不宜过长，相互不能相交，应尽量不穿过或少穿过其他零件的轮廓，当穿过有剖面线的区域时，不应与剖面线平行，如图9-2所示。

4）指引线在必要时允许画成折线，但只可曲折一次，如图9-10所示。同一组紧固件以及装配关系清楚的零件组，可以采用公共指引线，如图9-11所示，并可参阅图9-2零件6、7。

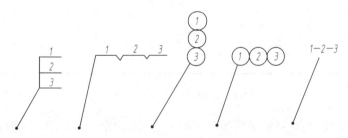

图9-11　零件组可用公共指引线

标准部件（如滚动轴承、油杯等）可看成一整体，只编一个序号，用一条指引线，如图9-2和图9-4所示。

（3）序号的排列形式。装配图中的序号应按水平或竖直方向排列整齐，可按下列两种方法排列：

1）按顺时针或逆时针方向顺次排列，在整个图上无法连续时，可只在每个水平或竖直方向顺次排列，不得跳号，如图9-2中的序号排列。

2）也可按装配图明细栏（表）中的序号排列，采用此种方法时，应尽量在每个水平或竖直方向顺次排列。

3．序号的画法

为了使序号布置整齐美观，编注序号时应先按一定位置画好横线或圆圈（画出横线或圆圈的范围线,取好位置后擦去范围线);然后再找好各零、部件轮廓内的适当处,一一对应地画出指引线和圆点。

9.4.2 明细栏

装配图的明细栏是机器或部件中全部零件的详细目录,一般配置在标题栏上方,当标题栏上方位置不够时,可续接在标题栏的左方。明细栏下边线与标题栏上边线重合,标题栏与明细栏长度相同。

明细栏中,零、部件序号应按自下而上的顺序填写,以便在增加零件时可继续向上画格。当有两张或两张以上同一图样代号的装配图时,明细栏放在第一张装配图上。

在实际生产中,对于较复杂的机器或部件也可使用单独的明细栏,可作为装配图的续页按 A4 幅面单独给出,其顺序是由上而下延伸。还可连续加页,但应在明细栏的下方配置标题栏,并在标题栏中填写与装配图相一致的名称和代号。

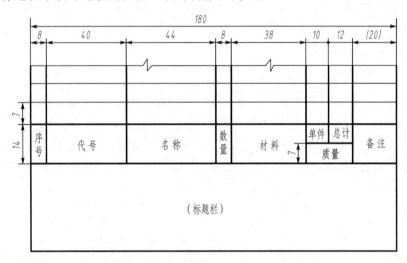

图 9-12　明细栏的推荐格式(GB/T 10609.2—2009)

GB/T 10609.2—2009 规定了明细栏的统一格式,如图 9-12 所示。其内容为:

序号——填写图样中相应组成部分的序号;

代号——填写图样中相应组成部分的图样代号或标准号,注意图样代号要与零件图一致;

名称——填写图样中相应组成部分的名称,必要时可写出其型式与尺寸,如螺母 M12;

数量——填写图样中相应组成部分在本装配图中的数量;

材料——填写图样中相应组成部分的材料标记;

质量——填写图样中相应组成部分单件和总件数的计算质量,以千克(公斤)为计量单位时,可省略单位;

分区——必要时,应按照有关规定将分区代号填写在备注栏中。

备注——填写该项的附加说明或其他有关内容,如齿轮应填写"$m=$","$z=$"。

9.5 装配结构的合理性简介

为保证机器或部件能顺利装配,并达到设计规定的性能要求,而且拆、装方便,必须使零件间的装配结构满足装配工艺要求。所以在设计绘制装配图时,应考虑合理的装配结构工艺问题。本节主要介绍接触面或配合面的结构。

1.接触面的数量

两零件在同一方向上(横向、竖向或径向)只能有一对接触面,这样既能保证接触良好,又能降低加工要求,否则将造成加工困难,并且也很难达到同时接触。如图 9-13 所示,必须使 $a_1 > a_2$。

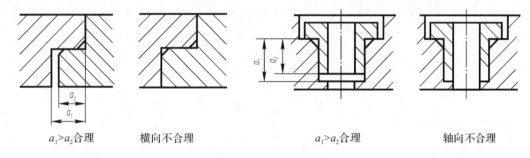

| $a_1 > a_2$ 合理 | 横向不合理 | $a_1 > a_2$ 合理 | 轴向不合理 |

图 9-13 接触面的画法

2.轴颈和孔的配合

如图 9-14 所示,为保证 ϕA 已经形成的配合,ϕB 和 ϕC 就不应再形成配合关系,即必须保持 $\phi B > \phi C$。

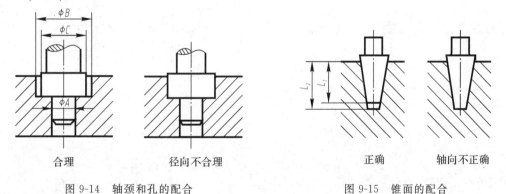

图 9-14 轴颈和孔的配合   图 9-15 锥面的配合

3.锥面的配合

由于锥面配合能同时确定轴向和径向的位置,因此当锥孔不通时锥体顶部与锥孔底部之间必须留有间隙。如图 9-15 所示,必须保持 $L_2 > L_1$,否则就得不到稳定的配合。

4.转折处结构

零件两个方向的接触面在转折处应做成倒角、倒圆或凹槽,以保证两个方向的接触面都接触良好。如图 9-16 所示,转折处不应都加工成直角或尺寸相同的圆角,因为这样会使装配时转折处发生干涉,以致接触不良而影响装配精度。

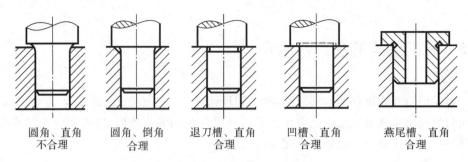

| 圆角、直角
不合理 | 圆角、倒角
合理 | 退刀槽、直角
合理 | 凹槽、直角
合理 | 燕尾槽、直角
合理 |

图 9-16　接触面转折处的结构

5.较长的接触平面

如图 9-17(a)或圆柱面如图 9-17(b)所示的较长的接触平面应制出凹槽,以减少加工面。

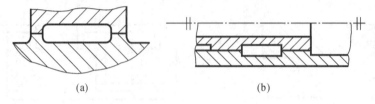

(a)　　　　　　　　　　　(b)

图 9-17　较长结构应制出凹槽

6.螺纹连接的合理结构

为了保证螺纹能旋紧,应在螺纹尾部留出退刀槽或在螺孔端部加工出凹坑或倒角,如图 9-18所示。

为了保证连接件与被连接件间的良好接触,被连接件上应做成沉孔或凸台,如图9-19所示。被连接件通孔的直径应大于螺纹大径或螺杆直径,以便于装配。

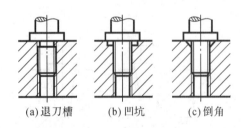

(a)退刀槽　(b)凹坑　(c)倒角

图 9-18　利于螺纹旋紧的结构

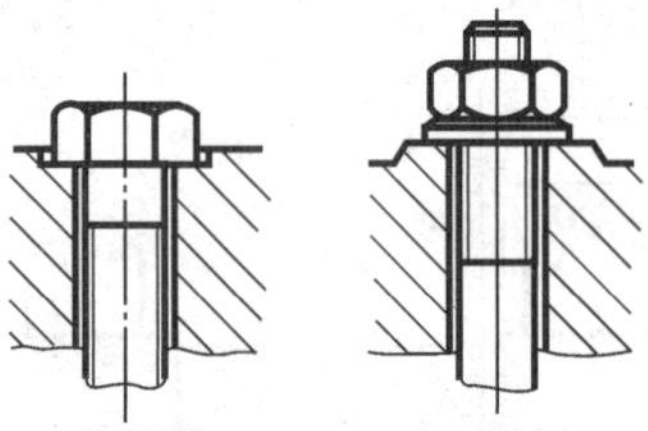

(a)沉孔　　(b)凸台

图 9-19　保证良好接触的结构

7.销连接

在条件允许时,销孔一般应制成通孔,以便拆装和加工,如图 9-20(a)所示;用销连接轴上零件时,轴上零件应制有工艺螺孔,以备加工销孔时用螺钉锁紧,如图 9-20(b)左视图所示。

8.装拆空间

设计时要考虑零件便于拆装,必要时要留出装拆空间,如图 9-21 所示。

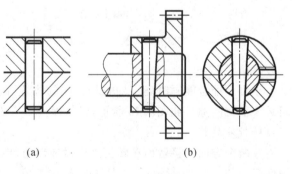

(a)　　　　　　　　(b)

图 9-20　销连接

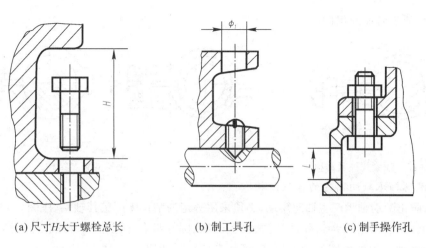

(a) 尺寸H大于螺栓总长　　(b) 制工具孔　　(c) 制手操作孔

图 9-21　装拆空间

9. 锁紧结构

图 9-22、图 9-23 所示为螺母的几种锁紧方式,图 9-24 所示为两个零件用紧固螺钉锁紧。

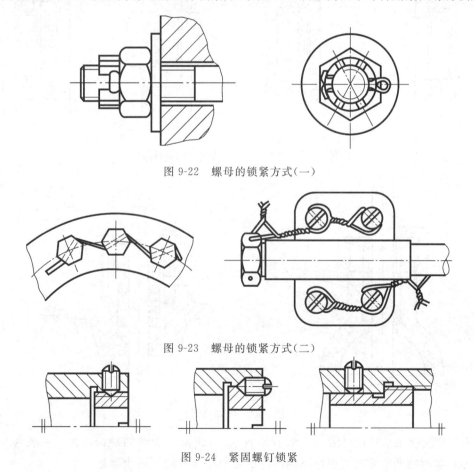

图 9-22　螺母的锁紧方式(一)

图 9-23　螺母的锁紧方式(二)

图 9-24　紧固螺钉锁紧

　　图 9-25 所示为顶紧式锁紧结构,轴与壳体是间隙配合。拧紧螺钉后,通过垫将轴锁紧(图示为锁紧状态),此时壳体与螺钉间需有间隙。图 9-26 所示为夹紧式锁紧结构,轴与壳

体是配合,锁紧时需画出间隙(b)。

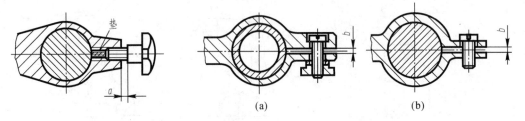

图 9-25 顶紧式锁紧结构   图 9-26 夹紧式锁紧结构

10.滚动轴承轴向固定的合理结构

为了防止滚动轴承产生轴向窜动,必须采用一定的结构来固定其轴圈、座圈。常用的轴向固定结构形式有轴肩、台肩、弹性挡圈、端盖凸缘、圆螺母和止退垫圈、轴端挡圈等,如图 9-27 所示。孔和轴用弹性挡圈的标准尺寸,可从有关标准中查取。

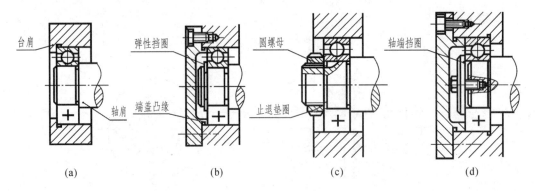

图 9-27 滚动轴承轴圈、座圈的轴向固定

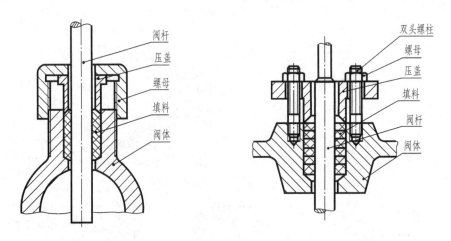

图 9-28 防漏结构

为了使滚动轴承转动灵活和热胀后不致卡住,应留有少量的轴向间隙(一般为 0.2~ 0.3mm),常用的调整方法有更换不同厚度的金属垫片或用螺钉止推盘等。

11.防漏结构

机器或部件能否正常运转,在很大程度上取决于密封或防漏结构的可靠性。为此,在机器或部件的旋转轴、滑动杆(阀杆、活塞杆等)伸出箱体(或阀体)处,常做成一填料箱(涵),填入具有特殊性质的软质填料,用压盖或螺母将填料压紧,使填料以适当的压力贴在轴(杆)上,达到既不阻碍轴(杆)运动,又能阻止工作介质(液体或气体)沿轴(杆)泄漏,从而起到密封和防漏作用,如图 9-28 所示。

画图时,压盖画在表示填料刚刚加满,并开始压紧填料的位置。

12.轴上零件的连接和固定

轴上零件的连接和固定的类别,其图例及画法见表 9-1。

表 9-1 轴上零件的连接和固定

类别	图 例	画 法
紧定螺钉	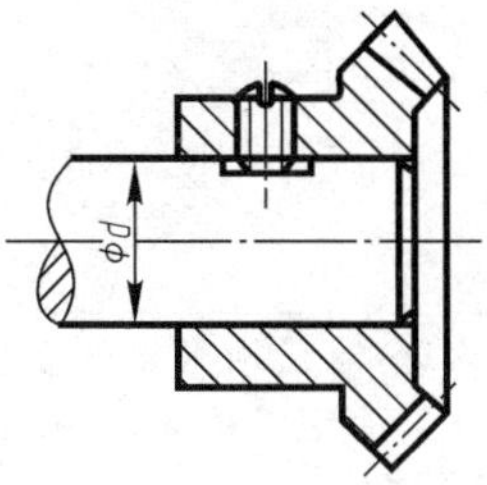 (a) 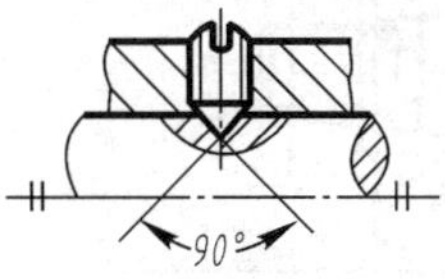　　　　　　(b)	螺钉直径一般取 $0.15\sim0.25d$。 用平端紧定螺钉时,轴上应加工出平台(见图(a))。 用锥端紧定螺钉时,轴上应制有承钉孔(见图(b))。
销	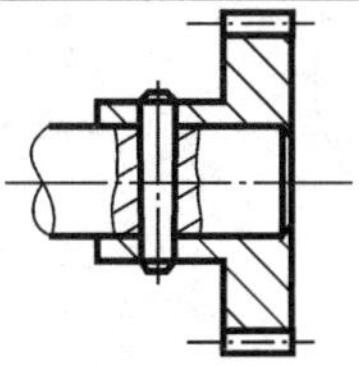	销直径一般取 $\dfrac{1}{4}\sim\dfrac{1}{6}d$。
键和螺母	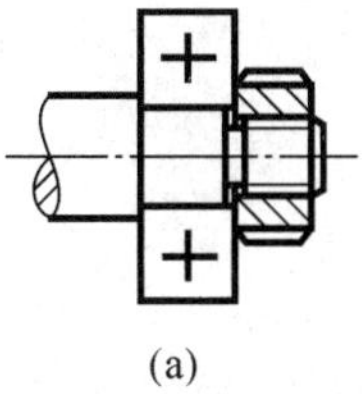 (a) 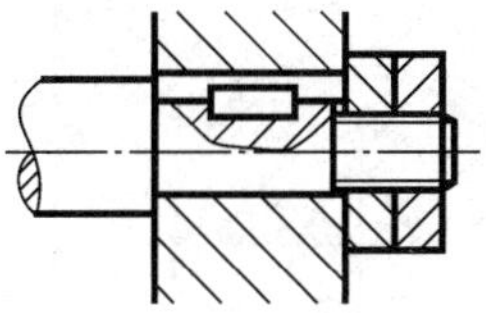　　　　　　(b)	键和轴上键槽一般取局部剖视。键和槽间三面接触。键顶面和孔的键槽间应画出缝隙。 轴和孔是间隙配合,螺纹大径应小于轴的直径。 被连接件与螺母端面应靠紧,螺母端面与轴肩应有间隙。
挡圈	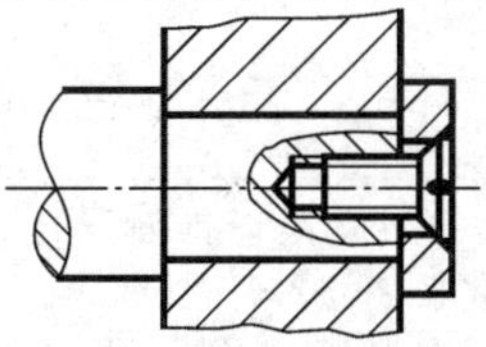 (a)轴端挡圈 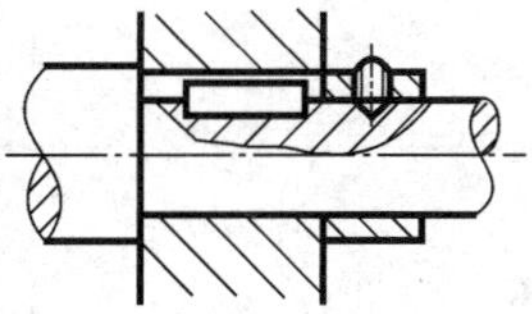　　(b)锁紧挡圈 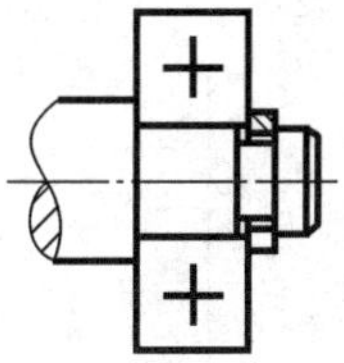 (c)弹性挡圈	轴向端面必须靠紧。

续表

类别	图 例	画 法
开口销		一般将开口销示意画出。
锥形轴头		必须留有间隙 A。
非圆形截面	(a) (b)	图(a)所示轴 1 和件 2 是用方孔连接。为便于拆卸,方孔与轴间留有间隙,一般取 $b \approx 0.75d$。剖面 $A—A$ 可不画出。 图(b)所示连接孔是三角形,必须画出剖面 $B—B$。
弹性环		弹性环是以锥面配合的钢环,通常取 $\alpha=12.5°\sim17°$。 为保证锥面靠紧,必须留有间隙 A。

9.6　由零件图画装配图

9.6.1　了解部件的装配关系和工作原理

看懂零件图,对照实物或装配示意图,仔细分析、了解零件的装配关系及工作原理。

图 9-29 所示为齿轮油泵的分解立体图。齿轮油泵主要由泵体、传动齿轮轴、齿轮轴、左泵盖、右泵盖、密封部分、传动齿轮和一些标准件所组成。在看懂零件结构形状的同时,还应了解零件的相互位置及连接关系。

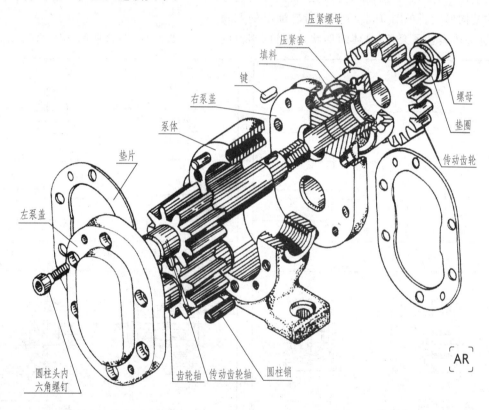

图 9-29　齿轮油泵的分解立体图

9.6.2　画装配图的步骤

齿轮油泵的工作原理如图 9-30 所示,当主动齿轮逆时针旋转,从动齿轮被带动按顺时针旋转。当一对齿轮在泵体内作啮合传动时,啮合区内右边空间的压力降低而产生局部真空,油池内的油便在大气压力作用下,从吸油口进入泵室右腔低压区,随着齿轮继续转动,由齿间将油带入泵室左腔,并使油产生压力经出油口排出。

9.6.3 视图选择

1.装配图的主视图

装配图应以工作位置和清楚地反映主要装配关系的那个方向作为主视图,并尽可能反映其工作原理,因此主视图多采用剖视图。如图 9-32 所示的齿轮油泵的主视图就具有上述特点。

2.其他视图、剖视图及剖面图的选择

选择其他视图、剖视图及剖面图,主要是补充主视图的不足,进一步表达装配关系和主要零件的结构形状。如图 9-32 所示的齿轮油泵的左视图,进一步表达了泵盖、泵体的形状及螺钉、销钉的

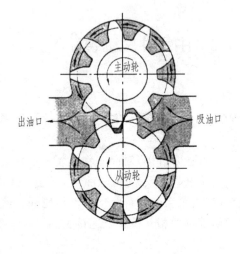

图 9-30 齿轮油泵的工作原理

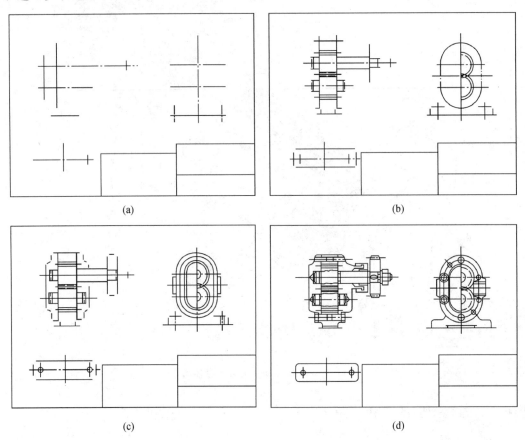

(a)

(b)

(c)

(d)

图 9-31 画装配图的步骤

分布情况;拆卸剖的半剖视图,表达了泵室、齿轮啮合及吸油口的情况;局部视图表明了泵体底板上两个安装孔的尺寸和位置。

由零件图画装配图的步骤如图 9-31 和图 9-32 所示。

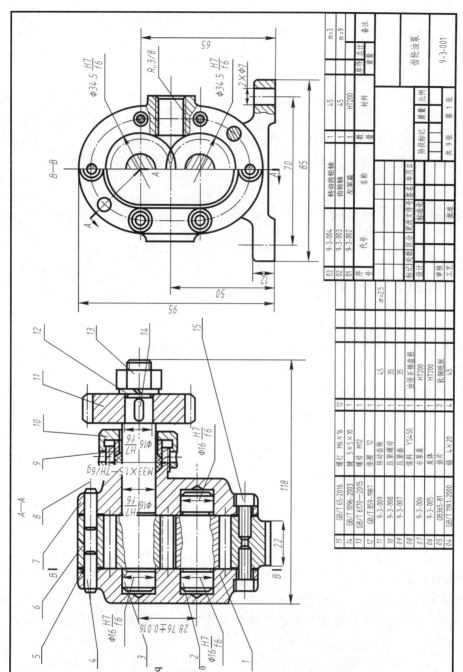

图 9-32　齿轮油泵装配图

15	GB/T 65-2016	螺钉 M6×16	12		备注
14	GB/T 1096-2003	键 5×5×10	1		
13	GB/T 6170-2015	螺母 M12	1		
12	GB/T 859-1987	垫圈 12	1		
11	9-3-009	转动齿轮	1	45	
10	9-3-008	压紧螺母	1	35	
09	9-3-007	压盖套	1	35	
08		油封 Y3450	1	耐油石棉盘根	
07	9-3-006	右泵盖	1	HT200	
06	9-3-005	泵体	1	HT200	
05	08365-81	垫片	2	软钢纸板	
04	GB/T 1191-2000	销 4×20	4	45	
03	9-3-004	转动齿轮轴	1	45	m=3
02	9-3-003	齿轮轴	1	45	m=9
01	9-3-002	左泵盖	1	HT200	
序号	代号	名称	数量	材料	单件 总计 备注 重量

				齿轮油泵	
标记 处数 区分 更改文件号 签名 年月日		阶段标记	质量	比例	9-3-001
设计		标准化			
				第 1 张 共 9 张	
审核		批准			
工艺					

m=2.5

（1）根据已确定的装配体表达方案，选取绘图的比例和图纸幅面，安排各视图的位置。在安排视图时，要注意留出编注零件序号、标注尺寸以及填写标题栏、明细栏和技术要求的位置。

（2）画图框，画出标题栏、明细栏的位置；画各视图的主要轴线、中心线和图形定位基准线，如图 9-31(a)所示。

（3）由主视图入手配合其他视图，按照装配干线，从传动齿轮轴开始，由里向外逐个画出齿轮轴、泵体、垫片、泵盖、密封圈、轴套、压紧螺母、键、传动齿轮等；或从主体件泵体开始由外向里逐个画出传动齿轮轴、齿轮轴等，完成装配图的底稿，如图 9-31(b)、(c)、(d)所示。

（4）加深装配图，并画出序号指引线，填写序号、标题栏及明细栏，如图 9-32 所示。

9.7 读装配图及由装配图拆画零件图

9.7.1 读装配图

在工业生产中，经常要看装配图，识读装配图是工程技术人员必备的能力。在设计、制造、装配、使用和维修机器以及进行技术交流时都必须要用装配图。那么怎样读装配图呢？

1．读装配图的基本要求

（1）了解装配体的名称、用途和工作原理。

（2）了解各零件之间的装配关系和装拆顺序。

（3）了解各零件的主要结构形状和作用，想象各零件的工作过程。

（4）了解其他系统（如润滑、密封等）的原理和结构。

（5）了解技术要求中的各项内容。

2．读装配图的方法和步骤

（1）概括了解

车床尾架是用于车床上加工轴类零件时顶紧零件的装置（见图 9-33）。它由 24 种零件组成，其中标准件 9 种，根据零件的序号和名称可在装配图中找出它们各自的位置。

（2）分析视图

车床尾架装配图共用了三个基本视图（主、俯、左视图）来表达。

主视图　采用通过车床尾架体上部孔轴线剖切的 $A—A$ 全剖视图，充分表达了车床尾架的工作原理、零件之间的主要装配关系和连接情况。

俯视图　主要表达尾架体的外部结构形状。

左视图　采用阶梯剖切的 $B—B$ 全剖视图，表达车床尾架中锁紧部分的装配关系、定位键和尾架体底面一长槽的配合关系以及补充表达尾架的结构形状。

（3）分析工作原理和装配关系

通过对各视图的分析，可以了解车床尾架的工作原理和装配关系。

车床尾架中的顶尖 4 装在轴套 2 内；螺母 6 用两个螺钉 M8×16 与轴套固定；轴套与尾架体 1 的孔是间隙配合。螺钉 M10×22 用来限制轴套的轴向移动范围；螺杆 7 与手轮 10 用键连接。当转动手轮时，通过键使螺杆旋转，再通过螺母的作用，使轴套带着顶尖作轴向移动。

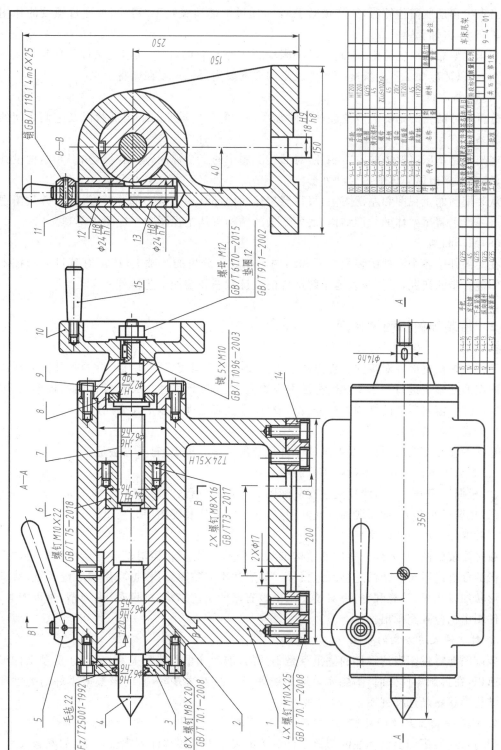

图 9-33　车床尾架装配图

当顶尖移动所需位置时,旋转锁紧手柄 5,通过销带动螺杆 12 转动,再通过螺纹的作用使夹紧套 13 将轴套锁紧。

车床尾架靠导向定位键 14 嵌入机床床身的 T 型导轨内,用纵向滑动来调整顶尖与床头箱的距离,以适应加工不同长度的零件。当调整好后用螺钉锁紧在床身上。

（4）分析零件

分析零件的目的是要搞清楚部件中除标准件外的各个零件的结构形状以及它们之间的装配关系。

尾架体是车床尾架中的主要零件,对照装配图中的三个视图,运用投影知识和结构设计常识,综合想象出尾架体的内形和外形。

从装配图的主视图和左视图中,可得尾架体的内部结构形状和部分外形结构,并从俯视图中进一步了解尾架体的外形结构;底面开槽的结构可从主视图和左视图中得到。

（5）综合归纳

在对部件中各个零件的装配关系和结构形状进行分析的基础上,还可对其尺寸和技术要求作进一步的研究,以便深入地了解部件的设计意图和装配工艺性等。

9.7.2 由装配图拆画零件图

零件图是根据部件对零件所提出的要求由装配图拆画而成的,所以,拆画零件图应在读懂装配图的基础上进行。由于在装配图上很难完整、清晰地表达出每个零件的结构形状,因此,在拆图时,需对零件的结构进行分析和设计,并认真处理好以下几个问题:

1.分离零件的方法

基本看懂装配图后,将需要拆画的零件从装配图中分离出来,其方法是:

（1）先从明细栏中找到要拆画零件的序号和名称;

（2）根据该序号的指引线找到它在装配图中所处的位置;

（3）根据投影关系、剖面线的方向和间隔,将该零件从装配图中分离出来。

2.对零件结构形状的处理

通过读装配图,对大部分零件的结构形状已有所了解,但仍需对部分复杂零件的结构作进一步的分析或对某些结构进行改进设计。如表达不完整时,可根据功用和装配关系,对其结构形状加以构思、补充和完善;对装配图中被省略的工艺结构,如倒角、退刀槽、越程槽等,在零件图中仍应补充画出。

3.对零件表达方案的处理

装配图与零件图表达零件的侧重点是不同的,前者注重于装配关系,后者注重于结构形状。所以,在拆画零件图时,不能简单地照搬装配图的表达方案,而应该根据零件的类型和整体结构形状重新选择视图。

4.对零件图上尺寸的处理

（1）抄:在装配图上已标注的与该零件有关的尺寸可直接移注到零件图上,如配合尺寸,某些相对位置尺寸等,并注意与其他相关零件尺寸之间的协调性。

（2）量:在装配图上未注出的尺寸,可按比例在装配图上量取,并注意圆整。

（3）查:一些标准结构的尺寸,应从有关标准手册中查取。

（4）算：某些零件的参数在明细栏中已给出，如弹簧尺寸、齿轮齿数和模数等，应经计算后注写。

5. 技术要求的处理

标注零件的技术要求时，应根据零件在部件中的功用及与其他零件的相互关系，并结合结构与工艺方面的知识来确定，必要时也可参考同类产品的图纸。

9.7.3　拆图举例

例 9-1　在读懂车床尾架装配图的基础上，拆画 1 号零件——尾架体的零件图。

1. 分离零件（见图 9-34），大致了解该零件的结构形状。

2. 在搞清尾架体结构的基础上确定表达方案。

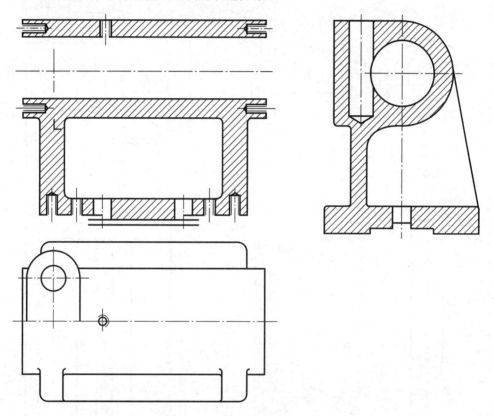

图 9-34　从装配图中分离出尾架体轮廓

由于尾架体属箱体类零件，按工作位置原则来确定主视方向，并根据它的形状特征，可采用以下的表达方法（见图 9-35）：

主视图　采用沿尾架体上部孔轴线剖切的 A—A 全剖视图，充分表达该孔和底板的内部结构以及左右两端面螺孔的深度等。

左视图　采用阶梯剖切的 B—B 全剖视图，更清楚地表达出尾架体上部两孔相交的情况及上部与底板连接部分的结构。

C 向视图　表达安装锁紧机构手柄的 $R26$ 凸柱顶面形状。

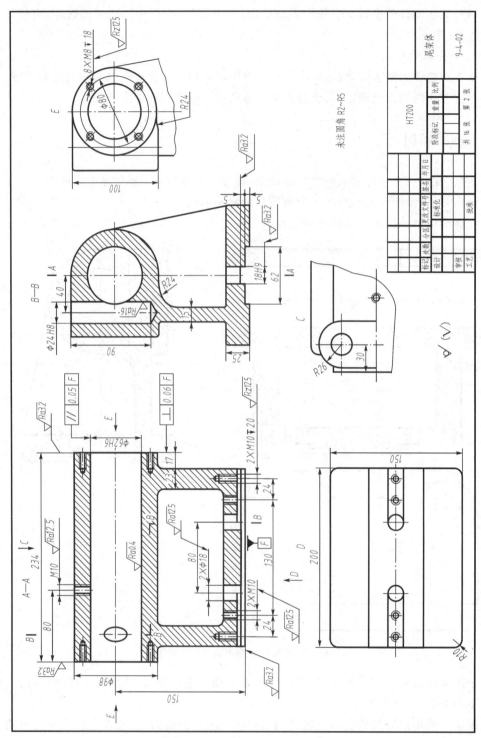

图 9-35 尾架体零件图

D 向视图　表达尾架体底面的形状。

E 向视图　表达尾架体左右端面上螺孔的分布情况。

3. 标注尺寸。

运用形体分析或结构分析,再根据"抄、量、查、算"方法进行尺寸标注。

4. 标注技术要求。

根据车床尾架各零件之间的配合要求、工作情况及尾架体各表面的作用,拟订出尾架体零件的尺寸精度、表面粗糙度、形位公差等技术要求。

图 9-35 所示为尾架体的零件图。

第10章 机器零部件的测绘

生产实践中,为了推广和学习先进技术,仿制和改造现有设备,往往需要通过测绘来获得它的装配图和零件图,因此掌握机器零部件测绘技巧具有重要的实用意义。尤其是机械类、近机类专业的学生,通过测绘实践,加深对课堂理论知识的理解,培养分析和解决工程实际问题的能力是十分必要的。所以,机器零部件测绘是重要的实践性教学环节,是机械类、近机类专业的学生应该具备的基本技能。

10.1 概　述

10.1.1 定义

机器零部件测绘就是根据实物选定表达方案,画出它的图形,测量并标注尺寸,制定必要的技术要求,完成其全部零件图和装配图的过程。

10.1.2 分类及目的

机器零部件测绘是一项复杂而细致的技术工作,它不仅仅要求图形表达正确,尺寸标注正确、完整、清晰、合理,还涉及确定尺寸公差、配合、材料、热处理、表面处理和形位公差、表面粗糙度等各种技术要求。所以,测绘工作必须要有正确的指导思想,按步骤、有组织地进行,以便取得可靠的资料,保证顺利完成测绘工作。

机器零部件测绘可分为整机测绘、部件测绘、零件测绘等三种。测绘工作是为了满足生产上的修配、仿制、设计的需要,在掌握原机器结构特点的基础上修复或改进产品性能或品种。对推广先进技术、改进现有设备、保养维修等都有重要作用。所以,按测绘目的分类,可分为设计测绘、机修测绘、仿制测绘。设计测绘与机修测绘的不同之处是:设计测绘是为了新产品的设计与制造,对有参考价值的产品进行测绘,机修测绘的目的仅仅是为了修配,确定零件的修理尺寸,满足机器的传动配合要求,而仿制测绘的对象一般来讲是较先进的设备,多为整机测绘。

通过对机器零部件的测绘,可以对机器零部件的工作原理、结构、图形表达、尺寸标注、技术要求等内容有全面、综合的认识和提高。

10.1.3　测绘的准备工作

1.人员准备

根据测绘内容的具体要求和项目复杂程序,配备适当的人员,组成测绘小组,小组成员要对其承担的部件、零件深入了解分析,进行合理分工、科学协调,保质保量按时完成测绘工作。

2.资料准备及学习

资料准备主要有两个方面内容,其一是尽可能收集测绘项目的原始资料,如产品说明书、图纸、技术手册、产品性能标签、维修配件目录等。其二要认真收集有关拆卸和装配、测量、制图等方面的有关技术资料,以及各种有关的标准资料,尤其是该产品的国标、行业及企业标准和机械零件设计手册等工具书籍,并准备各种工具和量具及测绘用的绘图用具。测绘小组要组织人员对收集到的资料进行分类和认真学习研究。主要有下述学习内容:

(1)针对测绘项目结构特点的拆卸原则及方法;

(2)互相交流测绘经验和心得;

(3)文明操作,安全生产。

10.2　常用测量方法

测量零件是零件测绘过程中的重要步骤,正确测量零件上各部分的尺寸,对确定零件的形状、大小是非常重要的。

这里只介绍在工程现场常用的测量方法。

1.测量直线尺寸

通常可用钢板尺或游标卡尺直接测取直线尺寸数值的大小(如图 10-1 至图 10-4 所示)。

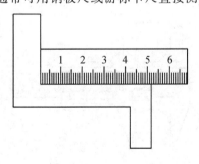

图 10-1　测量直线尺寸(一)

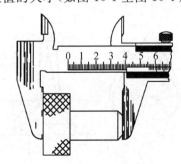

图 10-2　测量直线尺寸(二)

图 10-3　测量直线尺寸(三)

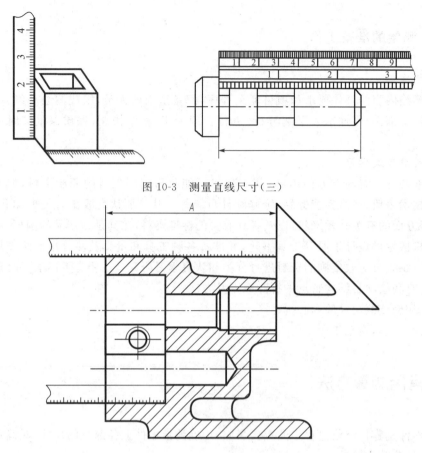

图 10-4　测量直线尺寸(四)

2.测量回转面的直径

一般用内外卡钳和游标卡尺直接测得尺寸数值,如果回转面是外小里大的内圆面,可用卡钳和直尺组合使用进行测量(如图 10-5 至图 10-7 所示)。

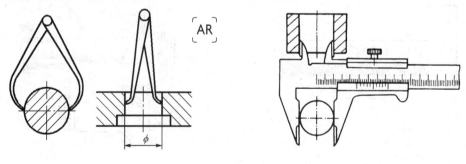

图 10-5　测量回转面直径(一)　　　　　　图 10-6　测量回转面直径(二)

3.测量壁厚和深度

可采用钢尺、游标卡尺直接测量,也可以用钢尺和卡尺配合测量经计算得到尺寸数值(如图 10-8 至图 10-10 所示)。

4.测量孔间距

根据零件上孔间距的情况不同,用钢板尺、卡钳或游标卡尺测量(如图 10-11 和图 10-12 所示)。

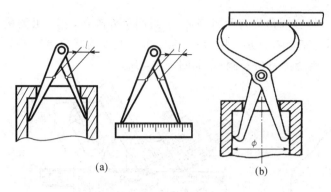

图 10-7　测量回转面直径(三)

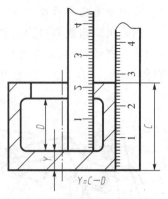

图 10-8　测量深度

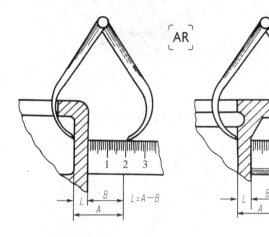

图 10-9　测量壁厚

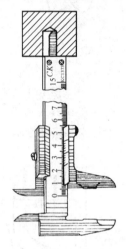

图 10-10　测量深度

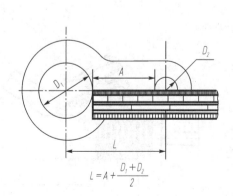

$$L = A + \frac{D_1 + D_2}{2}$$

图 10-11　测量孔间距(一)

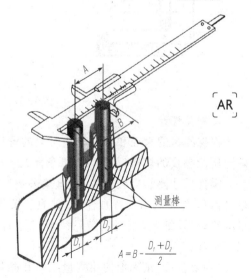

$$A = B - \frac{D_1 + D_2}{2}$$

图 10-12　测量孔间距(二)

5.测量圆角和角度

通常用圆角规测量圆角和角度。每套圆角规有两组多片,一组测量外圆角,另一组测量内圆角。测量时,只要找出与被测圆角完全吻合的一片,并直接读出片上刻的圆角半径的数值(如图 10-13 所示)。测量角度一般用游标量角器测量(如图 10-14 所示)。

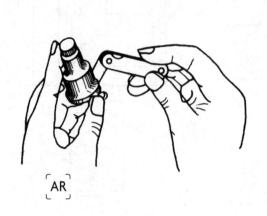

图 10-13 测量圆角　　　　　　　　　　图 10-14 测量角度

6.测量曲线或曲面

对要求测量精度不高的曲线(曲面),可采用拓印法和铅丝法进行测量,如图 10-15 所示。

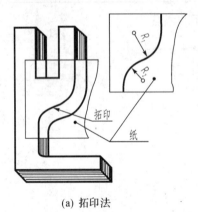

(a) 拓印法　　　　　　　　　　(b) 铅丝法

图 10-15 测量曲线(曲面)

7.测量螺纹

根据测得的大径和螺距查相对应的螺纹标准,确定所测螺纹的规格(如图 10-16 所示)。

零件尺寸测量准确与否,将直接影响产品的质量,所以,测量工作要特别仔细、认真。要做到:测量准确,记录细致,填写清楚。测量尺寸时应注意以下事项:

(1)要合理、正确地使用测量工具和测量基准,以保证其准确度。对不重要的表面尺寸应取整数,对装配尺寸,应注意与相关零件的尺寸一致性。

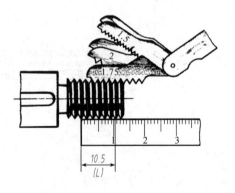

图 10-16 测量螺纹

（2）齿轮、花键、螺纹等主要几何参数，最好由计量技术部门测量。

（3）退刀槽、键槽、销孔等标准结构要素应查表予以标准化。

（4）技术要求等应查阅有关资料而定。

10.3　零件草图的绘制

10.3.1　零件草图的绘制要求

零件草图一般是技术人员在生产现场，对零件各部分用目测方法确定其形状和大小，得出零件各部分比例关系，徒手画出的图样。

零件草图是画零件工作图的重要依据，绝不可潦草马虎。零件草图应包括零件工作图的完整内容，必须认真细致，它要求做到视图表达和尺寸标注完整、正确，比例匀称，线型分明，图面整齐，技术要求齐备，并有标题栏、图框等内容。零件草图在标题栏内要记录零件名称、材料、数量、图号等内容。对标准件、标准部件不需要绘制草图，只要查阅有关设计手册就可以，如螺栓、螺母、垫圈、键、销、轴承等。

10.3.2　绘制零件草图的一般步骤

现以压盖为例说明绘制零件草图的过程。图 10-17 为压盖立体图。

1. 了解零件的结构、用途和加工方法，确定表达方案

（1）了解零件名称——压盖。

（2）鉴别材料——灰铸铁（HT150）。

（3）结构和形体分析。该零件的主体部分有压盖轴向板、空心圆筒及三个通孔。

（4）确定零件的表达方案。根据盘盖类零件的结构形状特点，它的主要结构是同轴圆柱体和圆柱孔，此类零件主要在车床上加工。选择主视图一般将轴线放在水平位置，所以，压盖画图时选择加工位置方向为主视图，并作全剖视图，清晰地表达压盖轴向板、圆筒长度、通孔等内外结构形状。选择左视图的目的主要是为了表达三个通孔的相对位置。

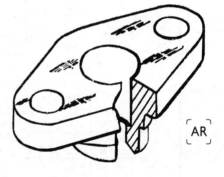

图 10-17　压盖立体图

2. 画零件草图（徒手绘制）

（1）布置视图。首先估计零件长、宽、高的尺寸比例，确定各个视图的位置。应考虑各视图之间留有标注尺寸的余地，画出基准线，如图 10-18(a)所示。

（2）绘制草图底稿。用细实线画出表示内、外结构的全剖主视图和左视图，如图 10-18(b)所示。

（3）校核图样，加粗轮廓线，画出剖面线，选择尺寸基准，画出尺寸界线，尺寸线和箭头，

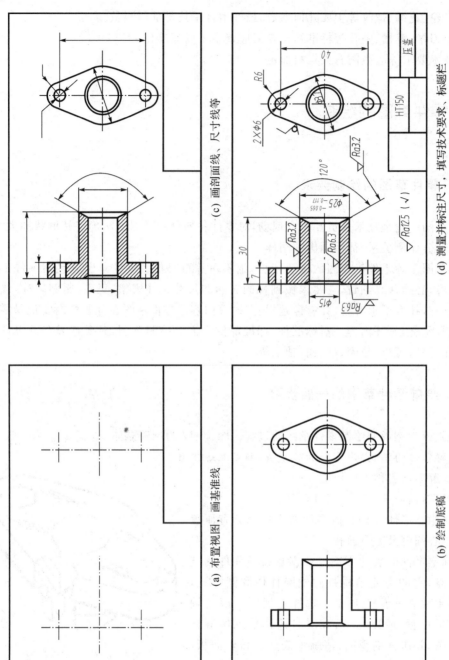

(a) 布置视图，画基准线

(b) 绘制底稿

(c) 画剖面线、尺寸线等

(d) 测量并标注尺寸，填写技术要求，标题栏

图10-18 绘制压盖零件草图步骤

如图 10-18(c)所示。

(4)逐个量注尺寸,标注表面粗糙代号,确定尺寸公差,制定技术要求,填写标题栏,如图 10-18(d)所示。

3.绘制零件草图的注意事项

(1)零件上破损部分应参照其相邻零件,将破损部分按完整形状画出。

(2)零件上的倒角、退刀槽等,都必须画出,不能省略。

(3)凡属标准件,不必画零件草图。

(4)草图一律标注实测数据。

(5)对于零件上的重要尺寸要精确测量、计算,不能随意圆整。

(6)测量零件上已磨损部位的尺寸时,应考虑磨损值。

10.4　测绘的步骤

测绘过程可按顺序分以下步骤:分析被测对象、拆卸零部件、画装配示意图、绘制零件草图,根据装配示意图和零件草图,绘制装配图和零件工作图。

本节以圆柱齿轮减速器为例,说明机器的一般测绘步骤。

1.分析被测对象

测绘前首先对减速器进行分析研究,仔细阅读有关技术说明书、图纸资料,认真研究圆柱齿轮减速器的用途、性能、工作原理、传动方式、结构特征及装配关系等,如图 10-19 所示为圆柱齿轮减速箱立体结构图。它由箱座、箱盖、齿轮,以及滚动轴承、端盖、螺塞、螺钉、螺母等组成。减速箱的箱座起支撑和包容传动件的作用,设有方形内腔、轴承孔及安装底板等。箱盖是一个平板型零件,箱盖顶面四角做成圆角,并设有装螺钉的沉孔,箱盖前、后两侧为减少加工面积,做出凸缘。如图 10-20 所示,该减速箱是通过一对啮合齿轮,小齿轮带动大齿轮的转动,将动力由齿轮轴(17)传递至从动轴(18),从而达到减速的目的。减速器两轴——齿轮轴(17)、从动轴(18)分别由两对滚动轴承(25,29)支撑在箱体上,采用过渡配合,有较好的同轴度。四个端盖(27,31,16,20)分别嵌入箱体内,确定了轴和滚动轴承的轴间位置。为了防止两轴的轴间移动,轴间间隙的调整由两轴上的调整环(26,15)完成。

箱体由箱座(1)和箱盖(6)组成。为了使箱座与箱盖表面靠紧,设有周边凸缘,同时箱盖上开有光孔,箱座对应部位开有螺纹孔,两者采用螺栓连接,连接牢固,又便于装拆。箱盖和箱座左右两边突沿处分别采用两圆锥销定位,保证箱体上轴承孔和端盖孔的正确位置。

箱座下部为油池,可通过油尺(13)观察油面高度。放油螺塞(23)用于清洗放油。

2.拆卸工作要求

在熟悉圆柱减速器结构和学习了有关技术资料的基础上,制定减速器的拆卸计划,应包括拆卸路线、拆卸方法、测量项目、注意事项等。

圆柱减速器的拆卸装配顺序是先拆下六个螺栓,卸掉箱盖,整个取下两轴,然后拆卸其他部分零件。装配时,后拆的零件先装,先拆的零件后装,即可完成装配任务。

拆卸时应注意事项:

(1)对于不可拆的连接(如焊接、铆接)和过盈配合的零件尽量不拆。

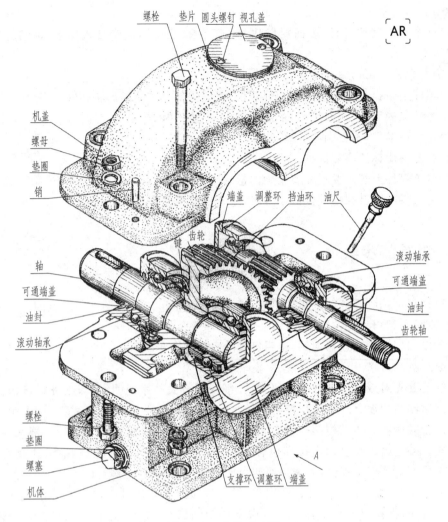

图 10-19　齿轮减速器

(2)按拆卸顺序进行拆卸,对拆下的零件编号作标签,然后分组放置,妥善保管,避免丢失,以便测绘后重新装配时能达到原来的性能和精度。

(3)拆卸时要先行测量一些重要的装配尺寸,如零件的相对位置尺寸、极限尺寸、装配间隙等。

(4)在拆卸过程中应绘制装配示意图,便于拆卸后的重新装配。

(5)拆卸零件时注意不要用硬东西乱敲,以免敲毛、敲坏零件。

3.画装配示意图

在装配示意图上通常用国家标准中规定的图形符号和简化画法画出零件外形轮廓,概略地表达各零件间的相对应位置、装配关系、连接方式及传动路线等。它是重新装配和绘制装配图的依据。

画装配示意图应注意以下几点:

(1)装配示意图一般只画一两个视图,而且两接触面之间要留有间隙,以便区分不同零件。

(2)装配示意图是把装配体设想为透明体,既要画出外部轮廓,又要画出内部构造,尽量

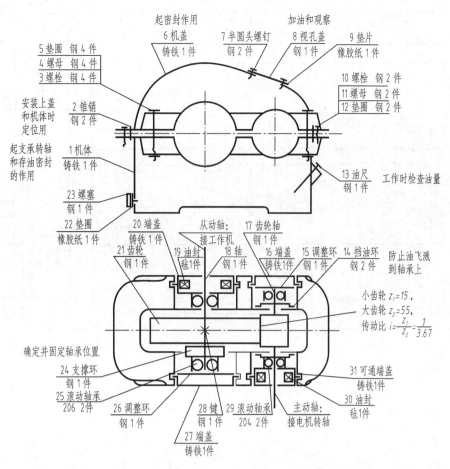

图 10-20　齿轮减速器装配示意图

把所有零件集中在一个图形上。

（3）一般可以从主要零件入手，由内到外按装配顺序依次把其他零件逐个画出。

（4）装配示意图上应按顺序编写零件序号。例如在画圆柱齿轮减速器装配示意图时，可先画齿轮轴及从动轴，再画齿轮、轴承等零件，对轴承、弹簧、齿轴等零件，可按国家标准规定的符号绘制。圆柱齿轮减速器装配示意图如图 10-20 所示。

4.绘制零件草图

除标准件外，机器部件中每一个零件都应根据零件的内、外结构的特点，选择合适的表达方案画出零件草图。

5.量注尺寸

正确选择尺寸基准并测量和标注尺寸数值，应注意尺寸的完整性及零件之间的配合尺寸。

6.标注技术要求

根据设计要求和零件各表面的工作状况，标注表面粗糙度、尺寸公差、形位公差和填写标题栏。

7.绘制装配图

在绘制装配图的同时，对发现的问题进行研究，并予以解决。齿轮减速箱的装配图如图 10-21所示。

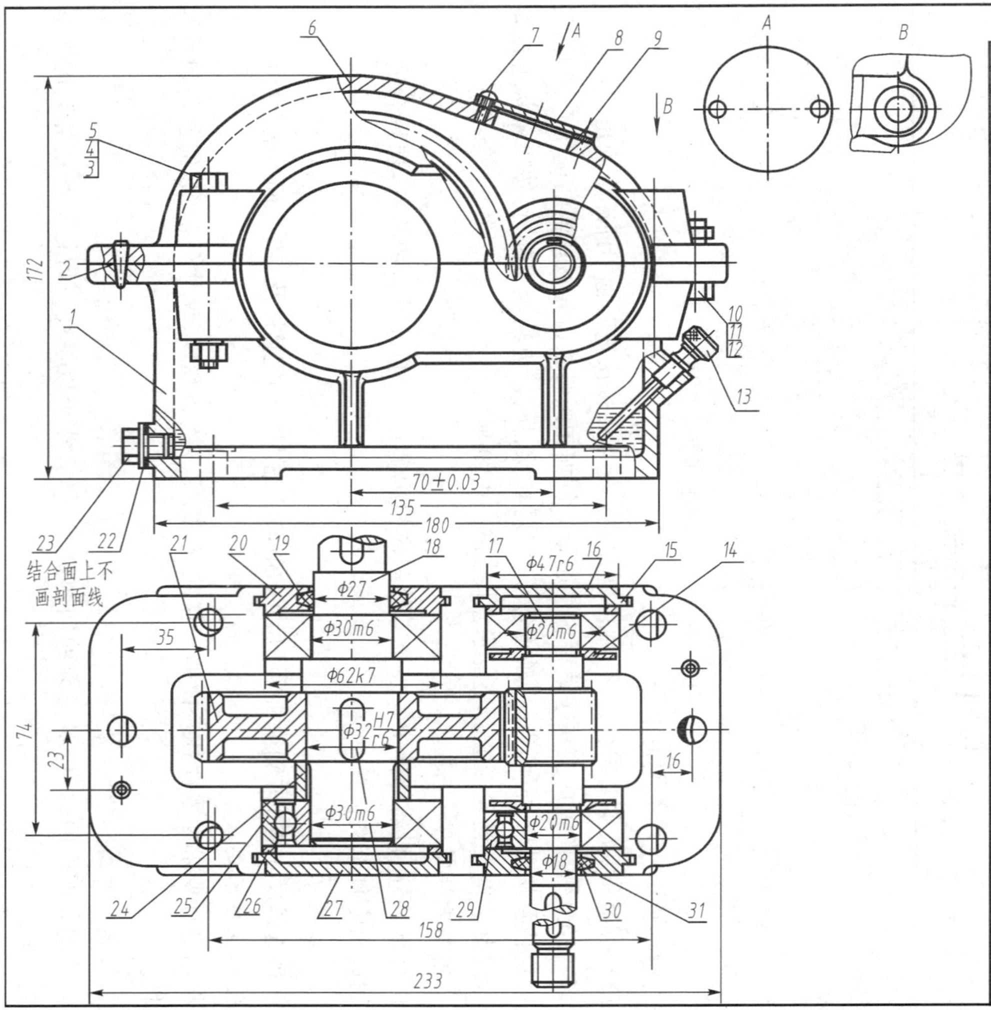

序号	代号	名称	数量	材料	备注
31		可通端盖	1	HT200	
30		毡封	2	毛毡	
29	GB/T 276-2013	滚动轴承 6204	1	45	
28	GB/T 1096-2003	键 10×7×22	1	HT200	
27		端盖环	1	Q235A	
26	GB/T 276-2013	滚动轴承 6206	2	Q235A	
25		支撑环	1	Q235A	
24		螺塞	1	Q235A	
23		垫圈	1	35SiMn	
22		齿轮	1	石棉橡胶纸	z=55,m=2
21		可通端盖	1	HT200	
20		油封	1	毛毡	
19		油尺	1	45	
18		从动轴	1	35SiMn	z=15,m=2
17		齿轮轴	1	HT200	
16		调整环	1	Q235A	
15		端盖	1	Q235A	
14		挡油环	2	Q235A	
13		油尺	1	65Mn	
12	GB/T 93-1987	垫圈 8	2	Q235A	
11	GB/T 6170-2015	螺母 M8	2	Q235A	
10	GB/T 5782-2016	螺栓 M8×25	2	Q235A	
9		垫片	2	石棉橡胶纸	
8	GB/T 67-2016	视孔盖	1	Q235A	
7	GB/T 91.1-2002	螺钉 M3×10	2	HT200	
6	GB/T 97.1-2002	箱盖	4	65Mn	
5	GB/T 6170-2015	螺母 M8	4	Q235A	
4	GB/T 5782-2016	螺栓 M8×65	4	Q235A	
3		销 4×18	1	45	
1	GB/T 117-2000	箱体	1	HT200	

标记	处数	更改文件号	签字	日期		齿轮减速器
设计					图样标记	
校对					质量	比例
审定						
标准化			日期			
工艺					共 页 第 页	

图 10-21 齿轮减速器装配图

结合面上不
画剖面线

8.绘制零件工作图

根据装配图和零件草图绘制零件图。齿轮减速箱中的主要零件图如图 10-22～10-25
所示。

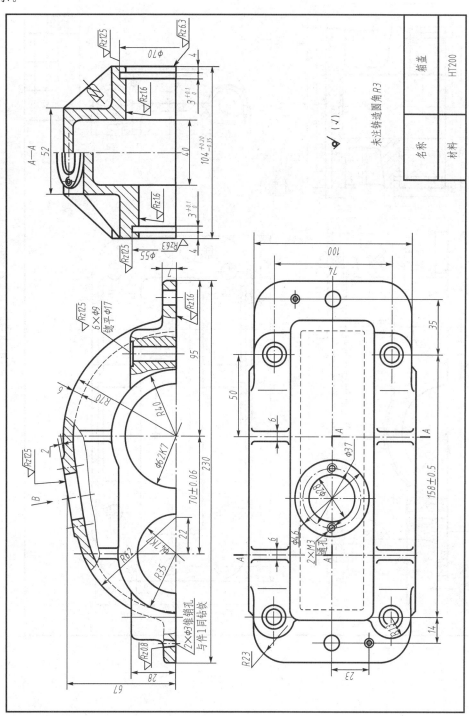

图 10-22　齿轮减速器测绘（一）

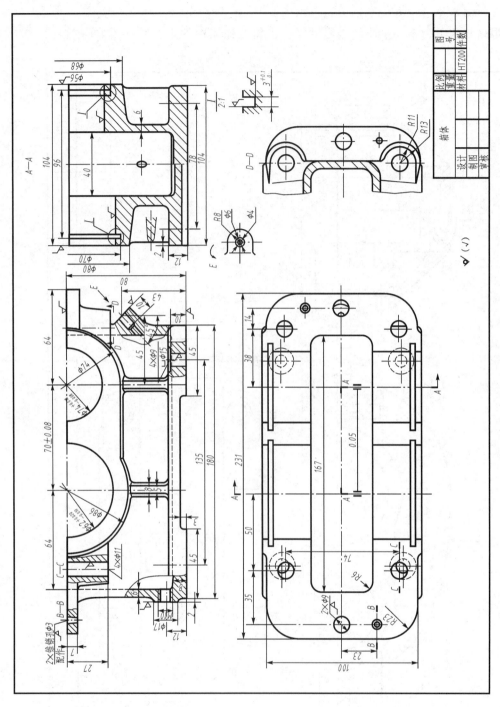

图 10-23 齿轮减速器测绘（二）

模数	m	2
齿数	z	55
压力角	a	20°
精度		877GM

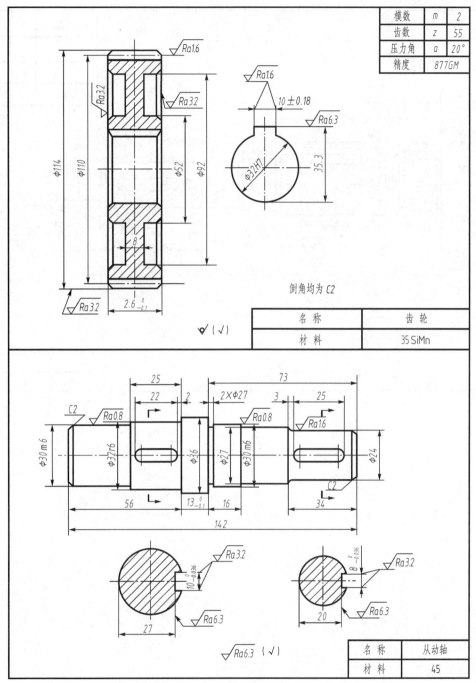

倒角均为 C2

名　称	齿轮
材　料	35 SiMn

名　称	从动轴
材　料	45

图 10-24　齿轮和轴的零件图

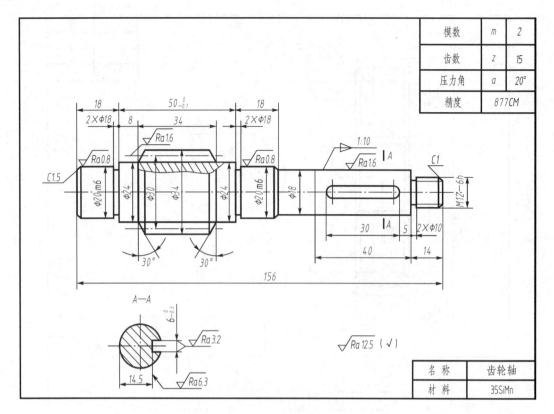

模数	m	2
齿数	z	15
压力角	a	20°
精度		877CM

名　称	齿轮轴
材　料	35SiMn

图 10-25　齿轮轴零件图

第 11 章 计算机绘图介绍

近年来,计算机辅助设计(Computer Aided Design,CAD)技术迅猛发展,在各行各业已得到广泛的应用,其应用水平已成为衡量一个国家科学技术和工业现代化水平的重要标志。CAD 是在计算机硬件与软件的支撑下,通过对产品的描述和造型系统的分析、优化、仿真以及图形处理的研究,使计算机辅助设计师完成产品的全部设计过程,最后输出满意的设计结果和产品图形。

CAD 可帮助设计人员完成诸如数值计算、产品性能分析、实验数据处理、计算机辅助绘图、仿真及动态模拟等工作,并极大地提高生产效率。计算机绘图是 CAD 技术的基础和重要内容。

有多种版本的计算机绘图软件,作为机械类专业学生,必须掌握某一种通用 CAD 软件完成符合我国机械制图标准和实际生产需要的图样,并在后续课程及毕业设计中能熟练运用。我们在本书中主要着眼于学习开目 CAD 绘图软件,了解计算机绘图的基本知识、基本技能和操作流程,为将来的进一步学习和提高打下基础。

计算机绘图是一门实践性很强的课程,实践的主要形式就是上机操作,多多练习。受篇幅所限,书中仅介绍了开目 CAD 的常用操作和命令,需要更详细或更深入地了解开目 CAD 操作和命令时,可结合本书所附光盘并参考开目 CAD 有关使用手册。软件操作中涉及的 Windows 知识,请参阅其他有关资料。

11.1 开目 CAD 系统简介

开目 CAD 是武汉开目公司推出的具有独立版权的新型宜人化计算机辅助设计软件。系统的主要功能及特色有:

1.绘图与设计功能

开目 CAD 在设计思想上遵循画法几何原理,直接模仿工程技术人员手工绘图时的思维模式和绘图方法,提供常用绘图工具 33 种,常用尺寸标注工具 28 种,对象成组操作工具 11 种,剖面工具 17 种。拥有灵活的零件标注与明细栏设计功能、自定义尺寸样式、零件标注样式、上线和智能导航工具。

2.工程图库

工程图库包含常用结构件库、原理图库、多视图系列件库,符合国家标准的轴承库和紧固件库、符号库等。图形库中的图形可以进行参数化操作,用户可将库中的图形调出,修改参数后复制到正在绘制的图样中。

3. 图形输出功能

开目打印中心是开目 CAD 提供的图形打印工具,具有强大的拼图打印输出功能。

4. 兼容 DWG 及 DXF 文件格式

可以在开目 CAD 中直接打开 DWG 或 DXF 文件进行修改或设计,而且在存盘时也可以自由选择存盘格式为 .KMG,.DWG 或 .DXF。

5. 工程软件平台

提供语言级开发工具,可用 VC＋＋语言开发专用功能,支持用户二次开发。

6. 开目 CAD 与 BOM/CAPP/PDM 可充分集成

能够被开目 PDM 直接调用,支持在开目 PDM 环境下的绘图、圈阅等功能,与开目 CAPP 无缝集成,支持开目 BOM 汇总。

11.2 开目 CAD 的绘图基础

11.2.1 用户界面

开目 CAD 的用户界面如图 11-1 所示。整个界面包括标题栏、菜单栏、水平工具栏、垂

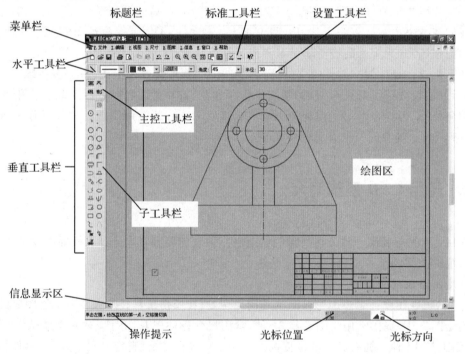

图 11-1 开目 CAD 的用户界面

直工具栏、绘图区、信息显示区。菜单栏的每一项都对应一个下拉菜单;水平工具栏和垂直工具栏中的各按钮为绘制和编辑图形的工具。水平工具栏包括标准工具栏、设置工具栏,垂直工具栏分为两部分,上面为主控工具栏,下面为子工具栏,每个子工具栏按钮对应一组图像按钮。当光标靠近某一按钮时,光标附近会显示该按钮的功能。选中某一绘图工具后,信息显示区会给出操作提示。信息显示区还将显示光标的坐标位置和光标方向。

11.2.2　图形文件的建立、存储与关闭

1.新建图形文件

在开目 CAD 中,用户可以通过下面两种方式建立新的图形文件。

"文件"菜单:在"文件"菜单中单击"新建"子菜单;

标准工具条:在标准工具条上单击新建按钮"⬜"。

用上述方法中的任一种命令,开目 CAD 都会出现如图 11-2 所示的对话框,在设定图幅及比例等参数后,点确定即可进入绘图状态。

图 11-2　新建图形文件对话框

2.打开原有图形文件

开目 CAD 中,可以通过"文件"菜单的"打开"子菜单或标准工具条打开按钮"📂",打开原有的图形文件。

开目 CAD 系统中的"文件类型"有四种:

(1) *.KMG:开目 CAD 系统生成的图形文件(为默认设置)。

(2) *.DWG:AutoCAD 或在 AutoCAD 上二次开发系统生成的文件。

(3) *.DXF:用于不同的 CAD 系统之间进行交换的一种标准文件格式。

(4) *.*:显示所有文件,再选取需编辑的文件打开。

3.保存当前图形文件

在开目 CAD 中,可以利用"文件"菜单中的"保存"或"另存为"保存当前的图形文件。也可在标准工具条上单击保存按钮"💾"来完成保存功能。

4.关闭图形文件

在开目 CAD 中,可以利用"文件"菜单中的"关闭"子菜单或直接点右上角的"关闭窗口"的按钮"❌"来关闭当前的图形文件。

11.2.3　开目 CAD 常用操作

1.线型设置

开目 CAD 设有五种线型:粗实线、细实线、虚线、点画线和双点画线,可通过设置工具栏中设置线型栏右方的图标"▼"来直接选择,如图 11-3 所示。或通过右键菜单中"线型设置"的子菜单来更改线型,如图 11-4 所示,也可通过按 F8 键在这些线型中循环切换。同时还可在设置工具栏中调整线宽及线的颜色。

若想改变某条已经画好的线的线型,可先将光标移至要改变线型的线上,单击鼠标右键菜单"线型修改"子菜单中的相应项,即可把当前线的线型改为所需线型。若要修改已画好的某段线的线型,同样可通过右键菜单上的"改段线型"来修改。

图 11-3　工具栏线型设置　　　　　　图 11-4　右键菜单线型设置

2.光标上线

指将光标移到某条线上并使之成为当前线的操作。将光标移至线的附近,当线改变为亮白色时,说明光标已在线上,或将光标移至线的附近后按 N 键,也可完成上线操作。按鼠标右键弹出一菜单,选择"上线"命令,则可将光标移至各类特殊点上。

3.光标移动

系统除了可用鼠标器移动光标外,还可用移动键来实现光标的准确快速移动定位,以提高绘图效率,见表 11-1。

表 11-1　光标移动

基本操作	功能键	说　明	图　例
一般移动	↑,↓,←,→	①光标向上、下、左、右移动 1 个单位; ②键入数据后,再按该功能键,光标在相应方向上移动给定距离。	键入22,→
	左 Shift—↑(↓,←,→)	同时按下左 Shift 键和↑(↓,←,→)键光标在相应方向上移动 10 个单位。	
沿光标方向移动	L,K	①沿(逆)当前光标方向移动 1 个单位;②键入数据后按 L(K)键,光标沿(逆)当前方向移动给定距离(如右图 a 所示);③键入数据后按 X(Y)键,再按 L(K)键,光标沿(逆)当前方向移动一定距离,该距离的 X(Y)方向分量为给定值(如右图(b),(c)所示)。	(a) 键入20,L　(b) 键入20,Y,L (c) 键入20,X,L
	左 Shift—L(K)	同时按下左 Shift 键和 L(或 K)键,光标沿(逆)当前方向移动 10 个单位。	
	Ctrl—L(K)	同时按下 Ctrl 键和 L(K)键,光标沿(逆)当前方向移至与已有图线相交。	按 "Ctrl—L"光标移至圆弧上

续表

基本操作	功能键	说　明	图　例
上线移动和顺线移动	N	①按一下N键,光标移至离其中心最近的图线上,搜索范围为10个单位。连按两下N键搜索范围扩大到100个单位;②若光标已在线上按N键,光标将移到特殊点上;③若光标在特殊点上按N键,光标将移到该线的另一个特殊点上。	键入N,N,光标移至圆弧上

4.光标转动

开目CAD中光标有方向,信息区中显示光标的方向,光标角度的转动有两种方式:

在屏幕左上方的设置工具条中,可以在"设置角度栏"后面的组合框中直接输入绝对角度值,另外在组合框中也设置了许多特殊角度,如0°,45°,90°,135°,180°,225°,270°,315°等供选择。也可用键盘进行如下的操作:

(1)转动1°:直接按F3(F4)键,光标逆时针(顺时针)转动1°。

(2)转动10°:按左Shift—F3(左Shift—F4)键,光标逆时针(顺时针)转动10°。

(3)转动给定角度:①设置光标的绝对角度(即与X轴正向的夹角):键入数据后按A,再按F3(或F4),光标角度变为给定值(以水平向右处为0度)。②键入一数据,再按F3(F4)键,光标在原来的基础上逆(顺)时针转动给定角度。

(4)转动常用角度:①按T键,逆时针转15°;按Shift—T顺时针转15°;②按D键,逆时针转90°;按Shift—D顺时针转90°;③按F键,转180°。

(5)对画圆光标,按Ctrl—L,笔光标沿当前笔方向转动至与已有线或圆相交,按Ctrl—K,笔光标逆当前笔方向转至与已有线或圆相交。

5.导航

导航是指当鼠标在移动状态下,在一定范围内,智能地搜索各种特殊位置和特殊点,并由计算得到的结果,重新设置光标坐标值的过程。开目CAD的导航功能,能够方便实现"长对正,宽相等,高平齐"。

导航设置,可通过工具栏上的"➜"图标或主菜单"信息"中"导航"选项来实现,命令执行后将出现如图11-5和图11-6的属性页。工具栏上的导航开关 ⇵ 等同于"信息"菜单中的

图11-5　导航设置

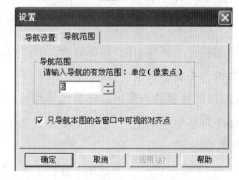

图11-6　导航范围

269

"导航开关"选项,其功能为打开或关闭导航功能。

用鼠标拖动光标移动,可见有红色虚线与光标相连,有时光标右下方出现浅灰色的小图标,即为导航结果显示,当光标在水平方向或垂直方向对齐特殊点时,系统将用虚线显示光标与特殊点之间的连线。小图标的意义如表 11-2 所示。

表 11-2　导航图标

导航图标	导航结果
 ⊕	光标在圆心上
●	光标在图线端点
 ✕	光标在交点处
✎	光标在线的中点
 ⊘	光标在临时线与圆(弧)的切点处
 ✛	临时线为水平线或垂直线
 ∥	临时线与光标方向一致

6.屏幕缩放与移动

(1)屏幕缩放。

①直接按>键或单击工具栏中"🔍"图标,显示比例放大,即屏幕上图形放大一倍。

②直接按<键或单击工具栏中"🔍"图标,显示比例减小,即屏幕上图形缩小一半。

③键入一数据后按>,显示比例为原显示比例乘以所给数值。

④键入一数据后按<,显示比例为原显示比例除以所给数值。

⑤键入数据后按 A(Absolute)键再按>(或<),不论当前显示比例是多少,一律设置显示比例为给定值。

⑥键入 A 再按>(或<)或直接单击工具条中的"充满视图"图标"▣",调整显示比例使图框刚好充满屏幕绘图区域,此功能相当于其他软件的 Zoom ALL。

⑦单击工具栏中的"局部放大"图标"🔍",然后可拉一个窗口,系统调整显示比例将此窗口内容充满屏幕。

(2)屏幕移动和重画。屏幕的移动可通过滚动条来实现,也可以按下 Ctrl 键移动鼠标来在整个屏幕中移动图形,也可单击工具条中"整图移动"图标"✋",然后按住鼠标左键移动整图。

(3)全屏显示。单击标准工具栏中的"▤"图标,可以将屏幕中的菜单区等多数屏幕元素隐藏起来,以便有更大的绘图区,显示更多的图形内容。若要结束全屏显示操作,单击全屏显示工具栏中的""图标即可。

11.3　开目CAD常用绘图命令

在任何一张工程图纸中,不论其复杂与否,都是由一些基本的图素组成。本节将介绍这些基本图素的绘制方法及过程。

开目 CAD 提供了许多种绘图工具,在绘图时我们可以在"画"工具箱中调用各种绘图工具进行绘图。

11.3.1　画直线

在开目 CAD 中绘制直线的方式有黄光标画线与红光标画线两种。用 Space 键在这两种光标之间切换。

1.黄光标画线

在作图过程中,通常用黄光标来画线,其基本操作方式有以下三种:

图 11-7　绘直线方法一　　　　　　　　　　图 11-8　绘直线方法二

(1) 确定起点和终点画线。在绘制草图或绘制两点间的连线时,常用这种方式绘图,如图 11-7 所示的线,绘制步骤为:

①单击鼠标左键或 Enter 键确定第一点,如点 1;

②确定第二点,如点 2。

(2)给一数据,给一方向,画一定长(即"数据 移动键")。在按数据画水平线的情况下,通常用这种方式绘图,如图 11-8 所示的线,绘制步骤为:

①单击鼠标左键或 Enter 键确定第一点,如点 1;

②输入"50 →",移至点 2;

③单击鼠标左键或 Enter 键确定第二点,如点 2。

在用黄光标画线时,当线型为粗实线、细实线或虚线时,在定义了线的起点后移动光标,始终有一条黄色的临时线连着起点和光标,像一根橡皮筋。若临时线在其他线上确定终点时,则会自动断线,若要取消临时线,可按 Space 键,则取消后光标定位在原地,也可按 Esc 键则光标回到起点。

(3)用"数据+"按给定角度的方向画线。当光标有一定角度,需按给定角度的方向画线时,用这种画线方式,如图 11-9(a)所示,其操作步骤为:

①给定角度,确定画线的位置;

②输入"20＋"。

在开目 CAD 中"＋"号被称为画线键,它有以下四种用法:

① 画 1mm 单位长度:按一下画线键＋(＝),沿光标方向画 1mm 单位长度;

② 画 10mm 单位长度:按左 Shift 键和＋(＝)键,沿光标方向画 10mm 单位长度;

③ 画给定长度:键入一数据后再按＋(＝),沿光标方向画给定长度直线,如图 11-9(a)所示;

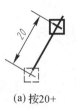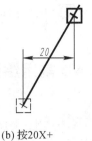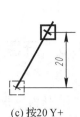

(a) 按20+ (b) 按20X+ (c) 按20 Y+

图 11-9 绘直线方法三

④ 画 X(或 Y)方向为给定长度:键入一数据后按 X(或 Y)键,再按＋(＝),则沿光标方向画一直线,直线的 X 或 Y 方向的增量为所输入的数据。如图 11-9 (b)、(c)所示。

与画线键(＋)相对应的是擦线键(－),操作方式与画线相同,使用数字键加擦线键"－",当擦线长度大于线本身的长度时,线被完全擦去。用擦线键(－)擦线时注意光标应处于线的端点且平行于线向外。

注意事项:在黄光标下,临时线只与起始点和光标当前位置有关,与光标方向无关,因此,并不像红光标画线那样总需要转动光标,而是直接向任何方向移动后按 Enter 键或单击左键即可画线。

不管是用红光标画线还是用黄光标画线,黄色直线均是临时线,只有单击左键或按 Enter 键后才成为正式的线。

2.红光标画线

开目 CAD 中的红光标,相当于工程制图上的丁字尺和三角板。它模仿手工绘图的思维模式与画图方法,画线前先将尺摆好,即把光标移到所需的位置,转至适当的方向,然后画线。

在作图过程中,红光标画线的基本操作方式有以下三种:

(1) 画不定长线,单击左键确定起点,移动鼠标,光标被锁定在光标方向画线,其长度在信息区有显示,单击左键确定终点,即生成正式线。

(2)可用"数据 ＋",按给定角度的方向画线,其操作方法与黄光标相同。

(3)Alt—L(K)键,顺(逆)着光标的方向画线至与已有最近图素相交;与黄光标一样。"＊"和"/"在红光标画线时也有一定的作用。"＊"键,将线的长度延长一倍,即红光标在直线一端,光标方向平行指向外,键入一数据后再按"＊"键,画线的长度值为当前线的长度乘以键入的数据;"/"键,将当前线的长度缩短一半;键入一数据后再按"/"键,画线的长度值为当前线的长度除以键入的数据。

注意事项:

红光标的画线方向与光标角度一致,所以画线时要注意设置工具栏中的光标角度是否与所需角度一致。若不一致,需调整角度后,再开始画图。

当红光标在直线上时,X,Y 方向的投影、光标在当前线的位置关系、光标与当前线的角度关系、光标是否在圆心上等问题,应经常注意看信息窗,不要凭目测。

11.3.2　画圆及圆弧

在垂直工具栏中下列绘图工具是用来画圆及圆弧的,各按钮的功能和用法如表 11-3所示。

➕ 和 ♂ 既可用来画圆又可画圆弧,其光标形式见图 11-10,称为圆光标。两者在使用时的区别为,一个是圆心光标为红色,另一个是笔光标为红色,用红色显示的光标为主光标,上线、对齐等操作都是以主光标为准。导航过程中,主光标为导航点。

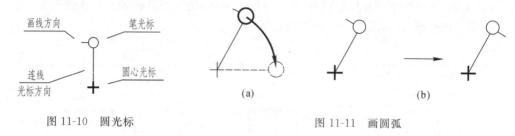

图 11-10　圆光标　　　　　　　　　　　图 11-11　画圆弧

用该工具画圆时,输入半径值后按“C”(Circle)键;用该工具画圆弧时,按画线键“+”。圆弧的圆心在圆心光标处,画圆弧的方向为笔光标指示的方向。笔光标的直线表示画弧方向的切向,分逆时针和顺时针,按“F2”键可在顺时针和逆时针之间切换。如图 11-11 所示。按擦线键“—”,可逆笔光标方向擦线。

表 11-3　圆及圆弧的画法

图标	功　用
⊙	已知中心点及圆周点动态画圆(中心点画圆):将光标先移至圆心单击鼠标左键,再移至圆周上的点单击鼠标左键。
◯	过给定三点画圆(三点圆):将光标分别移至给定三点,单击鼠标左键。
◯	给定圆周上两点和半径画圆(两点圆):从水平工具栏中的“半径”框内输入圆的半径,或单击鼠标右键,在弹出菜单中选“半径”命令输入半径值。确定圆周上两点后,移动光标到圆心一边,单击鼠标左键。
⊘	给定直径起点和终点画圆(直径圆):将光标分别移至给定的两点,单击鼠标左键,两点间的距离等于圆的直径。
⌒	过给定三点画弧(三点弧):将光标分别移至给定的三点,单击鼠标左键,第一点和第三点为圆弧起点和终点。
⌒	给定起点、终点和半径画弧(两点弧):操作方法与两点圆相同。
+	已知圆心和圆弧两端点动态画弧(中心点画弧):将光标先移至圆心单击鼠标左键,再分别移至圆弧的起点和终点单击鼠标左键。
+	已知圆心和半径画圆或画弧(定半径、圆心画圆弧)。
♂	已知半径和圆周上一点画圆或画弧(定半径端点画弧)。

273

与画直线时类似,画线键"＋",画 1°圆弧,"左 shift 键—＋"画 10°圆弧,键入一数据后按"＋"键,画给定角度增量的圆弧。

如果在画圆之前未画中心线,可将光标切换到红色画直线光标状态,将光标移至圆周上,按"C"键,则画出一十字中心线。

11.3.3　画矩形

单击矩形按钮"□",在屏幕上确定矩形的两对角点便可作出。

用"矩形"命令可方便地作轴或孔,如图 11-12 所示,画一个阶梯轴的步骤如下:
①画一条点画线(如图 11-12(a)所示)。

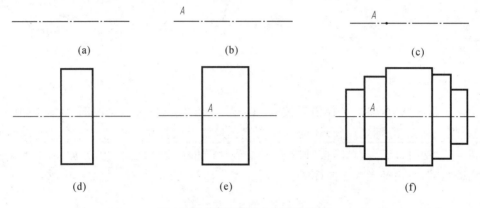

图 11-12　用"矩形"命令画阶梯轴

②单击矩形按钮"□",单击工具条上的按钮"＼",改当前线型为粗实线。

③光标上移到点画线上的 A 点(如图 11-12(b)所示)。注意:此处一定要以点画线为当前线,否则,不能作出以该点画线为对称线的轴或孔。

④单击左键,确定第一个起点 A(如图 11-12(c)所示)。

⑤拖动鼠标,此时会出现一个动态的以点画线为对称轴的矩形(如图 11-12(d)所示)。

⑥单击左键或按 Enter 键,确定第二个角点,一段轴即完成(如图 11-12(e)所示)。

⑦同上方法可作出其他段轴(如图 11-12(f)所示)。

11.3.4　断面的生成

断面功能可生成盘套类零件的投影图。方法是:先单击"断面"按钮,然后将光标移至中心线上,单击左键则系统由中心线向外侧搜索,并给出黄线表示的投影,同时出现如图 11-13 所示对话框,需要此投影则单击"是"按钮或按 Enter 键,否则单击"否"按钮跳过。如按 ESC 或单击"取消",则不再向外搜索。搜索完毕,断面投影被自动锁定在投影方向上,将其移至适当的地方,单击左键或按 Enter 键确认,然后再作进一步修改得到所要图形。使用该功能可以由圆柱面的直线投影生成圆投影,也可由圆柱面的圆投影生成直线投影,在生成直线投影时投影直线为双端不定长线,在叠加时将向两端延长到交点,使用如图 11-14、图 11-15 所示。

图 11-13　断面的生成对话框

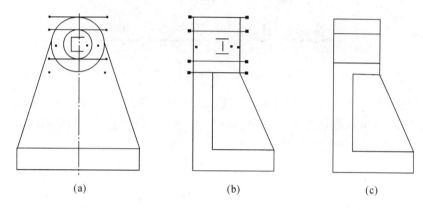

(a)　　　　　　　　　　(b)　　　　　　　　　　(c)

图 11-14　断面的生成(一)

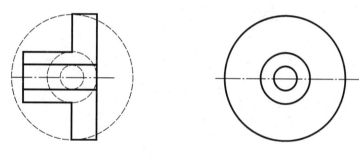

图 11-15　断面的生成(二)

11.3.5　公切工具

开目 CAD 中的分切圆角或公切圆是用"⌐"来完成的。它可作直线与直线、直线与圆弧、圆弧与圆弧的公切圆弧。

如图 11-16 所示图形的具体操作过程如下：

①单击图标后光标变为"⊕"，在设置工具栏中给定圆角半径；

②将光标移动到需作公切圆的两线夹角内，单击鼠标左键；

③多余部分被加亮，并弹出图 11-17 所示的对话框，点"擦除"即可。

若在图素较多，需作公切线的图素在自动搜索不易找到的情况下，就要将光标上线后点鼠标左键指定这两个需作公切的图素，再将光标移到这两个图素的夹角内作分切圆角。

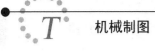

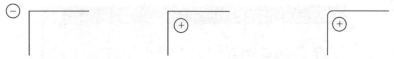

图 11-16　作公切圆角的操作过程

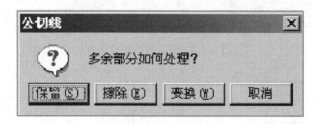

图 11-17　公切线对话框

当出现公切线对话框后,若单击"保留"选项,则保留多余部分;若点中"擦除"则去掉多余部分;若单击"变换",则切换多余部分。再单击"擦除",可擦除被点亮的线段,即多余线段。图 11-18 示意了三种选项的结果。

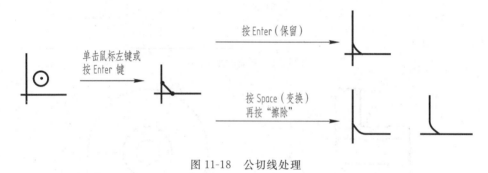

图 11-18　公切线处理

11.3.6　倒角

在开目 CAD 中作倒角有两种方式,即倒角"〔〔"和轴孔倒角"〔〔"。

1. 倒角"〔〔"
倒角的操作与公切圆角的操作相似,通常用它来作单边倒角。它的倒角大小可在设置工具栏的"半径"栏中输入,其倒角角度可在设置工具栏的"角度"中给定。

2. 轴孔倒角"〔〔"
轴孔倒角通常用来作孔或轴的倒角。同样,其角度和半径都可在设置工具栏中调整。轴端、孔端倒角的作图过程如图 11-19 所示。

11.3.7　作键槽及三线切圆(弧) 〔〔

可作三直线的切圆。操作方法是:将光标分别移至三条直线附近,单击鼠标左键。系统出现图 11-17 所示提示,然后根据系统提示选择"保留"或"擦除"。得到图 11-20 所示结果。

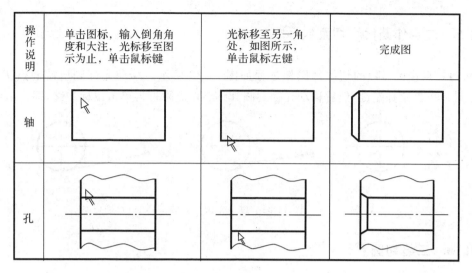

图 11-19   轴、孔倒角

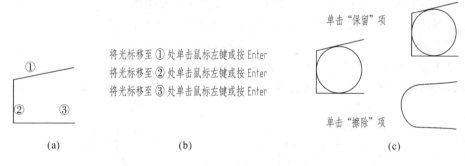

将光标移至 ① 处单击鼠标左键或按 Enter

将光标移至 ② 处单击鼠标左键或按 Enter

将光标移至 ③ 处单击鼠标左键或按 Enter

单击"保留"项

单击"擦除"项

(a)   (b)   (c)

图 11-20   作键槽及三线切圆(弧)

11.3.8   作公切直线

可作圆(弧)与圆(弧)的公切直线,将光标移至接近欲作公切线的圆或弧切点附近,单击鼠标左键,光标一端不动,另一端随光标移动,移动光标至另一个圆或弧切点附近,单击鼠标左键,则绘出两圆的公切线。多余线的处理与公切圆相似。如图 11-21 所示。

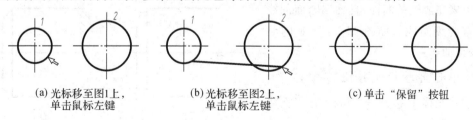

(a)光标移至图1上,   (b)光标移至图2上,   (c)单击"保留"按钮
   单击鼠标左键   单击鼠标左键

图 11-21   作公切直线

11.3.9　过点作圆(弧)切直线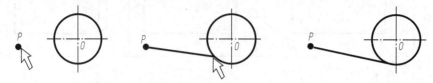

可过一点作圆(弧)的切线。操作过程如图 11-22 所示。移动光标到所需的点 *P* 处按 Enter 键或单击鼠标左键,然后移动光标到圆(圆弧)切点附近再单击鼠标左键,即作出切线。

图 11-22　过点作圆切直线

11.3.10　三线切圆

用来完成三条图素组成的图形的公切圆,这三个图素可以是直线,也可以是圆(圆弧)。

如图 11-23 所示,要作 *C1*,*C2*,*L* 的公切圆,按如下步骤操作:

①点图标后,将光标移到 *C1* 切点附近,单击左键或按回车;

②将光标移到 *C2* 切点附近,单击左键或按回车;

③将光标移到 *L* 切点附近,单击左键或按回车;

④将公切圆 *C* 显示出来,系统会询问是否要此图形,单击"是",则将 *C* 显示出来。

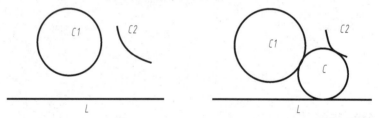

图 11-23　三线切圆

11.3.11　轴端断面

用来完成轴的断面,且轴端断面的线型缺省为细实线。如图 11-24 所示的断面,步骤如下:

①单击"轴端断面"按钮" "；

②将光标上移到 *A* 点,单击左键或按 Enter 键；

③将光标上移到 *B* 点,单击左键或按 Enter 键,得到如图 11-24(b)所示结果。

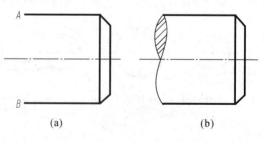

图 11-24　轴端断面

11.3.12　波浪线

单击按钮""，按住鼠标左键移动鼠标可画波浪线。画如
图 11-25所示波浪线，步骤如下：

①点图标，将光标移动到 A 点；
②按住鼠标左键，拖动鼠标到 B 点附近，按"N"键移到 B 点；
③松开鼠标左键，鼠标走过的轨迹即为波浪线。

图 11-25　波浪线

11.4　图形编辑

开目 CAD 的图形编辑是由组操作实现的，"组"是若干直线、线段、圆弧、弧段的集合（包含剖面线、字符等）。成组操作是对图的部分元素进行编辑、属性修改以及图形变换的一种有效方式。它可对组中元素进行复制、移动、镜面、比例缩放、擦除、属性编辑、变形等多种操作。使用成组变形功能，使图形的编辑修改极为方便。在主控工具栏中单击"组"图标，在其下方的子工具栏按钮就随之出现。

11.4.1　构造组的方法

1. 构造组中元素

在"组"子工具栏里共提供了除"增"和"减"外的 11 种方式来构造组中元素。各按钮的功用如表 11-4 所示。

表 11-4　构造组中元素的 11 种方式

顺序	图标	功　用
1		所有在选择框内的元素和与选择框边界有交的元素选中作为目标。
2		所有完全在选择框内的元素选中作为目标。
3		所有在选择框内的元素以及与选择框边界有交的圆选中作为目标，与选择框边界有交的直线且一端在框内则在选择框内的一端选中作为目标。在组内元素作各类变化时，该直线在选择框内的一端相应变化，另一端不直接随组变化，而是按相应的几何约束变化，仍然保持原来的几何关系。
4		所有在选择框外的元素选中作为目标。
5		所有在选择框外的和与选择框边界有交的元素选中作为目标。

续表

顺序	图标	功　用
6		所有在选择框外的元素及与选择框边界有交的圆选中作为目标,与选择框边界有交的直线在选择框外的一端选中作为目标。
7		所有选择框内的元素及与选择框边界有交的元素在选择框内的部分选中作为目标(窗口剪裁)。
8		所有选择框内的元素及与选择框边界有交的元素至选择框外的第一个交点的部分选中作为目标(即在第7种方式基础上向外扩张)。
9		所有选择框内的元素及与选择框边界有交的元素至选择框内的第一个交点的部分选中作为目标(即在第7种方式基础上向内收缩)。
10		用来选择封闭图形的。边界以粗实线作为边界,在封闭图形内单击某点,系统即找出包围该点的最小的封闭图形;当在图形外单击某点,系统即找出离该点最近且最大的封闭图形。
11		用来选择目标绘制其局部放大图形。

2.减少组中元素的方法

若部分组中元素不是所要的元素,单击子工具栏中"减"图标,选择出组方式与入组方式一样。

3.清空组中元素

当有元素入组后,要清空组中元素,可单击主菜单中的"编辑"下拉菜单中的"重选"选项,或单击鼠标右键中的"重选"选项,或按 ESC 键。

4.擦除组中元素

当有很多元素需要擦除时,用"增"中某种方式选中需擦除的元素,然后再作擦除操作。"擦除"可通过主菜单中"编辑"下拉菜单中的"擦除"或右键菜单中的"擦除"实现。

5.拾取组中元素

当要擦除所有非组中元素时(例如从装配图中拆画一个零件图时),用"增"中某种方式选中需拆画的零件,然后再作拾取操作。通过主菜单中"编辑"下拉菜单中的"拾取"或右键菜单中的"拾取"实现。

11.4.2　组中元素的编辑

如需对元素作移动、镜面、比例、缩放等操作,可用图形编辑来实现,选中元素之后,单击鼠标右键,可弹出图 11-26 所示的快捷菜单;或直接点击主菜单中的"编辑"下拉菜单。如图 11-27所示。

1.移动复制

"移动复制"用来复制组中元素,复制之后原来的图形仍保留。如图 11-28 所示,如果想从 11-28(a)得到 11-28(b)中的图形,可以用"移动复制"的方法来完成。

具体步骤如下:

图 11-26　"编辑"右键快捷菜单

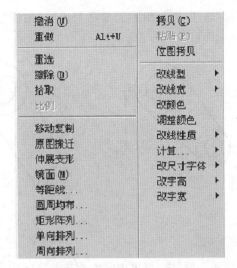

图 11-27　"编辑"下拉菜单

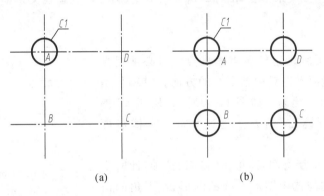

(a)　　　　　　　　　　　　(b)

图 11-28　移动复制

①用组的方式选中(a)图的圆 $C1$；

②单击鼠标右键,在右键菜单中单击"移动复制"选项或单击主菜单中的"编辑"下拉菜单中的"移动复制"选项,此时左下角的信息区提示"单击左键指定粘着点或基准点"；

③将光标移到 A 点,单击鼠标左键确定粘着点或基准点,此时组中被选中的圆 $C1$ 就与光标"粘连"在一起了；

④将光标定位到 B 点,单击鼠标左键或按回车键,则 $C2$ 就复制出来了；依此类推,可复制出 $C3$、$C4$。

2. 原图搬迁

"原图搬迁"用来将一个图形从一个地方搬迁到另一个地方,操作过程同移动复制。

在执行了"移动复制"或"原图搬迁"命令并确定了基准点后,可通过右键快捷菜单中的"比例"选项,将图形放大或缩小后再进行复制或搬迁。

3. 伸展变形

"伸展变形"是用来对图形进行局部变形的。如图 11-29(a)所示如果要求将两孔的高度差由 80 变为如图 11-29 (b)中的 120,可采用"伸展变形"来完成,先用"增"中的第一种选择方式将图形选好,然后点右键菜单中的"伸展变形"选项或主菜单中的"编辑"下拉菜单中的

"伸展变形"选项,此时组中元素已与光标"粘连"。再将光标下移 40(按 40↓),单击鼠标左键或按回车即可。

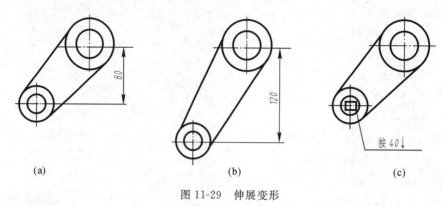

图 11-29　伸展变形

在"伸展变形"中,与组中元素相连的非组中元素将保持原有的一些几何关系不变,如相切关系不变,端点相接关系不变,倒(圆)角关系不变,圆心在点画线关系不变,点画直线伸出长度不变。

4. 镜面

"镜面"操作,无须确定粘着点基准点。但必须把光标的方向转到与镜面操作对称轴平行的方向。"镜面"是用来简化对称图形的绘制。如图 11-30 所示,从图(a)得到图(b),可以用"镜面"的方法迅速完成。具体步骤如下:

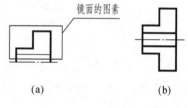

图 11-30　镜面

①选中需镜面的所有图素;单击"镜面"选项,此时生成一个黄色临时的与选中图形一样的图形,左下角的信息区提示"移动鼠标到合适位置和角度";

②将光标方向调整到与对称线方向一致,利用"导航"把光标移动到对称线上使两者重合,然后单击鼠标左键确定。此时就可得到图(b)的图形。

5. 等距线

"等距线"用来作等距线,如图 11-31 所示,需作 L1 等距线 L2。具体步骤如下:

①先用"增"中的方式将组成 L1 的元素全部选中;

②单击右键菜单中的"等距线"选项,或单击主菜单中的"编辑"下拉菜单中的"等距线"选项;

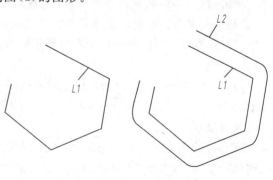

图 11-31　等距线

③出现菜单,系统以箭头提示等距线往内作还是往外作,如果等距线在箭头所指边,回答"Y",否则"N";

④出现"输入数据"菜单系统提示输入"等距线的距离",敲入"20",按回车或单击"确定";

⑤系统提示是否加作倒圆,如果需要倒圆,则回答"Y",否则"N"。系统将等距线的结果用临时线颜色显示出来;

⑥系统询问要否,回答"Y"或按"确定"按钮即完成L2。

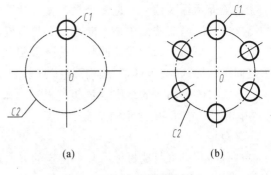

图 11-32　圆周均布

在作等距线时要注意组成等距线的原始图即L1的元素一定要是前一元素的终点与下一元素的起点相接,即依次首尾相接,否则等距线不能做出。原始图形可以不封闭但不能有分支。

6.圆周均布

"圆周均布"是用来完成某一图形在圆周上均匀排布的操作。如图11-32,6个圆均布在圆周C2上,可以这样来完成。

①先将C1画好,然后进入"组"中选"增"的方式,将圆C1选好;

②单击鼠标右键菜单中的"阵列"选项中的"圆周均布"选项,或单击主菜单中的"编辑"下拉菜单中的"圆周均布"选项;

③将光标定位到圆心O(这一步很重要),单击鼠标左键确定圆心位置,出现"输入数据"对话框,系统提示输入"均布个数",输入"6",按回车或单击"确定"按钮;

④系统提示是否全部都需要,如图11-32(b)所示,同时均布的结果以黄颜色显示在屏幕上。

敲入"Y"或单击"是"按钮,则均布的圆全部留下,如图11-32(b)所示。如果敲入"N"或单击"否"按钮,系统则沿圆周逐个显示被均布的元素,提示用户是否需要,如果需要,按"Y"键,否则按"N"键。作"圆周均布"时一定要先将光标定位在圆心上,因为系统是以光标确定的位置为圆心来进行圆周均布的。

7.矩形阵列

"矩形阵列"是快速均布的另一种。经常可用"矩形阵列"来绘制表格。如利用"矩形阵列"完成图11-33(b),可按如下步骤操作:

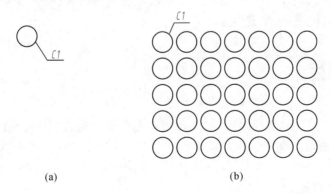

(a)　　　　　　　　　　　(b)

图 11-33　矩形阵列

①将圆C1选好,然后选右键菜单中的"阵列"选项中的"矩形阵列"选项,或单击"编辑"菜单中的"矩形阵列"选项。

②系统提示输入："←向重复个数"，输入"0"，单击"确定"或按回车；"→向重复个数"，输入"6"，单击"确定"或按回车；"↓向重复个数"，输入"4"，单击"确定"或按回车；"↑向重复个数"，输入"0"，单击"确定"或按回车；"←→重复间距"，输入"20"，单击"确定"或按回车；"↑↓重复间距"，输入"20"，单击"确定"或按回车。

③系统将阵列均布的结果以黄颜色显示出来，出现对话框，对显示结果是否满意，回答"Y"或单击"是"按钮，则显示结果全部留下。

8. 单向排列

"单向排列"可将组选目标沿某个特定的方向进行复制排列。其具体操作步骤与矩形阵列类似：先用"组"将排列对象选中，然后单击"编辑"→"单向排列"或直接单击鼠标右键中的"阵列"→"单向排列"，系统提示"排列个数？"，输入排列个数，单击"确定"，系统提示"排列方向（角度值）？"，输入角度，单击"确定"，系统弹出"排列间隔？"，输入排列间隔，单击"确定"，系统提示"要否？"，点"是"即可得图。如果单击"否"，系统会一个一个地提示是否"要"。

9. 周向排列

"周向排列"可将组选目标沿某个中心点进行周向复制排列。其具体操作与单向排列类似：先用"组"将目标选中，然后单击"编辑"→"周向排列"或直接单击鼠标右键中的"阵列"→"周向排列"，然后将光标放置在中心点单击左键，系统提示"排列个数（包括自身）"，输入排列个数，单击"确定"，系统提示"是否逆时针排列？"，单击"是"或"否"，系统提示"排列间隔（相对光标的夹角）？"，输入夹角，单击"确定"，系统提示"要否？"，点"是"即可得到图。如果单击"否"，系统会一个一个地提示是否"要"。

10. 拷贝

"拷贝"是将图形从一张图纸复制到另外一张图纸上，其比例随当前图纸进行相应变化，此功能可用来由零件图拼装装配图，也可由装配图拆画零件图。其具体操作是：先用"组"将需拷贝的图形选中，然后单击"编辑"菜单中的"拷贝"或直接单击右键菜单里的"拷贝"，再将光标移到基准点单击左键确定，此时可打开另一张图，单击"编辑"菜单中的"粘贴"或直接单击右键菜单里的"粘贴"，于是需"拷贝"的图形与光标粘在一起，随光标移动，比例随当前图纸进行了相应变化，将光标移动到插入点，单击左键"确定"，则拷贝成功。

此外，对于组中的图元，可通过右键快捷菜单修改其共同属性，如线型、线宽、颜色或组选目标中尺寸的字体、字高、字宽等。

11.5 尺寸标注

开目 CAD 在"尺"工具箱中，提供了多种尺寸标注的工具，图 11-34 所示的是尺寸标注工具栏，图 11-35 所示的是尺寸输入对话框。

11.5.1 直线尺寸标注

"⟷"按钮用于标注直线尺寸，进入尺寸标注状态后，光标变为"凵"，方框外的短画线为光标方向,中间横线指示的是尺寸线方向,可用转动键改变其方向。

直线尺寸的标注方法有两种,第一种是最常用的利用导航或对齐标注尺寸的方法,第二种是直接上线确定直线长度。直线尺寸标注的一般步骤为:

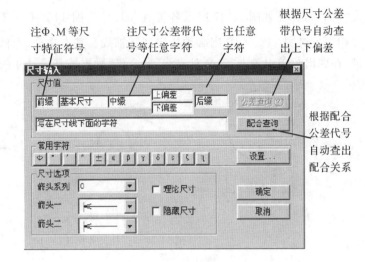

图 11-34　尺寸标注　　　　　　　　　　　图 11-35　尺寸输入对话框

①点取""图标,调整光标方向,使之与尺寸界限同向。

②确定尺寸界线引出点。根据导航信息,当光标对准了尺寸界线引出点后,单击鼠标左键。再确定第二尺寸界限,即会弹出如图 11-35 所示的尺寸输入对话框。

③输入尺寸。在弹出的尺寸输入对话框中,基本尺寸区已显示计算机测量的长度,供设计时参考。输入要标注的各项后,单击"确定"。

④确定尺寸位置及标注形式。拖动鼠标调整尺寸位置,按"Space"键切换"引出"或"非引出"标注方式,单击鼠标左键。

在尺寸为黄色临时状态时,尺寸的字高、字体及颜色可在设置工具栏中进行更改,对于尺寸的字高,还可按 Alt＋>将尺寸数字的字高加大,按 Alt＋<将尺寸数字的字高减小。

在尺寸标注未完成之前单击"取消"或按"Esc"键退出此次标注过程,此次标注无效。

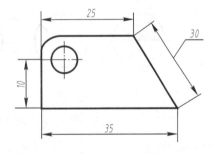

图 11-36　直线尺寸标注

如图 11-36 所示的图形中数据为"25"的尺寸,可用上线的方法标注,系统判断出直线的端点有一倒圆或倒角后自动调整尺寸界线的位置到与之相关的另一直线上,或将尺寸界线引出点定在两直线的虚交点。而图形中数据为"10"的尺寸不能用此方法,必须为导航的方式分别指定尺寸界线引出点进行标注。

直线尺寸还有几种标注形式,分别为:""坐标式连续标注尺寸;""同一基准连续标注尺寸;""标注连续尺寸;""标注对称半尺寸。其标注方法在图标上一目了然,类似于线性尺寸的标注方法。

11.5.2　圆及圆弧直径尺寸标注

"⊘"可标注如图 11-37 所示各类直径尺寸。图 11-37(a)、(b)两例的操作方法与直线尺寸相同。对图 11-37(c),则必须指定回转轴线。其方法是,光标上线(点画线)后单击鼠标右键,在弹出菜单中单击"定义对称线"命令,然后再按直线尺寸的操作方法进行标注。

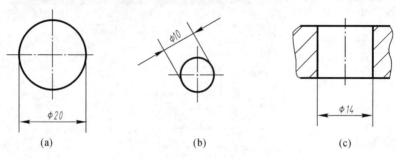

图 11-37　直径尺寸标注(一)

"⊘"可标注如图 11-38 所示各类直径尺寸。其操作步骤如下:

①选择所要标注的圆(弧)。将光标移至圆上(上线)单击鼠标左键。

②输入尺寸数值。与直线尺寸类似。

③确定尺寸位置。按"Space"键可以在图 11-38(a)、(b)两种方式间切换,其余操作与直线尺寸类似。

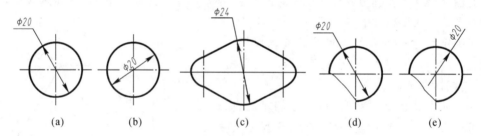

图 11-38　直径尺寸标注(二)

11.5.3　圆弧半径、角度、斜度、锥度、弧长、粗糙度的标注

圆弧半径、角度、斜度、锥度、弧长、粗糙度的标注方法见表 11-5。这些尺寸标注的一般步骤是:①指定标注对象,即在光标上线后单击鼠标左键。②输入尺寸数值。在尺寸输入窗口中输入数据后单击"确定"。一般计算机已将测量数据填入基本尺寸区。③确定尺寸位置,按"Space"键选择标注形式,移动鼠标选择位置,单击鼠标左键,完成标注。

表 11-5 列出了两种标注角度尺寸的方式。第一种方式用于所注夹角的顶点位置已知,两夹角边不一定画出的情况;第二种方式用于所注夹角的两边已画出,但角顶点的位置不知的情况。若夹角的顶点及两夹角边都已画出,则两种方式都适用。

表 11-5　尺寸标注

按钮	标注内容	光标形式	标注示例	
			图例	说明
	圆弧		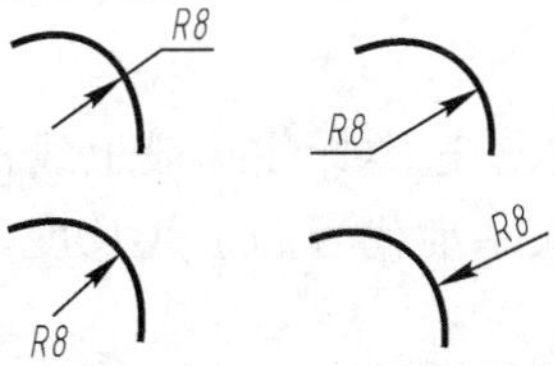	按"Space"键在图中所示的四种标注形式间切换。
	角度		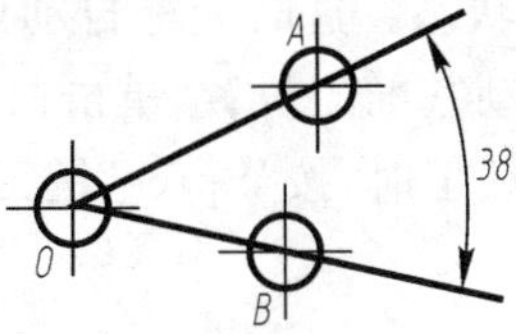	①光标位置点在圆心处;②将光标移至圆 O,A,B 的圆心上,单击鼠标左键。
	角度		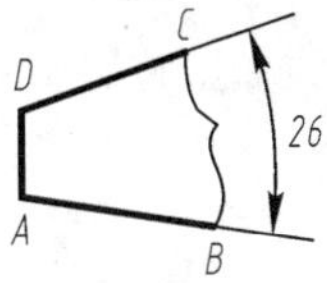	①光标位置点在垂直两直线交点,长线表示光标方向;②将光标分别移至直线 AB,CD 上,单击鼠标左键。
	弧长		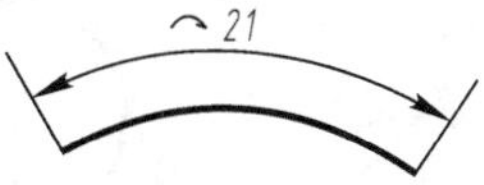	光标移至圆弧上,单击鼠标左键。
	倒角		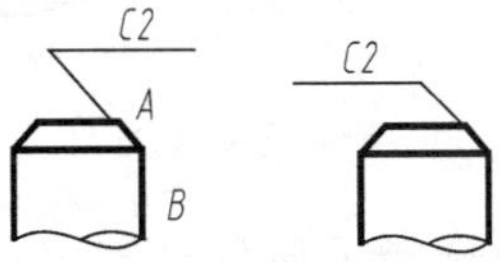	①光标位置点在交点处;②将光标移至倒角边 AB 上,单击鼠标左键;③按"Space"键在各种标注形式间切换。
	斜度	   	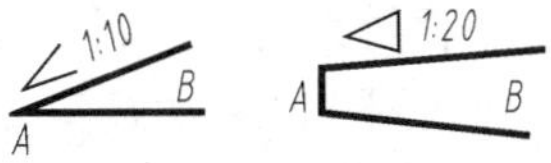	①单击图像按钮后,弹出标注锥度、斜度的子菜单;②将光标移至直线 AB 上,单击鼠标左键(注:该软件提供的锥度符号为老标准)。
	锥度			
	表面结构	  	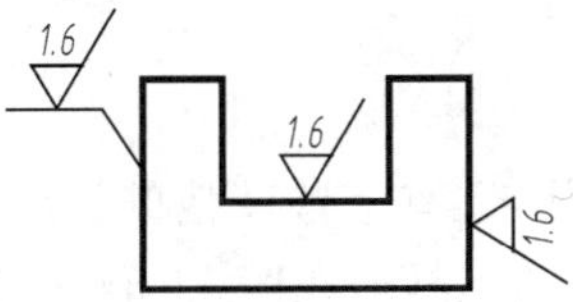	①单击图像按钮后,将光标移至线上,单击鼠标左键,在弹出对话框中选择所需符号并输入数据,单击"确定"按钮;②按"Space"键选择标注形式。 (注:该软件提供的表面结构符号为老标准)

11.5.4 形位公差标注

1. 形位公差基准"⊻"标注

点中此项进入参考基准标注状态。这类标注一般上线标注。方法是：光标上线单击鼠标左键，出现"基准"对话框，提示输入基准代号和引线长度，系统将自动显示上次标注的基准代号的下一个代号。

单击"确定"按钮进入光标"粘连"状态。这时光标自动处于当前线切线方向锁定状态，不离开当前线。用鼠标或移动键可移动基准的位置，单击鼠标左键即可完成标注。图 11-39 是参考基准标注的例子。当光标在斜线上时，按"Space"键可以切换显示方式。

2. 形位公差"⌐⊞"标注

单击"⌐⊞"可进行形位公差标注。这类尺寸进行上线标注，光标上线单击鼠标左键，系统将自动调节光标角度，使之垂直于当前线，出现如图 11-40 所示对话框，前十四类为国标规定的形位公差。

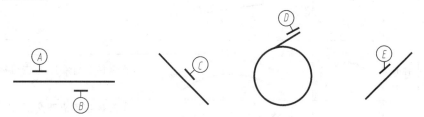

图 11-39　形位公差基准标注

用鼠标按下某项公差类型按钮即选择了该种类型公差。在"公差"区内输入形位公差值，在"基准"右面的输入框中输入基准符号，最多可有四个基准。形位公差值也可通过查手册来确定，在"精度等级"和"主参数"框中输入精度等级和主参数区间，系统自动查出对应的公差值。单击"确定"按钮系统将询问是否继续标另一个形位公差，如输入"Y"或单击"是"按钮，可以再输入一个形位公差，可得到如图 11-41 中最下面两组在一起的形位公差。输入"N"或单击"否"按钮，则进入下一步，这时，箭头光标被锁定在当前线上，只能沿当前线的切线方向移动。再单击左键，则箭头光标被定位，同时，形位公差的数据及外框与光标"粘连"，移动到适当位置点左键，则全部尺寸输入完毕。在移动外框位置时按"Space"键可将外框竖置。

11.5.5 其他标注

工程图上除了要标注各类尺寸外，还有一些其他的标注，如局部视图的投影方向、剖面位置、剖视图名称等。完成这些标注的工具均在图 11-34 所示的尺寸标注工具栏中，其标注方法见表 11-6。

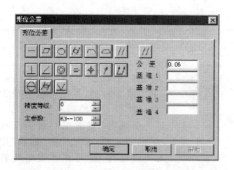

图 11-40　形位公差标注对话框

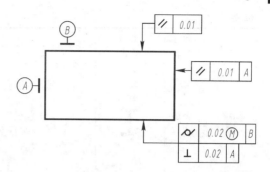

图 11-41　形位公差标注示例

表 11-6　其他标注

按钮	标注内容	光标形式	标注示例	
			图例	说明
↗	画单端带箭头直线	→		①光标位置点在矩形中心；②将光标移至 A 点，单击鼠标左键；③将光标移至 B 点，单击鼠标左键。
	画双端带箭头直线	↔		①光标位置点在矩形中心；②将光标移至 A 点，单击鼠标左键；③将光标移至 B 点，单击鼠标左键。
↰	标注剖切位置	┌		①光标位置点在矩形中心，箭头代表投影方向，与箭头垂直的直线代表剖面位置；②将光标移至位置 Ⅰ 按"Ctrl－鼠标左键"，键入字母(A,B,…)；③光标移至位置 Ⅱ，单击鼠标左键；④光标移至位置 Ⅲ，按"Ctrl－鼠标左键"；⑤如不画表示投影方向的箭头，则在位置 Ⅰ 只需单击鼠标左键。
⟋A	引出标注	⟋	6×M6 ▼ 10 孔 ▼ 14 O	①将光标移至 O 点附近，单击鼠标左键；②输入标注字符；③光标移至引出点 O 上，单击鼠标左键；④移动光标选择合适的尺寸位置，单击鼠标左键。
⊥	注写单行字符	⊥	A—A　　K 比例 7：4	①矩形外短画为字符朝向；②将光标移至欲写字符处，单击鼠标左键；③输入字符；④移动光标选定合适的位置后，单击鼠标左键。

续表

按钮	标注内容	光标形式	标注示例	
			图例	说明
T	表格填写	**I**	任意汉字和字符 多行文本	将光标移动到需填写的表格内单击鼠标左键,系统自动会放大显示比例方便填写。 "表格填写"只能填写由表格线组成的区域,用"组"的"编辑"中的"改线性质"可将非表格线转换成表格线。

11.5.6 修改、删除尺寸

将光标移至要修改的尺寸附近,当尺寸数字、尺寸线、尺寸界线变为红色后,单击鼠标右键,在弹出菜单中单击"删除当前尺寸",则删除该尺寸;单击"移动当前尺寸"可修改尺寸位置;单击"当前尺寸属性"可修改尺寸数据。

11.6 剖面填充

在封闭区域内画剖面线或其他有规律的重复图案时需用此操作。开目 CAD 的剖面填充无须指定边界,操作简便。在主工具条下单击" 剖 "图标出现如图 11-42 所示的子工具栏。

11.6.1 填充剖面线

绘制机械图样时,最常见的填充形式是 30°,45°,60°,120°,135°,150° 剖面线和 45°,135°网纹,图 11-42 中前面七种分别对应工程制图最常见角度的剖面形式。单击某种剖面形式图标,光标则变成选中的剖面形式。将光标移入要填充的封闭区域内,单击鼠标左键或按 Enter 键,则剖面线自动填满整个区域。

图 11-42 剖面填充子工具栏

注意:填充时应注意区域的封闭性,并使被填充区域全部位于屏幕内。若填充时区域不封闭而导致剖面线填到区域外,则按下 ESC 键,该次填充的剖面线被擦除。如填充已完成,则须使用擦除选项进行擦除。如要填充一个未封闭区域,必要时应画辅助线将其封闭。如果欲填充的区域只有一部分在屏幕内,则只要进行屏幕移动、放大或缩小图面等操作可将区域封闭。然后再进行填充就可得到满意的效果。

11.6.2 增大间距和减小间距

图标" ✕ "用来增加剖面线间距,即将剖面线变稀些。在选中剖面形式之后,单击图标可加大间距,同按"＋"键增大剖面线间距效果一致。图标"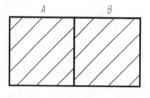"用来减小剖面线间距,即将剖面线变密些。选中剖面形式之后,单击图标可减小间距,同按"—"键减小剖面线间距效果一致。

11.6.3　剖面线错位

图标"←"、"→"是用来实现剖面线错位的。如图 11-43 所示,A 区和 B 区的剖面线形式完全一样,在交界位置错位。方法如下:

图 11-43　剖面线错位

①按"＋"或"←"将剖面间距调整好。

②光标移到 A 区内,单击鼠标左键,填充 A 区。

③单击"←"图标数次,使剖面线往左错位。

④将光标移至 B 区,单击鼠标左键填充 B 区。

11.6.4　剖面取样

剖面取样图标"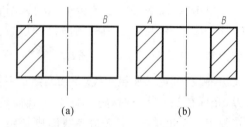"用来选择图中已填充的剖面线形式。如图 11-44 所示,如果 A 区的剖面线已填好,现在来填 B 区剖面线,并使 B 区和 A 区的剖面线完全一致,即剖面方向和剖面线间距相同,方法如下:

①单击剖面取样图标;

②将光标移到 A 区内,单击鼠标左键,系统自动测出该区域中填充线的模式,并据此调整光标的形状;

③将光标移至 B 区内,单击鼠标左键。

图 11-44　剖面线取样填充

(a)　　　　　(b)

11.6.5　剖面擦除

剖面擦除图标"🖊"是用来擦去剖面线的,包括常用剖面形式和剖面模式。单击剖面擦除图标后,将光标移至需擦除的区内单击左键即可。

11.6.6　改变填充边界

在填充剖面时,有时只需粗实线作为填充边界,有时需粗实线和细实线都作为填充边界,粗、细实线边界的切换由图标"▦"来实现。缺省状态下,即"▦"图标未被按下时,粗实线和细实线都是填充边界,如图 11-45,当把图标"▦"按下时,系统只认粗实线作为填充边界,填充结果如图 11-46(图 11-45 和图 11-46 所示,填充光标均在 A 点单击鼠标左键)所示。

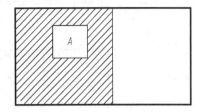

图 11-45　细实线作为填充边界

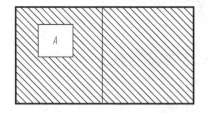

图 11-46　粗实线作为填充边界

11.6.7　剖面修改

在剖面的任一光标状态下,将光标放在剖面上,则剖面变红,即可对当前剖面线进行操作,此时单击鼠标右键,会弹出如图 11-47 的右键菜单,右键菜单里前八项是用来改变当前填充形式的,如单击填黑,则当前剖面变为"填黑"的剖面形式,单击"45°",则当前剖面变为 45°的剖面线,单击"剖面间隔",输入一个数值,可调整当前剖面线的间隔为输入值。

单击"剖面平移",系统会提示输入"错动间距",可使当前剖面线平移一段距离,与它周围的剖面错开位置。单击"细实线非边界"项,前面有一开关可切换,与点图标"▨"一样使该项作相同的设置。"定义边界线"可定义非粗实线,非细实线的其他线型如虚线、点画线为边界,光标在剖面状态时,将光标上线到需定义的线上,单击鼠标右键,在弹出菜单里单击"定义边界线",则该线可作为填充边界。"删除剖面线"擦除当前剖面线,但只能删除剖面线,不能删除花纹。

图 11-47　剖面修改右键菜单

11.7　开目 CAD 绘图的一般流程

开目 CAD 绘图一般流程为:建立一张新图或打开一张旧图→设置绘图环境→绘图→修改、编辑→标注→存储和退出。

下面以图 11-48 为例,说明绘图和标注尺寸的一般步骤。

1.建立一张新图,设置绘图环境

2.绘图

(1)用黄光标画点画线,并定义对称线。

(2)将线型改变为粗实线,并把光标放在点画线上。

(3)敲入"40 ↓",回车确定,按"80 ↑"确定,画"AB"。

(4)按"20 →"确定,画"BC"。

(5)按"Page Down",将光标移到点画线上,敲入"20 ↑"确定,画"CD"。

（6）按"50 →"确定，画"DE"。

（7）按"Page Down"，将光标移到点画线上，敲入"60 ↑"确定，画"EF"。

（8）按"30 →"确定，画"FG"。

（9）利用导航画"GH"、"HI"、"IJ"、"JK"、"KL"、"LA"、"LI"及"CF"。

（10）将光标移动到 O2 点上，敲入"35↑"，将光标调整为 180 度→15 ⊥→空格（将红光标转化为黄光标）→"Enter"。

（11）利用导航画出中心孔。

（12）单击"画"的子按钮栏中的按钮" ⬚ "，然后单击"设置工具条"中"设置半径栏"，输入"3"，将圆角半径调整为"3mm"。

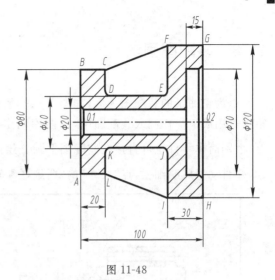

图 11-48

（13）把圆角光标放在需作圆角的两个图素附近，单击左键，系统会提示"是否擦除加亮段"，并在图上加亮多余段，单击对话框中的"是"，即可作出所需圆角。

（14）单击"画"的子按钮栏中的按钮" ⌐ "或" ⊟ "，然后同作圆角一样的方法作出所需倒角。

（15）单击主控按钮栏中的按钮"剖"，在其子按钮栏中单击所需剖面形式，将光标移动到需填充的区域，单击左键，即可填充封闭图形。

3. 标注尺寸

（1）单击主控按钮栏中的按钮"尺"，在其子按钮栏中单击按钮" ⌀ "。

（2）将光标方向调整为与中心线的方向一致，上线，单击右键，单击"定义对称线"。

（3）利用智能导航，将光标对准 B 点→单击左键确定→单击左键→光标自动跳转其对称位置到 A 点，再单击左键确定→调整尺寸位置→单击左键确定。

（4）用相同的办法标出其他对称直径尺寸。

（5）在子按钮栏中单击按钮" ↔ "，转换标注尺寸工具，标注线性尺寸。

（6）将光标方向调整到垂直方向，利用智能导航对齐线 GH，单击左键确定第一个边界。

（7）利用智能导航对齐线 JI，单击左键确定第二个边界，调整好尺寸位置，单击左键确定。

（8）用相同的办法标出其他线性尺寸。

（9）单击子按钮栏中按钮" 园 "，转换标注尺寸工具。

（10）在对话框里输入圆角半径，单击"确定"，调整其位置，单击左键。

（11）用相同的办法标未注倒角尺寸。

4. 保存文件

存储文件，并退出开目 CAD。

11.8 装配图画法

以齿轮油泵的装配图为例,如图 11-49 所示,将已完成的主要零件图,如轴、齿轮、箱体、箱盖等用成组操作调入装配图中,从图库调出垫圈、螺母、螺栓等紧固件等装到轴上和箱体上,个别简单零件也可直接在装配图上画。绘图工作完成后,用"尺"的 ![工具] 工具进行零件编号,并自动生成明细栏,点"尺寸"的"明细栏编辑",可对明细栏进行修改。

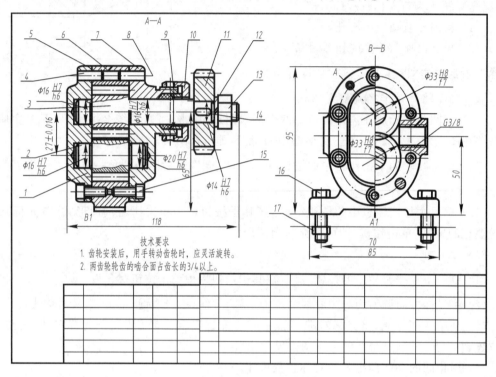

图 11-49 齿轮油泵

画装配图的操作步骤(以传动齿轮轴、传动齿轮、垫圈、螺母的装配为例):

1. 新建装配图

点"文件"的"新建";选图幅及比例(不输入比例时为 1∶1)。

2. 调传动齿轮轴

(1)点"文件"的"打开":点轴的文件名,图片预览中显示图的全貌,点"打开"。

(2)点"组"的"增":用第 1 或第 2 种构造组的方法,将需进入装配图的图素选中,如有非所需图素入组,可用"减"剔出,在右键菜单中点"拷贝",指定光标与图的粘着点。

(3)点"文件"的"关闭",关闭轴文件并调出装配图。

点"编辑"的"粘贴",调出与光标粘连的黄色图("组"选中的图素已自动转换成装配图的比例),移至合适位置确认,跳出对话框,问尺寸是否复制,点"否",图形即生成。右键菜单中点"重选",光标上粘连的图素消失。

3．调传动齿轮

方法及步骤同 2。

注意：提示"指定粘着点"时，应选齿轮的轴向定位基准为粘着点，便于光标上线定位。

4．调垫圈、螺母

(1)点"图库"的"紧固件"：屏幕上出现如图 11-50 所示对话框，用来选紧固方式，对话框中的图只是示意图，当选完紧固方式后，屏幕上出现螺母、垫圈形式供选择，整个紧固件组的形式确定完后，屏幕上出现一对话框，用来确定螺纹的直径。点"完成"，调出与光标粘连的紧固件组。

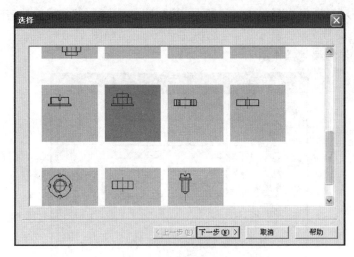

图 11-50　紧固件图库

(2)光标上轴的中心线，按"F"键，光标及粘连的图形反向，轴向定好位置，确认。跳出对话框，问是否将零件信息添加至明细表，点"是"。得到图 11-51 所示的图形。

(3)右键菜单中点"重选"，光标上粘连的图素消失。

5．零件编号，生成明细栏

点"尺"的 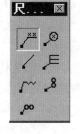 图标，调出下一级工具栏，如图 11-52 所示，前三项用来标注单个零件的序号，后四种用来标注一个引出点，多个零件连标。

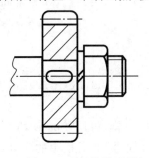

图 11-51　部件装配图　　　　　　　　图 11-52　零件编号工具栏

(1)单个零件的编号：如轴、齿轮，可用前三种图标，其操作步骤如下：

①点前三种之一的图标：将光标移至零件上单击鼠标左键确认。

②"零件编号"对话框:序号栏内已自动按顺序填入序号数,按"Tab"键切换到下一栏,也可用鼠标左键选行,各栏内容填写完毕点"确定"。

③序号与光标粘连,黑色小点为序号的引出点(对于薄壁零件,确定引出点时上线后按"Enter"键或单击鼠标左键后引出点变为一小箭头),移至零件上合适位置,确认,再将序号移至零件外合适位置,确认。对话框内填写的全部内容在明细栏内生成。

(2)多个零件连标序号的操作步骤:

①点后四种之一的图标:光标移至一个零件上,确认,出现"输入数据"对话框,输入连标的零件数,如"3",点"确定"。

②"零件编号"对话框内列出了三个编号,按顺序分别填入三个零件的信息,填完编号1,点"编号2",填完编号2,点"编号3",全部填完点"确定",如图11-53所示。

③同单个零件的编号操作第③步。

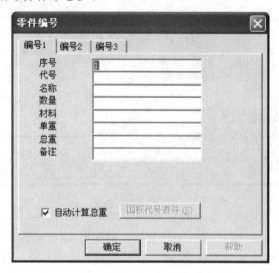

图11-53 多个零件编号

(3)标准件的编号:紧固件、滚动轴承等。

①将光标放在标准件附近的信息上,当信息字变红时确认。

②"零件编号"对话框:系统自动将标准件的有关信息填入了相关栏,如为紧固件,还可点对话框内的"国标代号查寻",填写完毕后点"确定"。

③同单个零件的编号操作第③步。

(4)零件序号的排列。

①生成第一个序号后,其他序号的位置可按对齐键"Home,End,PgUp,PgDn"使与第一个序号在水平或垂直方向对齐。

②多个零件连标,序号的顺序,向右或向左排、向下或向上排,可用"Space"切换。

③如要在已生成的序号间插入一个零件号,应将"零件编号"对话框中的序号数改为所需号,对话结束,确定后,出现另一对话:编号重复,原编号是否上移。点"是",则在他后面的零件序号自动按顺序上移,明细栏亦作相应变更。

④明细表的内容,如序号、代号、名称、材料等需要修改,点"尺寸"的"明细栏编辑",明细

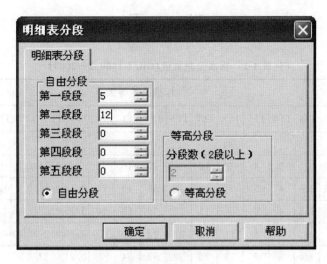

图 11-54　明细栏分段

表被调出,修改完毕,点"返回"。

⑤明细栏分段:当零件号太多,一列排不下时,可点"尺寸"的"明细栏分段",在调出的对话框中可选择自由分段,输入每段放的零件数,如图 11-54 所示;亦可等高分段,将明细表分为 2 列、3 列等,其中标题栏的高度也参与分段,输入列数后点"确定"。

6. 退出开目 CAD

存储文件,并退出开目 CAD。

附　　录

一、公差与配合

附表 1-1　标准公差数值(GB/T 1800. 2—2009)

公称尺寸(mm) 大于	至	标准公差等级																	
		IT1	IT2	IT3	IT4	IT5	IT6	IT7	IT8	IT9	IT10	IT11	IT12	IT13	IT14	IT15	IT16	IT17	IT18
		μm											mm						
—	3	0.8	1.2	2	3	4	6	10	14	25	40	60	0.1	0.14	0.25	0.4	0.6	1	1.4
3	6	1	1.5	2.5	4	5	8	12	18	30	48	75	0.12	0.18	0.3	0.48	0.75	1.2	1.8
6	10	1	1.5	2.5	4	6	9	15	22	36	58	90	0.15	0.22	0.36	0.58	0.9	1.5	2.2
10	18	1.2	2	3	5	8	11	18	27	43	70	110	0.18	0.27	0.43	0.7	1.1	1.8	2.7
18	30	1.5	2.5	4	6	9	13	21	33	52	84	130	0.21	0.33	0.52	0.84	1.3	2.1	3.3
30	50	1.5	2.5	4	7	11	16	25	39	62	100	160	0.25	0.39	0.62	1	1.6	2.5	3.9
50	80	2	3	5	8	13	19	30	46	74	120	190	0.3	0.46	0.74	1.2	1.9	3	4.6
80	120	2.5	4	6	10	15	22	35	54	87	140	220	0.35	0.54	0.87	1.4	2.2	3.5	5.4
120	180	3.5	5	8	12	18	25	40	63	100	160	250	0.4	0.63	1	1.6	2.5	4	6.3
180	250	4.5	7	10	14	20	29	46	72	115	185	290	0.46	0.72	1.15	1.85	2.9	4.6	7.2
250	315	6	8	12	16	23	32	52	81	130	210	320	0.52	0.81	1.3	2.1	3.2	5.2	8.1
315	400	7	9	13	18	25	36	57	89	140	230	360	0.57	0.89	1.4	2.3	3.6	5.7	8.9
400	500	8	10	15	20	27	40	63	97	155	250	400	0.63	0.97	1.55	2.5	4	6.3	9.7
500	630	9	11	16	22	32	44	70	110	175	280	440	0.7	1.1	1.75	2.8	4.4	7	11
630	800	10	13	18	25	36	50	80	125	200	320	500	0.8	1.25	2	3.2	5	8	12.5
800	1000	11	15	21	28	40	56	90	140	230	360	560	0.9	1.4	2.3	3.6	5.6	9	14
1000	1250	13	18	24	33	47	66	105	165	260	420	660	1.05	1.65	2.6	4.2	6.6	10.5	16.5
1250	1600	15	21	29	39	55	78	125	195	310	500	780	1.25	1.95	3.1	5	7.8	12.5	19.5
1600	2000	18	25	35	46	65	92	150	230	370	600	920	1.5	2.3	3.7	6	9.2	15	23
2000	2500	22	30	41	55	78	110	175	280	440	700	1100	1.75	2.8	4.4	7	11	17.5	28
2500	3150	26	36	50	68	96	135	210	330	540	860	1350	2.1	3.3	5.4	8.6	13.5	21	33

注:1.公称尺寸大于 500mm 的 IT1 至 IT5 的标准公差数值为试行的。

2.公称尺寸小于或等于 1mm 时,无 IT14 至 IT18。

附表 1-2　常用及优先用途轴的极限偏差

常用及优先公差带

基本尺寸 (mm)		a	b		c			d				e		
大于	至	11	11	12	9	10	**11**	8	**9**	10	11	7	8	9
—	3	−270/−330	−140/−200	−140/−240	−60/−85	−60/−100	−60/−120	−20/−34	−20/−45	−20/−60	−20/−80	−14/−24	−14/−28	−14/−39
3	6	−270/−345	−140/−215	−140/−260	−70/−100	−70/−118	−70/−145	−30/−48	−30/−60	−30/−78	−30/−105	−20/−32	−20/−38	−20/−50
6	10	−280/−370	−150/−240	−150/−300	−80/−116	−80/−138	−80/−170	−40/−62	−40/−76	−40/−98	−40/−130	−25/−40	−25/−47	−25/−61
10	14	−290/−400	−150/−260	−150/−330	−95/−138	−95/−165	−95/−205	−50/−77	−50/−93	−50/−120	−50/−160	−32/−50	−32/−59	−32/−75
14	18	−290/−400	−150/−260	−150/−330	−95/−138	−95/−165	−95/−205	−50/−77	−50/−93	−50/−120	−50/−160	−32/−50	−32/−59	−32/−75
18	24	−300/−430	−160/−290	−160/−370	−110/−162	−110/−194	−110/−240	−65/−98	−65/−117	−65/−149	−65/−195	−40/−61	−40/−73	−40/−92
24	30	−300/−430	−160/−290	−160/−370	−110/−162	−110/−194	−110/−240	−65/−98	−65/−117	−65/−149	−65/−195	−40/−61	−40/−73	−40/−92
30	40	−310/−470	−170/−330	−170/−420	−120/−182	−120/−220	−120/−280	−80/−119	−80/−142	−80/−180	−80/−240	−50/−75	−50/−89	−50/−112
40	50	−320/−480	−180/−340	−180/−430	−130/−192	−130/−230	−130/−290							
50	65	−340/−530	−190/−380	−190/−490	−140/−214	−140/−260	−140/−330	−100/−146	−100/−174	−100/−220	−100/−290	−60/−90	−60/−106	−60/−134
65	80	−360/−550	−200/−390	−200/−500	−150/−224	−150/−270	−150/−340							
80	100	−380/−600	−220/−440	−220/−570	−170/−257	−170/−310	−170/−390	−120/−174	−120/−207	−120/−260	−120/−340	−72/−107	−72/−126	−72/−159
100	120	−410/−630	−240/−460	−240/−590	−180/−267	−180/−320	−180/−400							
120	140	−460/−710	−260/−510	−260/−660	−200/−300	−200/−360	−200/−450	−145/−208	−145/−245	−145/−305	−145/−395	−85/−125	−85/−148	−85/−185
140	160	−520/−770	−280/−530	−280/−680	−210/−310	−210/−370	−210/−460							
160	180	−580/−830	−310/−560	−310/−710	−230/−330	−230/−390	−230/−480							
180	200	−660/−950	−340/−630	−340/−800	−240/−355	−240/−425	−240/−530	−170/−242	−170/−285	−170/−355	−170/−460	−100/−146	−100/−172	−100/−215
200	225	−740/−1030	−380/−670	−380/−840	−269/−375	−260/−445	−260/−550							
225	250	−820/−1110	−420/−710	−420/−880	−280/−395	−280/−465	−280/−570							
250	280	−920/−1240	−480/−800	−480/−1000	−300/−430	−300/−510	−300/−620	−190/−271	−190/−320	−190/−400	−190/−510	−110/−162	−110/−191	−110/−240
280	315	−1050/−1370	−540/−860	−540/−1060	−330/−460	−330/−540	−330/−650							
315	355	−1200/−1560	−600/−960	−600/−1170	−360/−500	−360/−590	−360/−720	−210/−299	−210/−350	−210/−440	−210/−570	−125/−182	−125/−214	−125/−265
355	400	−1350/−1710	−680/−1040	−680/−1250	−400/−540	−400/−630	−400/−760							
400	450	−1500/−1900	−760/−1160	−760/−1390	−440/−595	−440/−690	−440/−840	−230/−327	−230/−385	−230/−480	−230/−630	−135/−198	−135/−232	−135/−290
450	500	−1650/−2050	−840/−1240	−840/−1470	−480/−635	−480/−730	−480/−880							

（GB/T 1800.2—2009）（尺寸至 500mm）　　　　　　　单位：$\mu\text{m}\left(\dfrac{1}{1000}\text{mm}\right)$

（黑体字为优先公差带）

	f					g			h							
	5	6	7	8	9	5	6	7	5	6	7	8	9	10	11	12
	−6 −10	−6 −12	−6 −16	−6 −20	−6 −31	−2 −6	−2 −8	−2 −12	0 −4	0 −6	0 −10	0 −14	0 −25	0 −40	0 −60	0 −100
	−10 −15	−10 −18	−10 −22	−10 −28	−10 −40	−4 −9	−4 −12	−4 −16	0 −5	0 −8	0 −12	0 −18	0 −30	0 −48	0 −75	0 −120
	−13 −19	−13 −22	−13 −28	−13 −35	−13 −49	−5 −11	−5 −14	−5 −20	0 −6	0 −9	0 −15	0 −22	0 −36	0 −58	0 −90	0 −150
	−16 −24	−16 −27	−16 −34	−16 −43	−16 −59	−6 −14	−6 −17	−6 −24	0 −8	0 −11	0 −18	0 −27	0 −43	0 −70	0 −110	0 −180
	−20 −29	−20 −33	−20 −41	−20 −53	−20 −72	−7 −16	−7 −20	−7 −28	0 −9	0 −13	0 −21	0 −33	0 −52	0 −84	0 −130	0 −210
	−25 −36	−25 −41	−25 −50	−25 −64	−25 87	−9 −20	−9 −25	−9 −34	0 −11	0 −16	0 −25	0 −39	0 −62	0 −100	0 −160	0 −250
	−30 −43	−30 −49	−30 −60	−30 −76	−30 −104	−10 −23	−10 −29	−10 −40	0 −13	0 −19	0 −30	0 −46	0 −74	0 −120	0 −190	0 −300
	−36 −51	−36 −58	−36 −71	−36 90	−36 −123	−12 −27	−12 −34	−12 −47	0 −15	0 −22	0 −35	0 −54	0 −87	0 −140	0 −220	0 −350
	−43 −61	−43 −68	−43 −83	−43 −106	−43 −143	−14 −32	−14 −39	−14 −54	0 −18	0 −25	0 −40	0 −63	0 −100	0 −160	0 −250	0 −400
	−50 −70	−50 −79	−50 −96	−50 −122	−50 −165	−15 −35	−15 −44	−15 −61	0 −20	0 −29	0 −46	0 −72	0 −115	0 −185	0 −290	0 −460
	−56 −79	−56 −88	−56 −108	−56 −137	−56 −186	−17 −40	−17 −49	−17 −69	0 −23	0 −32	0 −52	0 −81	0 −130	0 −210	0 −320	0 −520
	−62 −87	−62 −98	−62 −119	−62 −151	−62 −202	−18 −43	−18 −54	−18 −75	0 −25	0 −36	0 −57	0 −89	0 −140	0 −230	0 −360	0 −570
	−68 −95	−68 −108	−68 −131	−68 −165	−68 −223	−20 −47	−20 −60	−20 −83	0 −27	0 −40	0 −63	0 −97	0 −155	0 −250	0 −400	0 −630

基本尺寸（mm）		常用及优先公差带														
		js			k			m			n			p		
大于	至	5	6	7	5	6	7	5	6	7	5	6	7	5	6	7
—	3	±2	±3	±5	+4 0	+6 0	+10 0	+6 +2	+8 +2	+12 +2	+8 +4	+10 +4	+14 +4	+10 +6	+12 +6	+16 +6
3	6	±2.5	±4	±6	+6 +1	+9 −1	+13 +1	+9 +4	+12 +4	+16 +4	+13 +8	+16 +8	+20 +8	+17 +12	+20 +12	+24 +12
6	10	±3	±4.5	±7	+7 +1	+10 +1	+16 +1	+12 +6	+15 +6	+21 +6	+16 +10	+19 +10	+25 +10	+21 +15	+24 +15	+30 +15
10	14	±4	±5.5	±9	+9 −1	+12 +1	+19 +1	+15 +7	+18 +7	+25 +7	+20 +12	+23 +12	+30 +12	+26 +18	+29 +18	+36 +18
14	18															
18	24	±4.5	±6.5	±10	+11 +2	+15 +2	+23 +2	+17 8	+21 +8	+29 +8	+24 +15	+28 +15	+36 +15	+31 +22	+35 +22	+43 +22
24	30															
30	40	±5.5	±8	±12	+13 +2	+18 2	+27 +2	+20 +9	+25 +9	+34 +9	+28 +17	+33 +17	+42 +17	+37 +26	+42 +26	+51 +26
40	50															
50	65	±6.5	±9.5	±15	+15 +2	+21 +2	+32 +2	+24 +11	+30 +11	+41 +11	+33 +20	+39 +20	+50 +20	+45 32	+51 +32	+62 +32
65	80															
80	100	±7.5	±11	±17	+18 +3	+25 +3	+38 +3	+28 +13	+35 +13	+48 +13	+38 +23	+45 +23	+58 +23	+52 +37	+59 +37	+72 +37
100	120															
120	140	±9	±12.5	±20	+21 +3	+28 +3	+43 +3	+33 +15	+40 +15	+55 +15	+45 +27	+52 +27	+67 +27	+61 +43	+68 +43	+83 +43
140	160															
160	180															
180	200	±10	±14.5	±23	+24 +4	+33 +4	+50 +4	+37 +17	+46 +17	+63 +17	+51 +31	+60 +31	+77 +31	+70 +50	+79 50	+96 +50
200	225															
225	250															
250	280	±11.5	±16	±26	+27 +4	+36 +4	+56 +4	+43 +20	+52 +20	+72 +20	+57 +34	+66 +34	+86 +34	+79 +56	+88 +56	+108 +56
280	315															
315	355	±12.5	±18	±28	+29 +4	+40 +4	+61 +4	+46 +21	+57 +21	+78 +21	+62 +37	+73 +37	+94 +37	+87 +62	+98 +62	+119 +62
355	400															
400	450	±13.5	±20	±31	+32 +5	+45 +5	+68 +5	+50 +23	+63 +23	+86 +23	+67 +40	+80 +40	+103 +40	+95 +68	+108 +68	+131 +68
450	500															

（黑体字为优先公差带）

r			s			t			u		v	x	y	z
5	6	7	5	**6**	7	5	6	7	6	7	**6**	6	6	6
+14 +10	+16 +10	+20 +10	+18 +14	+20 +14	+24 +14	—	—	—	+24 +18	+28 +18	—	+26 +20	—	+32 +26
+20 +15	+23 +15	+27 +15	+24 +19	+27 +19	+31 +19	—	—	—	+31 +23	+35 +23	—	+36 +28	—	+43 +35
+25 +19	+28 +19	+34 +19	+29 +23	+32 +23	+38 +23	—	—	—	+37 +28	+43 +28	—	+43 +34	—	+51 +42
+31 +23	+34 +23	+41 +23	+36 +28	+39 +28	+46 +28	—	—	—	+44 +33	+51 +33	—	+51 +40	—	+61 +50
											+50 +39	+56 +45	—	+71 +60
+37 +28	+41 +28	+49 +28	+44 +35	+48 +35	+56 +35	—	—	—	+54 +41	+62 +41	+60 +47	+67 +54	+76 +63	+86 +73
						+50 +41	+54 +41	+62 +41	+61 +48	+69 +48	+68 +55	+77 +64	+88 +75	+101 +88
+45 +34	+50 +34	+59 +34	+54 +43	+59 +43	+68 +43	+59 +48	+64 +48	+73 +48	+76 +60	+85 +60	+84 +68	+96 +80	+110 +94	+128 +112
						+65 +54	+70 +54	+79 +54	+86 +70	+95 +70	+97 +81	+113 +97	+130 +114	+152 +136
+54 +41	+60 +41	+71 +41	+66 +53	+72 +53	+83 +53	+79 +66	+85 +66	+96 +66	+106 +87	+117 +87	+121 +102	+141 +122	+163 +144	+191 +172
+56 +43	+62 +43	+73 +43	+72 +59	+78 +59	+89 +59	+88 +75	+94 +75	+105 +75	+121 +102	+132 +102	+139 +120	+165 +146	+193 +174	+229 +210
+66 +51	+73 +51	+86 +51	+86 +71	+93 +71	+106 +71	+106 +91	+113 +91	+126 +91	+146 +124	+159 +124	+168 +146	+200 +178	+236 +214	+280 +258
+69 +54	+76 +54	+89 +54	+94 +79	+101 +79	+114 +79	+119 +104	+126 +104	+139 +104	+166 +144	+179 +144	+194 +172	+232 +210	+276 +254	+332 +310
+81 +63	+88 +63	+103 +63	+110 +92	+117 +92	+132 +92	+140 +122	+147 +122	+162 +122	+195 +170	+210 +170	+227 +202	+273 +248	+325 +300	+390 +365
+83 +65	+90 +65	+105 +65	+118 +100	+125 +100	+140 +100	+152 +134	+159 +134	+174 +134	+215 +190	+230 +190	+253 +228	+305 +280	+365 +340	+440 +415
+86 +68	+93 +68	+108 +68	+126 +108	+133 +108	+148 +108	+164 +146	+171 +146	+186 +146	+235 +210	+250 +210	+277 +252	+335 +310	+405 +380	+490 +465
+97 +77	+106 +77	+123 +77	+142 +122	+151 +122	+168 +122	+186 +166	+195 +166	+212 +166	+265 +236	+282 +236	+313 +284	+379 +350	+454 +425	+549 +520
+100 +80	+109 +80	+126 +80	+150 +130	+159 +130	+176 +130	+200 +180	+209 +180	+226 +180	+287 +258	+304 +258	+339 +310	+414 +385	+499 +470	+604 +575
+104 +84	+113 +84	+130 +84	+160 +140	+169 +140	+186 +140	+216 +196	+225 +196	+242 +196	+313 +284	+330 +284	+369 +340	+454 +425	+549 +520	+669 +640
+117 +94	+126 +94	+146 +94	+181 +158	+190 +158	+210 +158	+241 +218	+250 +218	+270 +218	+347 +315	+367 +315	+417 +385	+507 +475	+612 +580	+742 +710
+121 +98	+130 +98	+150 +98	+193 +170	+202 +170	+222 +170	+263 +240	+272 +240	+292 +240	+382 +350	+402 +350	+457 +425	+557 +525	+682 +650	+822 +790
+133 +108	+144 +108	+165 +108	+215 +190	+226 +190	+247 +190	+293 +268	+304 +268	+325 +268	+426 +390	+447 +390	+511 +475	+626 +590	+766 +730	+936 +900
+139 +114	+150 +114	+171 +114	+233 +208	+244 +208	+265 +208	+319 +294	+330 +294	+351 +294	+471 +435	+492 +435	+566 +530	+696 +660	+856 +820	+1036 +1000
+153 +126	+166 +126	+189 +126	+259 +232	+272 +232	+295 +232	+357 +330	+370 +330	+393 +330	+530 +490	+553 +490	+635 +595	+780 +740	+960 +920	+1140 +1100
+159 +132	+172 +132	+195 +132	+279 +252	+292 +252	+315 +252	+387 +360	+400 +360	+423 +360	+580 +540	+603 +540	+700 +660	+860 +820	+1040 +1000	+1290 +1250

附表 1-3　常用及优先用途孔的极限偏差

基本尺寸(mm) 大于	至	A 11	B 11	B 12	C 11	D 8	D 9	D 10	D 11	E 8	E 9	F 6	F 7	F 8	F 9	G 6
—	3	+330 +270	+200 +140	+240 +140	+120 +60	+34 +20	+45 +20	+60 +20	+80 +20	+28 +14	+39 +14	+12 +6	16+ +6	20+ +6	+31 +6	+8 +2
3	6	+345 +270	+215 +140	+260 +140	+145 +70	+48 +30	+60 +30	+78 +30	+105 +30	+38 +20	+50 +20	+18 +10	+22 +10	+28 +10	+40 +10	+12 +4
6	10	+370 +280	+240 +150	+300 +150	+170 +80	+62 +40	+76 +40	+98 +40	+130 +40	+47 +25	+61 +25	+22 +13	+28 +13	+35 +13	+49 +13	+14 +5
10	14	+400 +290	+260 +150	+330 +150	+205 +95	+77 +50	+93 +50	+120 +50	+160 +50	+59 +32	+75 +32	+27 +16	+34 +16	+43 +16	+59 +16	+17 +6
14	18	+400 +290	+260 +150	+330 +150	+205 +95	+77 +50	+93 +50	+120 +50	+160 +50	+59 +32	+75 +32	+27 +16	+34 +16	+43 +16	+59 +16	+17 +6
18	24	+430 +300	+290 +160	+370 +160	+240 +110	+98 +65	+117 +65	+149 +65	+195 +65	+73 +40	+92 +40	+33 +20	+41 +20	+53 +20	+72 +20	+20 +7
24	30	+430 +300	+290 +160	+370 +160	+240 +110	+98 +65	+117 +65	+149 +65	+195 +65	+73 +40	+92 +40	+33 +20	+41 +20	+53 +20	+72 +20	+20 +7
30	40	+470 +310	+330 +170	+420 +170	+280 +120	+119 +80	+142 +80	+180 +80	+240 +80	+89 +50	+112 +50	+41 +25	+50 +25	+64 +25	+87 +25	+25 +9
40	50	+480 +320	+340 +180	+430 +180	+290 +130	+119 +80	+142 +80	+180 +80	+240 +80	+89 +50	+112 +50	+41 +25	+50 +25	+64 +25	+87 +25	+25 +9
50	65	+530 +340	+380 +190	+490 +190	+330 +140	+146 +100	+174 +100	+220 +100	+290 +100	+106 +60	+134 +60	+49 +30	+60 +30	+76 +30	+104 +30	+29 +10
65	80	+550 +360	+390 +200	+500 +200	+340 +150	+146 +100	+174 +100	+220 +100	+290 +100	+106 +60	+134 +60	+49 +30	+60 +30	+76 +30	+104 +30	+29 +10
80	100	+600 +380	+440 +220	+570 +220	+390 +170	+174 +120	+207 +120	+260 +120	+340 +120	+126 +72	+159 +72	+58 +36	+71 +36	+90 +36	+123 +36	+34 +12
100	120	+630 +410	+460 +240	+590 +240	+400 +180	+174 +120	+207 +120	+260 +120	+340 +120	+126 +72	+159 +72	+58 +36	+71 +36	+90 +36	+123 +36	+34 +12
120	140	+710 +460	+510 +260	+660 +260	+450 +200	+208 +145	+245 +145	+305 +145	+395 +145	+148 +85	+185 +85	+68 +43	+83 +43	+106 +43	+143 +43	+39 14
140	160	+770 +520	+530 +280	+680 +280	+460 +210	+208 +145	+245 +145	+305 +145	+395 +145	+148 +85	+185 +85	+68 +43	+83 +43	+106 +43	+143 +43	+39 14
160	180	+830 +580	+560 +310	+710 +310	+480 +230	+208 +145	+245 +145	+305 +145	+395 +145	+148 +85	+185 +85	+68 +43	+83 +43	+106 +43	+143 +43	+39 14
180	200	+950 +660	+630 +340	+800 +340	+530 +240	+242 +170	+285 +170	+355 +170	+460 +170	+172 +100	+215 +100	+79 +50	+96 +50	+122 +50	+165 +50	+44 +15
200	225	+1030 +740	+670 +380	+840 +380	+550 +260	+242 +170	+285 +170	+355 +170	+460 +170	+172 +100	+215 +100	+79 +50	+96 +50	+122 +50	+165 +50	+44 +15
225	250	+1110 +820	+710 +420	+880 +420	+570 +280	+242 +170	+285 +170	+355 +170	+460 +170	+172 +100	+215 +100	+79 +50	+96 +50	+122 +50	+165 +50	+44 +15
250	280	+1240 +920	+800 +480	+1000 +480	+620 +300	+271 +190	+320 +190	+400 +190	+510 +190	+191 +110	+240 +110	+88 +56	+108 +56	+137 +56	+186 +56	+49 +17
280	315	+1370 +1050	+860 +540	+1060 +540	+650 +330	+271 +190	+320 +190	+400 +190	+510 +190	+191 +110	+240 +110	+88 +56	+108 +56	+137 +56	+186 +56	+49 +17
315	355	+1560 +1200	+960 +600	+1170 +600	+720 +360	+299 +210	+350 +210	+440 +210	+570 +210	+214 +125	+265 +125	+98 +62	+119 +62	+151 +62	+202 +62	+54 +18
355	400	+1710 +1350	+1040 +680	+1250 +680	+760 +400	+299 +210	+350 +210	+440 +210	+570 +210	+214 +125	+265 +125	+98 +62	+119 +62	+151 +62	+202 +62	+54 +18
400	450	+1900 +1500	+1160 +760	+1390 +760	+840 +440	+327 +230	+385 +230	+480 +230	+630 +230	+232 +135	+290 +135	+108 +68	+131 +68	+165 +68	+223 +68	+60 +20
450	500	+2050 +1650	+1240 +840	+1470 +840	+880 +480	+327 +230	+385 +230	+480 +230	+630 +230	+232 +135	+290 +135	+108 +68	+131 +68	+165 +68	+223 +68	+60 +20

常用及优先公差带

(GB/T1800.2—2009)(尺寸至 500mm)　　　　　　　　单位：$\mu m\left(\dfrac{1}{1000}mm\right)$

（黑体字为优先公差带）

	H								JS			K			M		
7	6	**7**	8	9	10	**11**	12	6	7	8	6	**7**	8	6	7	8
+12 +2	+6 0	+10 0	+14 0	+25 0	+40 0	+60 0	+100 +0	±3	±5	±7	0 −6	0 −10	0 −14	−2 −8	−2 −12	−2 −16
+16 +4	+8 0	+12 0	+18 0	+30 0	+48 0	+75 0	+120 0	±4	±6	±9	+2 −6	+3 −9	+5 −13	−1 −9	0 −12	+2 −16
+20 +5	+9 0	+15 0	+22 0	+36 0	+58 0	+90 0	+150 0	±4.5	±7	±11	+2 −7	+5 −10	+6 −16	−3 −12	0 −15	+1 −21
+24 +6	+11 0	+18 0	+27 0	+43 0	+70 0	+110 0	+180 0	±5.5	±9	±13	+2 −9	+6 −12	+8 −19	−4 −15	0 −18	+2 −25
+28 +7	+13 0	+21 0	+33 0	+52 0	84 0	130 0	+210 0	±6.5	±10	±16	+2 −11	+6 −15	+10 −23	−4 −17	0 −21	+4 −29
+34 +9	+16 0	+25 0	+39 0	+62 0	+100 0	+160 0	+250 0	±8	±12	±19	+3 −13	+7 −18	+12 −27	−4 −20	0 −25	+5 −34
+40 +10	+19 0	+30 0	+46 0	+74 0	+120 0	+190 0	+300 0	±9.5	±15	±23	+4 −15	+9 −21	+14 −32	−5 −24	0 −30	+5 −41
+47 +12	+22 0	+35 0	+54 0	+87 0	+140 0	+220 0	+350 0	±11	±17	±27	+4 −18	+10 −25	+16 −38	−6 −28	0 −35	6 −48
+54 +14	+25 0	+40 0	+63 0	+100 0	+160 0	+250 +0	+400 +0	±12.5	±20	±31	+4 −21	+12 −28	+20 −43	−8 −33	0 −40	+8 −55
+61 +15	+29 0	+46 +0	+72 0	+115 0	+185 0	+290 0	+460 0	±14.5	±23	±36	+5 −24	+13 −33	+22 −50	−8 −37	0 −46	+9 −63
+69 +17	+32 0	+52 0	+81 0	+130 0	+210 0	+320 0	+520 0	±16	±26	±40	+5 −2.7	+16 −36	+25 −56	−9 −41	0 −52	+9 −72
+75 +18	+36 0	+57 0	+89 0	+140 0	+230 0	+360 0	+570 0	±18	±28	±44	+7 −29	+17 −40	+28 −61	−10 −46	0 −57	+11 −78
+83 +20	+40 0	+63 0	+97 0	+155 0	+250 0	+400 0	+630 0	±20	±31	±48	+8 −32	+18 −45	+29 −68	−10 −50	0 −63	+11 −86

| 基本尺寸(mm) | | 常用及优先公差带(黑体字为优先公差带) | | | | | | | | | | | |
大于	至	N6	N7	N8	P6	P7	R6	R7	S6	S7	T6	T7	U7
—	3	−4 −10	−4 −14	−4 −18	−6 −12	−6 −16	−10 −16	−10 −20	−14 −20	−14 −24	—	—	−18 −28
3	6	−5 −13	−4 −16	−2 −20	−9 −17	−8 −20	−12 −20	−11 −23	−16 −24	−15 −27	—	—	−19 −31
6	10	−7 −16	−4 −19	−3 −25	−12 −21	−9 −24	−16 −25	−13 −28	−20 −29	−17 −32	—	—	−22 −37
10	14	−9 −20	−5 −23	−3 −30	−15 −26	−11 −29	−20 −31	−16 −34	−25 −36	−21 −39			−26 −44
14	18												−26 −44
18	24	−11 −24	−7 −28	−3 −36	−18 −31	−14 −35	−24 −37	−20 −41	−31 −44	−27 −48	—	—	−33 −54
24	30										−37 −50	−33 −54	−40 −61
30	40	−12 −28	−8 −33	−3 −42	−21 −37	−17 −42	−29 −45	−25 −50	−38 −54	−34 −59	−43 −59	−39 −64	−51 −76
40	50										−49 −65	−45 −70	−61 −86
50	65	−14 −33	−9 −39	−4 −50	−26 −45	−21 −51	−35 −54	−30 −60	−47 −66	−42 −72	−60 −79	−55 −85	−76 −106
65	80						−37 −56	−32 −62	−53 −72	−48 −78	−69 −88	−64 −94	−91 −121
80	100	−16 −38	−10 −45	−4 −58	−30 −52	−24 −59	−44 −66	−38 −73	−64 −86	−58 −93	−84 −106	−78 −113	−111 −146
100	120						−47 −69	−41 −76	−72 −94	−66 −101	−97 −119	−91 −126	−131 −166
120	140						−56 −81	−48 −88	−85 −110	−77 −117	−115 −140	−107 −147	−155 −195
140	160	−120 −45	−12 −52	−4 −67	−36 −61	−28 −68	−58 −83	−50 −90	−93 −118	−85 −125	−127 −152	−119 −159	−175 −215
160	180						−61 −86	−53 −93	−101 −126	−93 −133	−139 −164	−131 −171	−195 −235
180	200						−68 −97	−60 −106	−113 −142	−105 −151	−157 −186	−149 −195	−219 −265
200	225	−22 −51	−14 −60	−5 −77	−41 −70	−33 −79	−71 −100	−63 −109	−121 −150	−113 −159	−171 −200	−163 −209	−241 −287
225	250						−75 −104	−67 −113	−131 −160	−123 −169	−187 −216	−179 −225	−267 −313
250	280	−25 −57	−14 −66	−5 −86	−47 −79	−36 −88	−85 −117	−74 −126	−149 −181	−138 −190	−209 −241	−198 −250	−295 −347
280	315						−89 −121	−78 −130	−161 −193	−150 −202	−231 −263	−220 −272	−330 −382
315	355	−26 −62	−16 −73	−5 −94	−51 −87	−41 −98	−97 −133	−87 −144	−179 −215	−169 −226	−257 −293	−247 −304	−369 −426
355	400						−103 −139	−93 −150	−197 −233	−187 −244	−283 −319	−273 −330	−414 −471
400	450	−27 −67	−17 −80	−6 −103	−55 −95	−45 −108	−113 −153	−103 −166	−219 −259	−209 −272	−317 −357	−307 −370	−467 −530
450	500						−119 −159	−109 −172	−239 −279	−229 −292	−347 −387	−337 −400	−517 −580

二、螺纹

附表 2-1　普通螺纹直径、螺距(GB/T 193—2003)和基本尺寸(GB/T 196—2003)　　　　(mm)

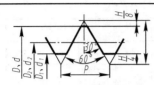

D,d—内、外螺纹的大径；D_2,d_2—内、外螺纹的中径；
D_1,d_1—内、外螺纹的小径；P—螺距；

H—原始三角形高度，$H=\dfrac{\sqrt{3}}{2}P$

标记示例：
M24：公称直径为 24mm 的粗牙普通螺纹
M24×1.5：公称直径为 24mm，螺距为 1.5mm 的细牙普通螺纹

公称直径 D,d	螺距 P 粗牙	螺距 P 细牙	中径 D_2,d_2 粗牙	中径 D_2,d_2 细牙	小径 D_1,d_1 粗牙	小径 D_1,d_1 细牙
3	0.5	0.35	2.675	2.773	2.459	2.621
(3.5)	(0.6)	0.35	3.110	3.273	2.850	3.121
4	0.7	0.5	3.545	3.675	3.242	3.459
(4.5)	(0.75)	0.5	4.013	4.175	3.688	3.959
5	0.8	0.5	4.480	4.675	4.134	4.459
[5.5]		0.5		5.175		4.959
6	1	0.75	5.350	5.513	4.917	5.188
		(0.5)		5.675		5.459
[7]	1	0.75	6.350	6.513	5.917	6.188
		(0.5)		6.675		6.459
8	1.25	1	7.188	7.350	6.647	6.917
		0.75		7.513		7.188
		(0.5)		7.675		7.459
[9]	(1.25)	1	8.188	8.350	7.647	7.917
		0.75		8.513		8.188
		(0.5)		8.675		8.495
10	1.5	1.25	9.026	9.188	8.376	8.647
		1		9.350		8.917
		0.75		9.513		9.188
		(0.5)		9.675		9.459
[11]	(1.5)	1	10.026	10.350	9.376	9.917
		0.75		10.513		10.188
		(0.5)		10.675		10.459
12	1.75	1.5	10.863	11.026	10.106	10.376
		1.25		11.188		10.647
		1		11.350		10.917
		(0.75)		11.513		11.188
		(0.5)		11.675		11.459
(14)	2	1.5	12.701	13.026	11.835	12.376
		1.25		13.188		12.647
		1		13.350		12.917
		(0.75)		13.513		13.188
		(0.5)		13.675		13.459
[15]		1.5		14.026		13.376
		(1)		14.350		13.917

公称直径 D,d	螺距 P 粗牙	螺距 P 细牙	中径 D_2,d_2 粗牙	中径 D_2,d_2 细牙	小径 D_1,d_1 粗牙	小径 D_1,d_1 细牙
16	2	1.5	14.701	15.026	13.835	14.376
		1		15.350		14.917
		(0.75)		15.513		15.188
		(0.5)		15.675		15.459
[17]		1.5		16.026		15.376
		(1)		16.350		15.917
(18)	2.5	2	16.376	16.701	15.294	15.835
		1.5		17.026		16.376
		1		17.350		16.917
		(0.75)		17.513		17.188
		(0.5)		17.675		17.459
20	2.5	2	18.376	18.701	17.294	17.835
		1.5		19.026		18.376
		1		19.350		18.917
		(0.75)		19.513		19.188
		(0.5)		19.675		19.459
(22)	2.5	2	20.376	20.701	19.294	19.835
		1.5		21.026		20.376
		1		21.350		20.917
		(0.75)		21.513		21.188
		(0.5)		21.675		21.459
24	3	2	22.051	22.701	20.752	21.835
		1.5		23.026		22.376
		1		23.350		22.917
		(0.75)		23.675		23.188
[25]		2		23.701		22.835
		1.5		24.026		23.376
		(1)		24.350		23.917
[26]		1.5		25.026		24.376
(27)	3	2	25.051	25.701	23.752	24.835
		1.5		26.026		25.376
		1		26.350		25.917
		(0.75)		26.513		26.188
[28]		2		26.701		25.835
		1.5		27.026		26.376
		1		27.350		26.917

注：1．公称直径栏中不带括号的为第一系列，带圆括号的为第二系列，带方括号的为第三系列。应优先选用第一系列，第三系列尺可能不用。

2．括号内的螺距尽可能不用。

附表 2-2　非螺纹密封管螺纹　（GB/T 7307—2001）

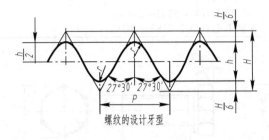

螺纹的设计牙型

标记示例

尺寸代号 2，右旋，圆柱内螺纹：G2

尺寸代号 3，右旋，A 级圆柱外螺纹：G3A

尺寸代号 2，左旋，圆柱内螺纹：G2 LH

尺寸代号 4，左旋，B 级圆柱外螺纹：G4B LH

尺寸代号	每 25.4mm 内所含的牙数 n	螺距 P/mm	牙高 h/mm	基 本 直 径		
				大 径 $d=D$ /mm	中 径 $d_2=D_2$ /mm	小 径 $d_1=D_1$ /mm
1/16	28	0.907	0.581	7.723	7.142	6.561
1/8	28	0.907	0.581	9.728	9.147	8.566
1/4	19	1.337	0.856	13.157	12.301	11.445
3/8	19	1.337	0.856	16.662	15.806	14.950
1/2	14	1.814	1.162	20.955	19.793	18.631
3/4	14	1.814	1.162	26.441	25.279	24.117
1	11	2.309	1.479	33.249	31.770	30.291
1 1/4	11	2.309	1.479	41.910	40.431	38.952
1 1/2	11	2.309	1.479	47.803	46.324	44.845
2	11	2.309	1.479	59.614	58.135	56.656
2 1/2	11	2.309	1.479	75.184	73.705	72.226
3	11	2.309	1.479	87.884	86.405	84.926
4	11	2.309	1.479	113.030	111.551	110.072
5	11	2.309	1.479	138.430	136.951	135.472
6	11	2.309	1.479	163.830	162.351	160.872

三、常用螺纹紧固件

附表 3-1　六角头螺栓——A 和 B 级（GB/T 5782—2016）、
六角头螺栓——全螺纹——A 和 B 级（GB/T 5783—2016）

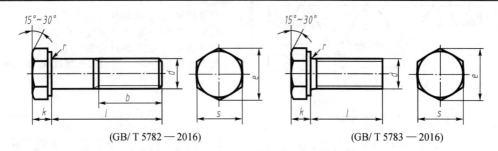

（GB/T 5782—2016）　　　　　（GB/T 5783—2016）

标记示例：
螺纹规格 d＝M12、公称长度 l＝80mm、性能等级为 8.8 级、表面氧化、产品等级为 A 级的六角头螺栓：螺栓 GB/T 5782 M12×80

（mm）

螺纹规格 d		M3	M4	M5	M6	M8	M10	M12	(M14)	M16	(M18)	M20	(M22)	M24	(M27)	M30
k 公称		2	2.8	3.5	4	5.3	6.4	7.5	8.8	10	11.5	12.5	14	15	17	18.7
S 公称＝max		5.5	7	8	10	13	16	18	21	24	27	30	34	36	41	46
e min	A 级	6.01	7.66	8.79	11.05	14.38	17.77	20.03	23.36	26.75	30.14	33.53	37.72	39.98	—	—
	B 级	5.88	7.50	8.63	10.89	14.20	17.59	19.85	22.78	26.17	29.56	32.95	37.29	39.55	45.2	50.85
b 参考	l≤125	12	14	16	18	22	26	30	34	38	42	46	50	54	60	66
	125＜l≤200	18	20	22	24	28	32	36	40	44	48	52	56	60	66	72
	l＞200	31	33	35	37	41	45	49	53	57	61	65	69	73	79	85
商品规格范围	l GB/T 5782	20～30	25～40	25～50	30～60	40～80	45～100	50～120	60～140	65～160	70～180	80～200	90～220	90～240	100～260	110～300
	l（全螺纹）GB/T 5783	6～30	8～40	10～50	12～60	16～80	20～100	25～120	30～140	30～200	35～200	40～200	45～200	50～200	55～200	60～200
l 长度系列		6,8,10,12,16,20,25,30,35,40,45,50,55,60,65,70,80,90,100,110,120,130,140,150,160,180,200,220,240,260,280,300														

注：尽可能不采用括号内的规格。

附表 3-2　双头螺柱 $b_m = 1d$(GB/T 897—1988)、$b_m = 1.25d$(GB/T 898—1988)、
　　　　　$b_m = 1.5d$(GB/T 899—1988)、$b_m = 2d$(GB/T 900—1988)

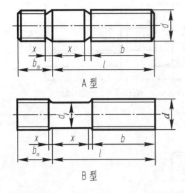

A 型

B 型

标记示例:
1. 两端均为粗牙普通螺纹, $d = 10$mm, $l = 10$mm, $l = 50$mm, 性能等级为 4.8 级, 不经表面处理, B 型, $b_m = d$ 的双头螺柱:
　螺柱　GB/T 897—1988 M10×50
2. 旋入机体一端为粗牙普通螺纹, 旋螺母一端为螺距 $P = 1$mm 的细牙普通螺纹, $d = 10$mm, $l = 50$mm, 性能等级为 4.8 级, 不经表面处理, A 型, $b_m = d$ 的双头螺柱:
　螺柱　GB/T 897—1988 AM10—M10×1×50

(mm)

螺纹规格 d	b_m				l/b
	GB/T 897 —1988	GB/T 898 —1988	GB/T 899 —1988	GB/T 900 —1988	
M2			3	4	(12～16)/6,(1825)～10
M2.5			3.5	5	(14～18)/8,(20～30)/11
M3			4.5	6	(16～20)/6,(22～40)/12
M4			6	8	(16～22)/8,(25～40)/14
M5	5	6	8	10	(16～22)/10,(25～50)/16
M6	6	8	10	12	(20～22)/10,(25～30)/14,(32～75)/18
M8	8	10	12	16	(20～22)/12,(25～30)/16,(32～90)/22
M10	10	12	15	20	(25～28)/14,(30～38)/16,(40～120)/26,130～32
M12	12	15	18	24	(25～30)/16,(32～40)/20,(45～120)/30,(130～180)/36
(M14)	14	18	21	28	(30～35)/18,(38～45)/25,(50～120)/34,(130～180)/40
M16	16	20	24	32	(30～38)/20,(40～55)/30,(60～120)/38,(130～200)/44
(M18)	18	22	27	36	(35～40)/22,(45～60)/35,(65～120)/42,(130～200)/48
M20	20	25	30	40	(35～40)/25,(45～65)/35,(70～120)/46,(130～200)/52
(M22)	22	28	33	44	(40～45)/30,(50～70)/40,(75～120)/50,(130～200)/56
M24	24	30	36	48	(45～50)/30,(55～75)/45,(80～120)/54,(130～200)/60
(M27)	27	35	40	54	(50～60)/35,(65～85)/50,(90～120)/60,(130～200)/66
M30	30	38	45	60	(60～65)/40,(70～90)/50,(95～120)/66,(130～200)/72,(210～250)/85
M36	36	45	54	72	(65～75)/45,(80～110)/60,120/78,(130～200)/84,(210～300)/97
M42	42	52	63	84	(70～80)/50,(85～110)/70,120/90,(130～200)/96,(210～300)/109
M48	48	60	72	96	(80～90)/60,(95～110)/80,120～102,(130～200)/108,(210～300)/121
l (系列)	12,(14),16,(18),20,(22),25,(28),30,(32),35,(38),40,45,50,(55),60,(65),70,(75),80,(85),90,(95),100,110,120,130,140,150,160,170,180,190,200,210,220,230,240,250,260,280,300				

注:1. 尽可能不采用括号内的规格。2. $d_s \approx$ 螺纹中径。3. $x_{max} = 2.5P$(螺距)。

附表 3-3　开槽圆柱头螺钉(GB/T 65—2016)、开槽盘头螺钉(GB/T 67—2016)、
开槽沉头螺钉(GB/T 68—2016)

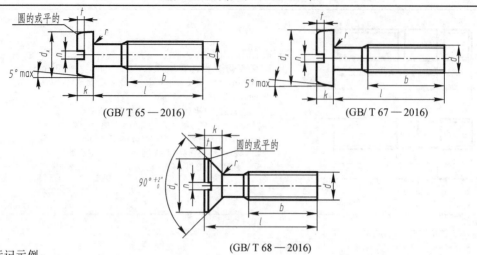

(GB/T 65 — 2016)　　　　(GB/T 67 — 2016)

(GB/T 68 — 2016)

标记示例:

　　螺纹规格 d＝M5,公称长度 l＝20mm,性能等级为 4.8 级,不经表面处理的 A 级开槽圆柱头螺钉:

　　　　螺钉　GB/T 65　M5×20

(mm)

	螺纹规格 d	M1.6	M2	M2.5	M3	M4	M5	M6	M8	M10
GB/T 65 —2000	d_k 公称＝max	3	3.8	4.5	5.5	7	8.5	10	13	16
	k 公称＝max	1.1	1.4	1.8	2	2.6	3.3	3.9	5	6
	t min	0.45	0.6	0.7	0.85	1.1	1.3	1.6	2	2.4
	l	2～16	3～20	3～25	4～35	5～40	6～50	8～60	10～80	12～80
	全螺纹时最大长度	全　　　螺　　　纹					40	40	40	40
GB/T 67 —2000	d_k 公称＝max	3.2	4	5	5.6	8	9.5	12	16	20
	k 公称＝max	1	1.3	1.5	1.8	2.4	3	3.6	4.8	6
	t_{min}	0.35	0.5	0.6	0.7	1	1.2	1.4	1.9	2.4
	l	2～16	2.5～20	3～25	4～30	5～40	6～50	8～60	10～80	12～80
	全螺纹时最大长度	全　　　螺　　　纹					40	40	40	40
GB/T 65 —2000	d_k 公称＝max	3	3.8	4.5	5.5	8.4	9.3	11.3	15.8	18.3
	k 公称＝max	1	1.2	1.5	1.65	2.7	2.7	3.3	4.65	5
	t_{min}	0.32	0.4	0.5	0.6	1	1.1	1.2	1.8	2
	l	2.5～16	3～20	4～25	5～30	6～40	8～50	8～60	10～80	12～80
	全螺纹时最大长度	全　　　螺　　　纹					45	45	45	45
	n	0.4	0.5	0.6	0.8	1.2	1.2	1.6	2	2.5
	b	25					38			
	l(系列)	2,2.5,3,4,5,6,8,10,12,(14),16,20,25,30,35,40,45,50,(55),60,(65),70,(75),80								

附表 3-4　开槽锥端紧定螺钉(GB/T 71—2018)、开槽平端紧定螺钉(GB/T 73—2017)、
开槽凹端紧定螺钉(GB/T 74—2018)、开槽长圆柱端紧定螺钉(GB/T 75—2018)

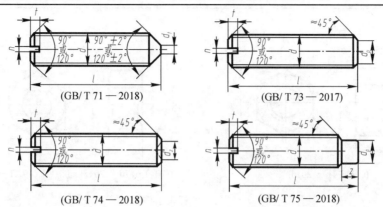

(GB/T 71 — 2018)　　(GB/T 73 — 2017)

(GB/T 74 — 2018)　　(GB/T 75 — 2018)

标记示例:

螺纹规格 d＝M5,公称长度 l＝12mm,性能等级为 14H 级,表面氧化的开槽锥端紧定螺钉:

螺钉　GB/T 71　M5×12

(mm)

螺纹规格 d		M1.2	M1.6	M2	M2.5	M3	M4	M5	M6	M8	M10	M12
n　公称		0.2	0.25	0.25	0.4	0.4	0.6	0.8	1	1.2	1.6	2
t min		0.4	0.56	0.64	0.72	0.8	1.12	1.28	1.6	2	2.4	2.8
d_t max		0.12	0.16	0.2	0.25	0.3	0.4	0.5	1.5	2	2.5	3
d_p max		0.6	0.8	1	1.5	2	2.5	3.5	4	5.5	7	8.5
d_z max			0.8	1	1.2	1.4	2	2.5	3	5	6	8
z max			1.05	1.25	1.5	1.75	2.25	2.75	3.25	4.3	5.3	6.3
公称长度 l	GB/T 71	2~6	2~8	3~10	3~12	4~16	6~20	8~25	8~30	10~40	12~50	14~60
	GB/T 73	2~6	2~8	2~10	2.5~12	3~16	4~20	5~25	6~30	8~40	10~50	12~60
	GB/T 74		2~8	2.5~10	3~12	3~16	4~20	5~25	6~30	8~40	10~50	12~60
	GB/T 75		2.5~8	3~10	4~12	5~16	6~20	8~25	8~30	10~40	12~50	14~60
公称长度 l≤右表内值时的短螺钉,应按上图中所注120°角制成;而90°用于其余长度	GB/T 71	2		2.5		3						
	GB/T 73		2		2.5	3	3	4	5	6		
	GB/T 74		2		2.5	3	4	5	6	8	10	12
	GB/T 75		2.5		3	4	5	6	8	10	14	16	20
l(系列)		2,2.5,3,4,5,6,8,10,12,(14),16,20,25,30,35,40,45,50,(55),60										

注:尽可能不采用括号内的规格。

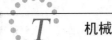

附表 3-5　1 型六角螺母　C 级(GB/T 41—2016)、1 型六角螺母(GB/T 6170—2015)、
六角薄螺母(GB/T 6172.1—2016)

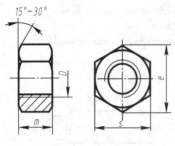

(GB/T 41 — 2016)

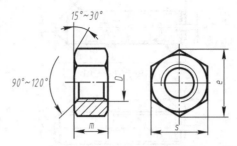

(GB/T 6170 — 2015)、(GB/T 6172.1 — 2016)

标记示例:

螺纹规格 D=M12,性能等级为 8 级,不经表面处理,产品等级为 A 级的 1 型六角螺母:

螺母　GB/T 6170 M12

螺纹规格 D=M12,性能等级为 04 级,不经表面处理,产品等级为 A 级、倒角的六角薄螺母:

螺母　GB/T 6172.1　M12

标记示例:

螺纹规格 D=M12,性能等级为 5 级,不经表处理,产品等级为 C 级的六角螺母:

螺母　GB/T 41 M12

(mm)

螺纹规格 D		M3	M4	M5	M6	M8	M10	M12	(M14)	M16	(M18)	M20	(M22)	M24	(M27)	M30	M36	M42	M48
e 近似		6	7.7	8.8	11	14.4	17.8	20	23.4	26.8	29.6	35	37.3	39.6	45.2	50.9	60.8	72	82.6
S 公称=max		5.5	7	8	10	13	16	18	21	24	27	30	34	36	41	46	55	65	75
m_{max}	GB/T 6170	2.4	3.2	4.7	5.2	6.8	8.4	10.8	12.8	14.8	15.8	18	19.4	21.5	23.8	25.6	31	34	38
	GB/T 6172	1.8	2.2	2.7	3.2	4	5	6	7	8	9	10	11	12	13.5	15	18	21	24
	GB/T 41			5.6	6.4	7.9	9.5	12.2	13.9	15.9	16.9	19	20.2	22.3	24.7	26.4	31.9	34.9	38.9

注:1. 表中 e 为圆整近似值。

2. 尽可能不采用括号内的规格。

3. A 级用于 $D \leqslant 16$ 的螺母;B 级用于 $D > 16$ 的螺母。

附表 3-6　圆螺母(GB/T 812—1988)

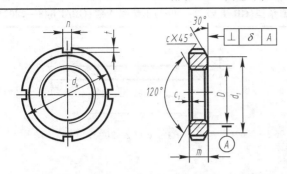

标记示例:

　　螺纹规格 D＝M16×1.5,材料为 45 钢,槽或全部热处理后硬度 35～45HRC,表面氧化的圆螺母:

　　螺母　GB/T 812　M16×1.5

(mm)

D	d_k	d_1	m	n min	t min	C	C_1	D	d_k	d_1	m	n min	t min	C	C_1
M10×1	2	16						M64×2	95	84		8	3.5		
M12×1.25	25	19		4	2			M65×2*	95	84	12				
M14×1.5	28	20	8			0.5		M68×2	100	88					
M16×1.5	30	22						M72×2	105	93		10	4		
M18×1.5	32	24						M75×2*	105	93					
M20×1.5	35	27						M76×2	110	98	15				
M22×1.5	38	30		5	2.5			M80×2	115	103					
M24×1.5	42	34						M85×2	120	108					
M25×1.5*	42	34						M90×2	125	112					
M27×1.5	45	37				1		M95×2	130	117		12	5	1.5	1
M30×1.5	48	40					0.5	M100×2	135	122	18				
M33×1.5	52	43	10					M105×2	140	127					
M35×1.5*	52	43						M110×2	150	135					
M36×1.5	55	46						M115×2	155	140					
M39×1.5	58	49		6	3			M120×2	160	145					
M40×1.5*	58	49						M125×2	165	150	22	14	6		
M42×1.5	62	53						M130×2	170	155					
M45×1.5	68	59						M140×2	180	165					
M48×1.4	72	61				1.5		M150×2	200	180	26				
M50×1.5*	72	61						M160×3	210	190					
M52×1.5	78	67						M170×3	220	200		16	7	2	1.5
M55×2*	78	67	12	12	8			M180×3	230	210					
M56×2	85	74					1	M190×3	240	220	30				
M60×2	90	79						M200×3	250	230					

注:1. 槽数 n:当 $D{\leqslant}$M100×2 时,n＝4;当 $D{\geqslant}$M105×2 时,n＝6。

　　2. 标有 * 者仅用于滚动轴承锁紧装置。

附表 3-7　平垫圈 C 级(GB/T 95—2002)大垫圈 A 级(GB/T 96.1—2002)和 C 级(GB/T 96.2—2002)

平垫圈 A 级(GB/T 97.1—2002)平垫圈 A 级　倒角型(GB/T 97.2—2002)小垫圈 A 级(GB/T 848—2002)

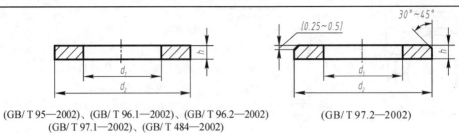

(GB/T 95—2002)、(GB/T 96.1—2002)、(GB/T 96.2—2002)　　　(GB/T 97.2—2002)
(GB/T 97.1—2002)、(GB/T 484—2002)

标记示例:

　　标准系列、公称直径 $d=8$mm,性能等级如 140HV 级,不经表面处理的平垫圈:垫圈 GB/T 97.1—2002 8—140HV

公称规格(螺纹大径) d	平垫圈 C 级 (GB/T 95—2002)			大垫圈 A 级(GB/T 96.1—2002) 和 C 级(GB/T 96.2—2002)				平垫圈 A 级 (GB/T 97.1—2002) 平垫圈 A 级 倒角型 (GB/T 9.7—2002)			小垫圈 A 级 (GB/T 848—2002)		
	d_1 公称 min	d_2 公称 max	h 公称	d_1 公称 min (GB/T 96.1)	d_1 公称 min (GB/T 96.2)	d_2 公称 max	h 公称	d_1 公称 min	d_2 公称 max	h 公称	d_1 公称 min	d_2 公称 max	h 公称
1.6	1.8	4	0.3					1.7	4	0.3	1.7	3.5	0.3
2	2.4	5						2.2	5		2.2	4.5	
2.5	2.9	6	0.5					2.7	6	0.5	2.7	5	
3	3.4	7		3.2	3.4	9	0.8	3.2	7		3.2	6	0.5
4	4.5	9	0.8	4.3	4.5	12	1	4.3	9	0.8	4.3	8	
5	5.5	10	1	5.3	5.5	15		5.3	10	1	5.3	9	1
6	6.6	12	1.6	6.4	6.6	18	1.6	6.4	12	1.6	6.4	11	
8	9	16		8.4	9	24	2	8.4	16		8.4	15	1.6
10	11	20	2	10.5	11	30	2.5	10.5	20	2	10.5	18	
12	13.5	24	2.5	13	13.5	37	3	13	24	2.5	13	20	2
16	17.5	30	3	17	17.5	50		17	30	3	17	28	2.5
20	22	37		21	22	60		21	37		21	34	3
24	26	44	4	25	26	72	5	25	44	4	25	39	
30	33	56		33	33	92	6	31	56		31	50	4
36	39	66	5	39	39	110	8	37	66	5	37	60	5
42	45	78	8					45	78				
48	52	92						52	92	8			
56	62	105	10					62	105				
64	70	115						70	115	10			

　　1. GB/T 95,GB/T 97.1 的公称规格 d 的范围为 1.6～64mm;GB/T 96.1,GB/T 96.2 的公称规格 d 的范围为 3～36mm;GB/T 97.2 的公称规格 d 的范围为 5～64mm;GB/T 848 的公称规格 d 的范围为 1.6～36mm。

　　2. GB/T 848 主要用于带圆柱头的螺钉,其他用于标准的六角螺栓、螺钉和螺母。

附表 3-8　标准型弹簧垫圈(GB/T 93—1987)、轻型弹簧垫圈(GB/T 859—1987)

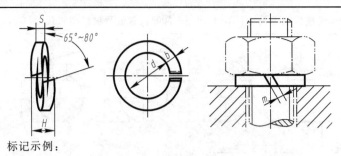

标记示例：

规格 16mm,材料为 65Mn,表面氧化的标准型弹簧垫圈：

垫圈　GB/T 93 16

(mm)

规　格 （螺纹大径）	d min	GB/T 93		GB/T 859		
		$S=b$ 公称	$m\leqslant$	S 公称	b 公称	$m\leqslant$
2	2.1	0.5	0.25			
2.5	2.6	0.65	0.33			
3	3.1	0.8	0.4	0.6	1	0.3
4	4.1	1.1	0.55	0.8	1.2	0.4
5	5.1	1.3	0.65	1.1	1.5	0.55
6	6.1	1.6	0.8	1.3	2	0.65
8	8.1	2.1	1.05	1.6	2.5	0.8
10	10.2	2.6	1.3	2	3	1
12	12.2	3.1	1.55	2.5	3.5	1.25
(14)	14.2	3.6	1.8	3	4	1.5
16	16.2	4.1	2.05	3.2	4.5	1.6
(18)	18.2	4.5	2.25	3.6	5	1.8
20	20.2	5	2.5	4	5.5	2
(22)	22.5	5.5	2.75	4.5	6	2.25
24	24.5	6	3	5	7	2.5
(27)	27.5	6.8	3.4	5.5	8	2.75
30	30.5	7.5	3.75	6	9	3
36	36.5	9	4.5			
42	42.5	10.5	5.25			
48	48.5	12	6			

注:尽可能不采用括号内的规格。

四、键和销

附表 4-1 平键和键槽的剖面尺寸(GB/T 1095—2003)、普通平键的型式尺寸(GB/T 1096—2003)

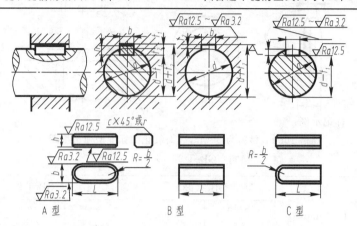

标记示例:

圆头普通平键(A 型)$b=16$mm,$h=10$mm,$L=100$mm GB/T 1096 键 16×10×100

平头普通平键(B 型)$b=16$mm,$h=10$mm,$L=100$mm GB/T 1096 键 B16×10×100

单圆头普通平键(C 型)$b=16$mm,$h=10$mm,$L=100$mm GB/T 1096 键 C16×10×100

(mm)

键		键 槽										
键尺寸 $b×h$	长度 L	宽 度 b						深 度				半径 r
		基本尺寸 b	极 限 偏 差					轴 t_1		毂 t_2		
			正常连接		紧密连接	松连接						
			轴 N9	毂 JS9	轴和毂 P9	轴 H9	毂 D10	公称尺寸	极限偏差	公称尺寸	极限偏差	最小 最大
2×2	6~20	2	−0.004 −0.029	±0.0125	−0.006 −0.031	+0.025 0	+0.060 +0.020	1.2	+0.1 0	1	+0.1 0	0.08 0.16
3×3	6~36	3						1.8		1.4		
4×4	8~45	4	0 −0.030	±0.015	−0.012 −0.042	+0.030 0	+0.078 +0.030	2.5		1.8		
5×5	10~56	5						3.0		2.3		
6×6	14~70	6						3.5		2.8		
8×7	18~90	8	0 −0.036	±0.018	−0.015 −0.051	+0.036 0	+0.098 +0.040	4.0		3.3		0.16 0.25
10×8	22~110	10						5.0		3.3		
12×8	28~140	12						5.0		3.3		
14×9	36~160	14	0 −0.043	±0.0215	−0.018 −0.061	+0.043 0	+0.120 +0.050	5.5	+0.2 0	3.8	+0.2 0	0.25 0.40
16×10	45~180	16						6.0		4.3		
18×11	50~200	18						7.0		4.4		
20×12	56~220	20						7.5		4.9		
22×14	63~250	22	0 −0.052	±0.026	−0.022 −0.074	+0.052 0	+0.149 +0.065	9.0		5.4		
25×14	70~280	25						9.0		5.4		0.40 0.60
28×16	80~320	28						10.0		6.4		
32×18	80~360	32						11.0		7.4		
36×20	100~400	36	0 −0.062	±0.031	−0.026 −0.088	+0.062 0	+0.180 +0.080	12.0	+0.3 0	8.4	+0.3 0	0.70 1.0
40×22	100~400	40						13.0		9.4		
45×25	110~450	45						15.0		10.4		

注:1. $(d−t_1)$ 和 $(d+t_2)$ 两组组合尺寸的极限偏差按相应的 t 和 t_1 的极限偏差选取,但 $(d−t_1)$ 极限偏差应取负号(−)。

2. L 系列:6,8,10,12,14,16,18,20,22,25,28,32,36,40,45,50,56,63,70,80,90,100,110,125,140,160,180,200,220,250,280,320,330,400,450

附表 4-2　圆柱销　不淬硬钢和奥氏体不锈钢(GB/T 119.1—2000)、
圆柱销　淬硬钢和马氏体不锈钢(GB/T 119.2—2000)

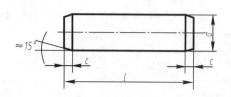

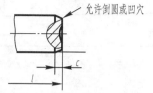

末端形状，由制造者确定

允许倒圆或凹穴

标记示例(GB/T 119.1)：

公称直径 $d=6$mm，公差为 m6，公称长度 $l=$30mm，材料为钢，不经淬火，不经表面处理的圆柱销：

销 GB/T 119.1　6m6×30

公称直径 $d=6$mm，公差为 m6，公称长度 $l=$30mm，材料为 A1 组奥氏体不锈钢，表面简单处理的圆柱销：

销 GB/T 119.1　6m6×30－A1

标记示例(GB/T 119.2)：

公称直径 $d=6$mm，公差为 m6，公称长度 $l=$30mm，材料为钢，普通淬火(A 型)，表面氧化处理的圆柱销：

销 GB/T 119.2　6×30

公称直径 $d=6$mm，公差为 m6，公称长度 $l=$30mm，材料为 C1 组马氏体不锈钢，表面简单处理的圆柱销：

销 GB/T 119.2　6×30－C1

(mm)

d(公称) m6/h8 (GB/T 119.1) m6 (GB/T 119.2)	2.5	3	4	5	6	8	10	12	16	20	25	30
$c\approx$	0.4	0.5	0.63	0.8	1.2	1.6	2	2.5	3	3.5	4	5
l GB/T 119.1	6~24	8~30	8~40	10~50	12~60	14~80	18~95	22~140	26~180	35~200	50~200	60~200
GB/T 119.2	6~24	8~30	10~40	12~50	14~60	18~80	22~100	26~100	40~100	50~100		
l(系列)	6,8,10,12,14,16,18,20,22,24,26,28,30,32,35,40,45,50,55,60,65,70,75,80,85,90,95,100,120,140,160, 180,200											

附表 4-3 圆锥销(GB/T 117—2000)

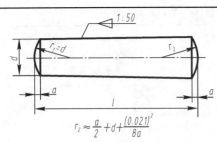

标记示例：

公称直径 $d=6$mm，公称长度 $l=30$mm，材料为 35 钢，热处理硬度 28～38HRC，表面氧化处理的 A 型圆锥销：

销 GB/T 117 6×30

$$r_2 \approx \frac{a}{2} + d + \frac{(0.021)^2}{8a}$$

（mm）

d(公称)h10	2.5	3	4	5	6	8	10	12	16	20	25	30
$a\approx$	0.3	0.4	0.5	0.63	0.8	1.0	1.2	1.6	2	2.5	3.0	4.0
l	10～35	12～45	14～55	18～60	22～90	22～120	26～160	32～180	40～200	45～200	50～200	55～200
l(系列)	10,12,14,16,18,20,22,24,26,28,30,32,35,40,45,50,55,60,65,70,75,80,85,90,95,100, 120,140,160,180,200											

附表 4-4 开口销(GB/T 91—2000)

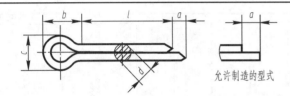

允许制造的型式

标记示例：

公称规格为 5mm，公称长度 $l=$50mm，材料为 Q215 或 Q235，不经表面处理的开口销：

销 GB/T 91 5×50

（mm）

公称规格		0.6	0.8	1	1.2	1.6	2	2.5	3.2	4	5	6.3	8	10
d	max	0.5	0.7	0.9	1	1.4	1.8	2.3	2.9	3.7	4.6	5.9	7.5	9.5
	min	0.4	0.6	0.8	0.9	1.3	1.7	2.1	2.7	3.5	4.4	5.7	7.3	9.3
a	max	1.6	1.6	1.6	2.5	2.5	2.5	2.5	3.2	4	4	4	4	6.3
b	$\approx$	2	2.4	3	3	3.2	4	5	6.4	8	10	12.5	16	20
c	max	1	1.4	1.8	2	2.8	3.6	4.6	5.8	7.4	9.2	11.8	15	19
l		4～12	5～16	6～20	8～25	8～32	10～40	12～50	14～63	18～80	22～100	32～125	40～160	45～200
l(系列)		4,5,6,8,10,12,14,16,18,20,22,25,28,32,36,40,45,50,56,63,71,80,90,100,112,125,140, 160,180,200												

注：公称规格等于开口销孔的直径。

五、滚动轴承

附表 5-1　深沟球轴承(GB/T 276—2013)

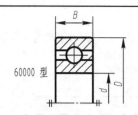

60000 型

标记示例：

　　内径 $d=50$mm 的 60000 型深沟球轴承,尺寸系列为(0)2:

　　滚动轴承　6210　GB/T 276—2013

轴承代号	尺　寸（mm）			轴承代号	尺　寸（mm）		
	d	D	B		d	D	B
(0)2 系 列				6308	40	90	23
6200	10	30	9	6309	45	100	25
6201	12	32	10	6310	50	110	27
6202	15	35	11	6311	55	120	29
6203	17	40	12	6312	60	130	31
6204	20	47	14	6313	65	140	33
62/22	22	50	14	6314	70	150	35
6205	25	52	15	6315	75	160	37
62/28	28	58	16	6316	80	170	39
6206	30	62	16	6317	85	180	41
62/32	32	65	17	6318	90	190	43
6207	35	72	17	6319	95	200	45
6208	40	80	18	6320	100	215	47
6209	45	85	19	(0)4 系 列			
6210	50	90	20				
6211	55	100	21	6403	17	62	17
6212	60	110	22	6404	20	72	19
6213	65	120	23	6405	25	80	21
6214	70	125	24	6406	30	90	23
6215	75	130	25	6407	35	100	25
6216	80	140	26	6408	40	110	27
6217	85	150	28	6409	45	120	29
6218	90	160	30	6410	50	130	31
6219	95	170	32	6411	55	140	33
6220	100	180	34	6412	60	150	35
(0)3 系 列				6413	65	160	37
6300	10	35	11	6414	70	180	42
6301	12	37	12	6415	75	190	45
6302	15	42	13	6416	80	200	48
6303	17	47	14	6417	85	210	52
6304	20	52	15	6418	90	225	54
63/22	22	56	16	6420	100	250	58
6305	25	62	17				
63/28	28	68	18				
6306	30	72	19				
63/32	32	75	20				
6307	35	80	21				

附表 5-2　推力球轴承(GB/T 301—2015)

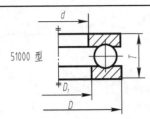

51000 型

标记示例：

内径 $d=17$mm 的 51000 型推力球轴承,尺寸系列为 12：

滚动轴承　51203　GB/T 301—2015

轴承代号	尺　寸　（mm）				轴承代号	尺　寸　（mm）			
	d	D_1, min	D	T		d	D_1, min	D	T
12　系　列					51308	40	42	78	26
51200	10	12	26	11	51309	45	47	85	28
51201	12	14	28	11	51310	50	52	95	31
51202	15	17	32	12	51311	55	57	105	35
51203	17	19	35	12	51312	60	62	110	35
51204	20	22	40	14	51313	65	67	115	36
51205	25	27	47	15	51314	70	72	125	40
51206	30	32	52	16	51315	75	77	135	44
51207	35	37	62	18	51316	80	82	140	44
51208	40	42	68	19	51317	85	88	150	49
51209	45	47	73	20	51318	90	93	155	50
51210	50	52	78	22	51320	100	103	170	55
51211	55	57	90	25	14　系　列				
51212	60	62	95	26	51405	25	27	60	24
51213	65	67	100	27	51406	30	32	70	28
51214	70	72	105	27	51407	35	37	80	32
51215	75	77	110	27	51408	40	42	90	36
51216	80	82	115	28	51409	45	47	100	39
51217	85	88	125	31	51410	50	52	110	43
51218	90	93	135	35	51411	55	57	120	48
51220	100	103	150	38	51412	60	62	130	51
13　系　列					51413	65	68	140	56
					51414	70	73	150	60
51305	25	27	52	18	51415	75	78	160	65
51306	30	32	60	21	51417	85	88	180	72
51307	35	37	68	24	51418	90	93	190	77

附表 5-3　圆锥滚子轴承 (GB/T 297—2015)

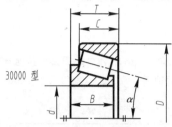

30000 型

标记示例：

内径 d=70mm 的 30000 型圆锥滚子轴承，

尺寸系列为 22：

滚动轴承 32214　GB/T 297—2015

轴承代号	尺　寸　(mm)						轴承代号	尺　寸　(mm)					
	d	D	T	B	C	α		d	D	T	B	C	α
02 系 列							30310	50	110	29.25	27	23	12°57′10″
30203	17	40	13.25	12	11	12°57′10″	30311	55	120	31.50	29	25	12°57′10″
30204	20	47	15.25	14	12	12°57′10″	30312	60	130	33.50	31	26	12°57′10″
30205	25	52	16.25	15	13	14°02′10″	30313	65	140	36.00	33	28	12°57′10″
30206	30	62	17.25	16	14	14°02′10″	30314	70	150	38.00	35	30	12°57′10″
30207	35	72	18.25	17	15	14°02′10″	30315	75	160	40.00	37	31	12°57′10″
30208	40	80	19.75	18	16	14°02′10″	30316	80	170	42.50	39	33	12°57′10″
30209	45	85	20.75	19	16	15°06′34″	30317	85	180	44.50	41	34	12°57′10″
30210	50	90	21.75	20	17	15°38′32″	30318	90	190	46.50	43	36	12°57′10″
30211	55	100	22.75	21	18	15°06′34″	30319	95	200	49.50	45	38	12°57′10″
30212	60	110	23.75	22	19	15°06′34″	30320	100	215	51.50	47	39	12°57′10″
30213	65	120	24.75	23	20	15°06′34″	22 系 列						
30214	70	125	26.25	24	21	15°38′32″	32204	20	47	19.25	18	15	12°28′
30215	75	130	27.25	25	22	16°10′20″	32205	25	52	19.25	18	16	13°30′
30216	80	140	28.25	26	22	15°38′32″	32206	30	62	21.25	20	17	14°02′10″
30217	85	150	30.50	28	24	15°38′32″	32207	35	72	24.25	23	19	14°02′10″
30218	90	160	32.50	30	26	15°38′32″	32208	40	80	24.75	23	19	14°02′10″
30219	95	170	34.50	32	27	15°38′32″	32209	45	85	24.75	23	19	15°06′34″
30220	100	180	37.00	34	29	15°38′32″	32210	50	90	24.75	23	19	15°38′32″
03 系 列							32211	55	100	26.75	25	21	15°06′34″
							32212	60	110	29.75	28	24	15°06′34″
30302	15	42	14.25	13	11	10°45′29″	32213	65	120	32.75	31	27	15°06′34″
30303	17	47	15.25	14	12	10°45′29″	32214	70	125	33.25	31	27	15°38′32″
30304	20	52	16.25	15	13	11°18′36″	32215	75	130	33.25	31	27	16°10′20″
30305	25	62	18.25	17	15	11°18′36″	32216	80	140	35.25	33	28	15°38′32″
30306	30	72	20.75	19	16	11°51′35″	32217	85	150	38.5	36	30	15°38′32″
30307	35	80	22.75	21	18	11°51′35″	32218	90	160	42.5	40	34	15°38′32″
30308	40	90	25.25	23	20	12°57′10″	32219	95	170	45.5	43	37	15°38′32″
30309	45	100	27.25	25	22	12°57′10″	32220	100	180	49	46	39	15°38′32″

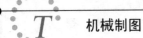

附表 5-4　角接触球轴承（GB/T 292—2007）

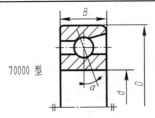

70000 型

标记示例：

内径 25mm，接触角 α＝15°的锁口外圈型角接触球轴承，尺寸系列为(0)2：滚动轴承　7205C　GB/T 292—2007

轴承型号		外形尺寸（mm）			轴承型号			外形尺寸（mm）		
α＝15°	α＝25°	d	D	B	α＝15°	α＝25°	α＝40°	d	D	B
10 系列					7209 C	7209 AC	7209 B	45	85	19
7000 C	7000 AC	10	26	8	7210 C	7210 AC	7210 B	50	90	20
7001 C	7001 AC	12	28	8	7211 C	7211 AC	7211 B	55	100	21
7002 C	7002 AC	15	32	9	7212 C	7212 AC	7212 B	60	110	22
7003 C	7003 AC	17	35	10	7213 C	7213 AC	7213 B	65	120	23
7004 C	7004 AC	20	42	12	7214 C	7214 AC	7214 B	70	125	24
7005 C	7005 AC	25	47	12	7215 C	7215 AC	7215 B	75	130	25
7006 C	7006 AC	30	55	13	7216 C	7216 AC	7216 B	80	140	26
7007 C	7007 AC	35	62	14	7217 C	7217 AC	7217 B	85	150	28
7008 C	7008 AC	40	68	15	7218 C	7218 AC	7218 B	90	160	30
7009 C	7009 AC	45	75	16	7219 C	7219 AC	7219 B	95	170	32
7010 C	7010 AC	50	80	16	7220 C	7220 AC	7220 B	100	180	34
7011 C	7011 AC	55	90	18	03 系列					
7012 C	7012 AC	60	95	18	7300 C	7300 AC	7300 B	10	35	11
7013 C	7013 AC	65	100	18	7301 C	7301 AC	7301 B	12	37	12
7014 C	7014 AC	70	110	20	7302 C	7302 AC	7302 B	15	42	13
7015 C	7015 AC	75	115	20	7303 C	7303 AC	7303 B	17	47	14
7016 C	7016 AC	80	125	22	7304 C	7304 AC	7304 B	20	52	15
7017 C	7017 AC	85	130	22	7305 C	7305 AC	7305 B	25	62	17
7018 C	7018 AC	90	140	24	7306 C	7306 AC	7306B	30	72	19
7019 C	7019 AC	95	145	24	7307 C	7307 AC	7307 B	35	80	21
7020 C	7020 AC	100	150	24	7308 C	7308AC	7308 B	40	90	23

| 02 系列 | | | | | | | 7309 C | 7309AC | 7309 B | 45 | 100 | 25 |

轴承型号			外形尺寸（mm）			7310 C	7310AC	7310B	50	110	27

α＝15°	α＝25°	α＝40°	d	D	B	7311 C	7311 AC	7311B	55	120	29
7200 C	7200 AC	7200 B	10	30	9	7312 C	7312 AC	7312 B	60	130	31
7201 C	7201 AC	7201 B	12	32	10	7313 C	7313 AC	7313 B	65	140	33
7202 C	7202 AC	7202 B	15	35	11	7314 C	7314 AC	7314 B	70	150	35
7203 C	7203 AC	7203 B	17	40	12	7315 C	7315 AC	7315 B	75	160	37
7204 C	7204 AC	7204 B	20	47	14	7316 C	7316 AC	7316 B	80	170	39
7205 C	7205 AC	7205 B	25	52	15	7317 C	7317 AC	7317 B	85	180	41
7206 C	7206 AC	7206 B	30	62	16	7318 C	7318 AC	7318 B	90	190	43
7207 C	7207 AC	7207 B	35	72	17	7319 C	7319 AC	7319B	95	200	45
7208 C	7208 AC	7208 B	40	80	18	7320 C	7320 AC	7320 B	100	215	47

六、螺纹收尾、肩距、退刀槽、倒角

附表 6-1　螺纹收尾、肩距、退刀槽、倒角(GB/T 3—1997)

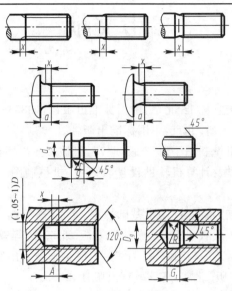

螺距	外　螺　纹									内　螺　纹							
	收尾 x max		肩距 a max			退　刀　槽				收尾 x max		肩距 A		退　刀　槽			
P						g_2	g_1	r	d_g					G_1		R	D_g
	一般	短的	一般	长的	短的	max	min	≈		一般	短的	一般	长的	一般	短的	≈	
0.2	0.5	0.25	0.6	0.8	0.4	—				0.8	0.4	1.2	1.6				
0.25	0.6	0.3	0.75	1	0.5	0.75	0.4		$d-0.4$	1	0.5	1.5	2				
0.3	0.75	0.4	0.9	1.2	0.6	0.9	0.5		$d-0.4$	1.2	0.6	1.8	2.4				
0.35	0.9	0.45	1.05	1.4	0.7	1.05	0.6		$d-0.6$	1.4	0.7	2.2	2.8				
0.4	1	0.5	1.2	1.6	0.8	1.2	0.6		$d-0.7$	1.6	0.8	2.5	3.2				
0.45	1.1	0.6	1.35	1.8	0.9	1.35	0.7		$d-0.7$	1.8	0.9	2.8	3.6				$D-0.3$
0.5	1.25	0.7	1.5	2	1	1.5	0.8	0.2	$d-0.8$	2	1	3	4	2	1	0.2	
0.6	1.5	0.75	1.8	2.4	1.2	1.8	0.9	0.4	$d-1$	2.4	1.2	3.2	4.8	2.4	1.2	0.3	
0.7	1.75	0.9	2.1	2.8	1.4	2.1	1.1	0.4	$d-1.1$	2.8	1.4	3.5	5.6	2.8	1.4	0.4	
0.75	1.9	1	2.25	3	1.5	2.25	1.2	0.4	$d-1.2$	3	1.5	3.8	6	3	1.5	0.4	
0.8	2	1	2.4	3.2	1.6	2.4	1.3	0.4	$d-1.3$	3.2	1.6	4	6.4	3.2	1.6	0.4	
1	2.5	1.25	3	4	2	3	1.6	0.6	$d-1.6$	4	2	5	8	4	2	0.5	
1.25	3.2	1.6	4	5	2.5	3.75	2	0.6	$d-2$	5	2.5	6	10	5	2.5	0.6	
1.5	3.8	1.9	4.5	6	3	4.5	2.5	0.8	$d-2.3$	6	3	7	12	6	3	0.8	
1.75	4.3	2.2	5.3	7	3.5	5.25	3	1	$d-2.6$	7	3.5	9	14	7	3.5	0.9	
2	5	2.5	6	8	4	6	3.4	1	$d-3$	8	4	10	16	8	4	1	
2.5	6.3	3.2	7.5	10	5	7.5	4	1.2	$d-3.6$	10	5	12	18	10	5	1.2	
3	7.5	3.8	9	12	6	9	5.2	1.6	$d-4.4$	12	6	14	22	12	6	1.5	$D+0.5$
3.5	9	4.5	10.5	14	7	10.5	6.2	1.6	$d-5$	14	7	16	24	14	7	1.8	
4	10	5	12	16	8	12	7	2	$d-5.7$	16	8	18	26	16	8	2	
4.5	11	5.5	13.5	18	9	13.5	8	2.5	$d-6.4$	18	9	21	29	18	9	2.2	
5	12.5	6.3	15	20	10	15	9	2.5	$d-7$	20	10	23	32	20	10	2.5	
5.5	14	7	16.5	22	11	17.5	11	3.2	$d-7.7$	22	11	25	35	22	11	2.8	
6	15	7.5	18	24	12	18	11	3.2	$d-8.3$	24	12	28	38	24	12	3	

参考文献

[1] 中华人民共和国国家标准.北京:中国标准出版社,1989—2018.

[2] 丁红宇.制图标准手册.北京:中国标准出版社,2003.

[3] 梁德本,叶玉驹.机械制图手册.3版.北京:机械工业出版社,2003.

[4] 清华大学工程图学及计算机辅助设计教研室.机械制图.4版.北京:高等教育出版社,2001.

[5] 谭建荣,张树有,陆国栋,等.图学基础教程.北京:高等教育出版社,1999.

[6] 大连理工大学工程画教研室.机械制图.5版.北京:高等教育出版社,2003.

[7] 朱辉.画法几何及工程制图.5版.上海:上海科学技术出版社,2003.

[8] 李澄.机械制图.2版.北京:高等教育出版社,2003.

[9] 华中理工大学等院校.画法几何及机械制图.5版.北京:高等教育出版社,2000..

[10] 范思冲.画法几何及机械制图.北京:机械工业出版社,2003.

[11] 金大鹰.机械制图(机械类专业).北京:机械工业出版社,2001.

[12] 刘小年.机械制图.2版.北京:机械工业出版社,1999.

[13] 刘力.机械制图.北京:高等教育出版社,2001.

[14] 李维荣.标准紧固件实用手册.2版.北京:中国标准出版社,2001.

[15] 何铭新,钱可强.机械制图.4版.北京:高等教育出版社,1997.

[16] 胡建生.工程制图画法指南.北京:化学工业出版社,2003.

[17] 明翠新.矩形花键尺寸、公差和检验.北京:中国标准出版社,2003.

[18] 武汉开目信息技术有限责任公司.开目CAD使用手册.武汉:2004.

[19] 钱可强.机械制图.2版.北京:高等教育出版社,2007.

[20] 全国技术产品文件标准化技术委员会,中国标准出版社.技术产品文件标准汇编——技术制图卷.北京:中国标准出版社,2006.

[21] 全国技术术产品文件标准化技术委员会,中国标准出版社.技术产品文件标准汇编——机械制图卷.北京:中国标准出版社,2007.

[22] 王欣玲.GB/T 131—2006修改解析(1)～(3).机械工业标准化与质量,2006(10)～(12).

[23] 甘永立.几何公差问答.上海:上海科学科技出版社,2009.